LE SYSTÈME E.P.M.

FRANÇOIS DE CLOSETS

LE SYSTÈME E.P.M.

BERNARD GRASSET
PARIS

CHAPITRE PREMIER

QUE LE PEUPLE SE TAISE !

« Les informations contenues dans ce document ont un caractère confidentiel et, en particulier, elles ne doivent pas faire l'objet de communications à la presse. » Cette sévère mise en garde est inscrite sur la première page de chaque rapport. La signature, illisible, du « Président de la Commission » en souligne la gravité. C'est tout juste si l'on ne rappelle pas, comme sur les billets de banque, la peine de prison qui sanctionne toute infraction.

Chaque semaine, un nouveau rapport, bourré de renseignements et de chiffres, parvient aux rares autorités habilitées à en prendre connaissance. Que peuvent contenir ces documents, sous couverture blanche de carton glacé ? Informations collectées par le S.D.E.C.E., notes des Renseignements généraux, secrets des services d'espionnage ?

Pas du tout. Ces rapports ne concernent ni l'état des relations internationales, ni la situation de notre défense nationale, ni les dessous des affaires publiques. Ils sont établis par un organisme discret, mais nullement secret : le Centre d'études d'opinion. Quarante personnes, quinze millions de budget annuel. Ils portent sur l'audience des émissions de télévision et sur les réactions des téléspectateurs. Des pourcentages d'écoute et des indices de satisfaction. Rien de plus.

En 1980, le choix des téléspectateurs, leurs préférences, leurs appréciations, voire leur mécontentement sont autant de secrets d'État. Tandis que l'organisme officiel chargé d'enregistrer ces réactions cache jalousement le résultat de ses enquêtes, *France-Soir* publie chaque jour des pourcentages d'écoute obtenus par interrogation téléphonique d'une centaine de téléspectateurs. Preuve que ces informations intéressent le public. Mais les vrais chiffres, ceux du C.E.O., ne filtrent qu'à travers les canaux habituels des « fuites » journalistiques : dans *Minute* et *le Canard enchaîné.* Une mesure d'audience est, en France, une information qui se traite comme une révélation scandaleuse.

Toutes les forces politiques, syndicales ou culturelles, si promptes à dénoncer la moindre forme de censure, approuvent cette occultation : le téléspectateur ne doit pas avoir droit à la parole.

La presse fait connaître ses ventes, l'édition ses tirages, le théâtre ses recettes, le cinéma ses entrées. Mais, pour la seule télévision, service public qui peut difficilement se retrancher derrière le secret des affaires, la règle de transparence se transforme en devoir d'opacité. Et chacun paraît s'en accommoder, et l'on va répétant que ces mesures d'audience et de satisfaction n'ont aucune signification et ne devraient même pas être faites.

Surprenante unanimité dans une société de conflits et de communication. Comment ne pas faire certains rapprochements ? Avec cette séance du mercredi 19 décembre 1972 au palais du Luxembourg, par exemple. Ils étaient là deux cent soixante-dix-sept sénateurs, toutes tendances confondues. A la tribune M. Marcilhacy présente une proposition de loi visant à interdire la publication des sondages en fin de période électorale. « Il n'est pas sûr que la connaissance des sondages soit utile, affirme le rapporteur. Elle peut même être pernicieuse, car elle risque de substituer l'esprit grégaire à la libre détermination. » Dans sa réponse, le garde des Sceaux, René Pleven, demande à la Haute Assemblée d'émettre un vote unanimement favorable. Sitôt dit, sitôt fait, deux cent soixante-dix-sept sénateurs se prononcent contre la publication des sondages. Touchante union nationale dont nos assemblées nous donnent rarement l'exemple !

Qu'il s'agisse de politique ou de télévision, donc, même condamnation des sondages. Car le public de la télévision ne peut se décompter, comme celui du théâtre, au nombre de billets vendus. Il s'évalue sur échantillon représentatif : on utilise par conséquent la même méthode pour déterminer la cote d'un candidat avant les élections que pour mesurer l'audience d'une émission. Et c'est bien ce recours aux sondages qui explique la similitude des réactions.

Pourquoi une telle hargne ? Les sondages sont loin d'être la panacée, c'est vrai. Ils ne peuvent fournir que des informations très limitées et prêtent à toute sorte d'abus au stade de leur interprétation et même dès leur réalisation. Il convient donc de s'en méfier, d'en réglementer la pratique, d'en surveiller l'honnêteté ; mais ces précautions tendent moins à définir une déontologie qu'à poser des interdictions. Elles traduisent une volonté de censure plus qu'un souci de rigueur.

Avec leurs échantillons représentatifs, leurs questionnaires ouverts ou fermés, leurs croisements par catégories socio-professionnelles, les sondeurs font figure de gêneurs. Les gens de pouvoir sont bien heureux de les employer en cas de besoin, mais ils tolèrent mal que la connaissance des réactions populaires ne soit pas strictement réservée à leur service.

Car les Français, quand on les fait parler, disent des choses insupportables. Lors de la campagne pour l'élection du Parlement européen, par exemple, ils furent assommés autant qu'attristés par les rodomontades nationalistes de MM. Marchais et Chirac, par les phrases creuses de Mme Veil et de M. Mitterrand ; bref, par une campagne « bidon » au cours de laquelle les vrais problèmes ne furent jamais abordés. Ce mécontentement s'exprima, le jour du scrutin, par un fort taux d'abstentions. Mais il est toujours délicat de prétendre parler au nom de 40 % d'abstentionnistes. En revanche, les sondages du C.E.O. furent d'une clarté absolue : non seulement les téléspectateurs boudèrent les émissions de propagande, mais, de surcroît, ils leur décernèrent le plus mauvais indice de satisfaction.

Tout aussi désobligeantes furent les réactions du public aux six heures d' « aragoneries » qui lui furent infligées en 1979 : 1 % d'écoute en moyenne. Plus généralement, la fuite devant les émissions d'un « haut niveau culturel » qui font se pâmer nos bons esprits doit être cachée comme une maladie honteuse.

Comme ils ont raison, nos princes, de vouloir étouffer cette impertinente vox populi. Quelle importance, après tout, que 95 % des « télé-électeurs » aient dédaigné certains sermons électoraux, dès lors que nul ne le sait ? Il est des gifles qu'il vaut mieux recevoir dans l'ombre. Surtout lorsqu'elles viennent d'un souverain auquel on ne peut retourner son soufflet ! Car ce peuple depuis qu'il a été proclamé « souverain » a cessé d'être « bon ». Le roi laissait venir à lui sans crainte les gens du commun qui souhaitaient lui remettre suppliques et placets : c'était le peuple qui faisait révérence, et non l'inverse. La souveraineté populaire a tout bouleversé.

D'une part, elle a disqualifié les autres sources de pouvoir : force, Dieu, naissance, mérite, patrie. Désormais, tous les régimes

— démocratiques ou totalitaires, asiatiques ou africains, communistes ou fascistes — reposent sur ce piédestal. D'autre part, elle a imposé la légitimité absolue. Qui oserait encore prononcer le nom de Pol Pot s'il n'avait prétendu massacrer les Khmers au nom des Khmers ? Il a suffi que son régime se soit proclamé « populaire » pour que ses représentants continuent à parader dans les instances internationales et à donner des interviews... Ah ! si Hitler avait seulement dit qu'il agissait pour le bien du « peuple » et non de la « race »...

Ainsi l'investiture populaire est-elle devenue la forme moderne du sacre. Elle confère une grâce transcendante qui permet de retourner contre l'adversaire ses propres armes. Attaquer le « représentant du peuple » vous transforme en « ennemi du peuple ». Cette « caution magique » est donc ardemment recherchée.

Pour l'obtenir en « appellation contrôlée », il faut subir l'épreuve électorale. Simple formalité dans les régimes totalitaires, incertaine bataille dans les sociétés démocratiques. Reste l'auto-proclamation. Elle se pratique beaucoup. Surtout dans le domaine culturel. Rien ne vous interdit de vous sacrer auteur populaire en vous coiffant devant votre miroir. Le label « peuple » n'étant pas protégé, cette usurpation ne tombe pas sous le coup de la loi.

Si les élites politico-culturelles se prévalent d'une légitimité populaire plus ou moins attestée, elles n'entendent pas pour autant se mettre au service du peuple et subir son contrôle. Heureusement pour elles, jusqu'à plus ample informé, le peuple n'a pas d'avis.

De par sa nature, la masse est cacophonique. Son expression spontanée, c'est l'inintelligible mélange de toutes les voix individuelles : un vulgaire bruit de fond. Elle ne trouve de discours cohérent qu'à travers ses porte-parole. Encore faut-il qu'elle se taise afin que ceux-ci puissent se faire entendre : « Silence ! Silence ! Écoutez-nous ! » crie-t-on depuis la tribune des assemblées générales, après la désignation des représentants. Si le brouhaha ne cesse pas, la confusion s'instaure et le peuple demeure sans voix.

Sur cette évidente nécessité va se fonder la grande escroquerie de ce temps, celle de l'élitisme populaire : « Au nom du peuple... que le peuple se taise ! » En deux temps, le tour est joué. L'élite est investie et le peuple dépossédé. C'est l'entourloupe qui fonde aujourd'hui toute autorité.

« Au nom du peuple... que le peuple se taise ! » Rien que de très logique, d'inévitable même, aussitôt que l'on dépasse la communauté d'autogestion directe. Mais le peuple, contraint de déléguer son pouvoir, risque fort de le voir détourner. Car les représentants, qui recherchent les avantages de l'investiture, fuient les inconvénients du contrôle. Ce qu'ils veulent, c'est un chèque en blanc.

En politique ce risque est limité par la sanction électorale ; en matière culturelle, il pourrait l'être d'une certaine façon par la sanction commerciale. Mais il est malséant de mêler commerce et culture. Mieux vaut s'affranchir de critères aussi désobligeants et travailler dans le service public — ce qui, curieusement, vous dispense du contrôle du public. La culture se fera au nom du peuple, pour le peuple et sans le peuple.

Cela, du moins, aussi longtemps que le souverain reste muet. S'il peut donner son avis, l'élite perd sa liberté et se retrouve captive, comme la noblesse à la cour de Louis XIV.

Voilà pourtant ce que prétendent faire les sondeurs : donner à la volonté populaire une expression, au-delà du bulletin de vote ou du ticket d'achat. Voilà aussi ce qui n'est pas toléré.

Car plus on se réclame du peuple, moins on en supporte la volonté. A la limite, une bonne bourgeoisie, habile à jouer de la démagogie politique et de la complaisance culturelle, peut s'accommoder de cette rétroaction des représentés sur les représentants. Mais les intégristes de la démocratie directe, qui se targuent de ne rien faire que « par » et « pour » le peuple, rejettent systématiquement toute expression populaire qu'ils ne contrôlent pas. « Élections-piège à cons », disent ceux qui n'ont aucune chance de se faire élire. « Sondages-pièges à cons », renchérissent ceux qui n'ont aucune envie de se faire juger.

Je ne prétends pas que la censure des sondages soit une grave atteinte aux droits de l'homme. Je dis, simplement, que cette crispation n'est pas innocente, qu'elle révèle un dysfonctionnement chronique de notre société.

Il ne s'agit pas d'une affaire politique classique, à moins d'admettre avec nos idéologues que « tout est politique », le tout rejoignant ici le rien. La connivence majorité-opposition prouve, à tout le moins, que le conflit dépasse les jeux politiciens dans lesquels s'affrontent les frères ennemis, à partir de positions opposées. Les partis se disputent âprement la télévision ? Rien de bien grave. La grande question n'est pas de savoir qui contrôlera l'émetteur, mais quel sera le rôle du récepteur, c'est-à-dire du public. Les Français seront-ils des spectateurs passifs, auront-ils un rôle actif dans la vie politique et la communication sociale ? Bref, comment s'organiseront les rapports entre l'élite et le peuple au sein de notre société ?

Il est devenu malséant d'opposer l'élite au peuple. Je sais. Nous faisons tous partie du peuple. Air connu. Seuls quelques réactionnaires essaient de maintenir cette distinction. Si l'on appelle « élite » des personnes qui, par nature et naissance, sont supérieures à leurs concitoyens, alors cette notion recouvre une imposture, tout le monde en est d'accord. Mais j'emploie ce mot dans un sens différent : dans notre société, une petite minorité accède à la culture, à la décision, aux responsabilités, tandis qu'une immense majorité se trouve exclue de ces positions dominantes.

Du seul fait qu'ils disposent de la parole publique, qu'ils participent aux décisions, qu'ils interviennent dans le colloque social, les politiciens, syndicalistes, écrivains, technocrates, managers, journalistes, professeurs et autres forment une élite. C'est affaire de fonctions et de situations, d'avantages et de pouvoirs, pas de nature ou de qualité. A l'inverse, le peuple écoute, regarde, éventuellement siffle ou applaudit, mais ne s'exprime pas directement. Dans la communication sociale, il est cantonné dans la réception. Exclu de l'émission. Nier cette réalité, c'est le plus sûr moyen de la perpétuer.

Mais peut-on soutenir que nul ne tient compte des goûts populaires ? Assurément non. Il ne manque pas de politiciens, de metteurs en scène, d'écrivains qui flattent le grand public, qui redoublent même de complaisance à son égard. Cette volonté de plaire à tout prix est récompensée par de brillantes élections, des succès commerciaux. Le peuple en paraît satisfait : n'est-ce pas l'essentiel ?

En dépit de leur réussite certaine, je ne pense pas que les articles d'*Ici Paris,* les séries policières américaines, les romans de Guy des Cars, les romances de Mireille Mathieu et les romans-photos à l'eau de rose constituent une culture populaire. Je ne crois pas davantage que certains triomphes électoraux récompensent une politique réellement mise au service du peuple. Pourtant, ceux qui élaborent ces produits commerciaux et ces politiques spectaculaires se réclament, chiffres à l'appui, de la légitimité populaire. Ainsi l'écoute du peuple fraierait-elle immanquablement la voie à la démagogie.

De fait, il est aisé de montrer que les masses n'ont pas bon goût, qu'elles plébiscitent les fausses gloires et ignorent les vrais talents et qu'à vouloir les flatter on ne fait que les abêtir.

La démonstration est si bien faite que je ne perdrai pas une ligne à la contester. Il est manifeste que le succès populaire n'atteste en rien la qualité d'une œuvre et que la création rencontre bien souvent l'incompréhension du grand public. N'en disputons pas. Voyons plutôt les conséquences de l'apparente contradiction sur laquelle nous butons.

Voici, d'un côté, les « élito-aristo » qui prétendent décider seuls de ce qui est bon pour le peuple et refusent tout contrôle de ce dernier sur leur activité et, de l'autre, les « élito-démago » qui prétendent suivre en toute chose les désirs du peuple et n'admettent aucun jugement sur le contenu de leurs productions. De quel côté gît la vérité ?

La réponse est évidente : ni de l'un, ni de l'autre. Mais ajoutons tout de suite que la solution se trouve encore moins dans une pseudo-voie moyenne qui serait le mélange des deux. Celle-ci constitue, même, le plus grave danger. Aucune des positions extrêmes n'est tenable : une culture entièrement élitiste frustrerait le peuple de toute communication, une culture entièrement démagogique serait inacceptable pour l'élite. En revanche, la combinaison des deux débouche sur un système pervers, mais parfaitement cohérent : le « système E.P.M. », qui tend à prévaloir dans notre société et risque de s'y imposer définitivement dans l'avenir.

Cette expression « E.P.M. », c'est à la télévision que je l'ai entendu employer et que, sans doute, elle fut inventée, encore que je n'aie jamais pu en trouver l'origine. Elle signifie, sauf votre respect : « Et puis Merde... » et certains désignaient ainsi des œuvres de « haut niveau culturel » qui ne remportaient aucun succès auprès du public mais servaient à justifier le reste du programme. Lorsque certains programmateurs se rencontraient dans les couloirs, on entendait parfois ce genre de dialogue codé : « Qu'est-ce que tu passes ce soir ? — J'ai une E.P.M. à 22 heures. »

Il va de soi que l'E.P.M. ne peut être que le complément d'une programmation tout entière orientée sur la distraction et l'insignifiance, voire la vulgarité ou la violence. Le réflexe E.P.M. joue ainsi dans les deux sens : c'est la réaction des gens de culture qui se moquent des goûts populaires et celle des gens de distraction qui se moquent de la culture. La télévision française n'a pas toujours cédé à cette tentation, loin de là. La télévision américaine, elle, a pratiquement institutionnalisé le système E.P.M. avec les chaînes publiques, *Public Broadcasting System,* qui sont censées faire contrepoids à l'extrême médiocrité des grandes chaînes commerciales.

Mais c'est dans la société française, bien plus que sur nos écrans, que triomphe le système E.P.M. Il prend sa source dans la division qui sépare une élite cultivée et une masse hors culture, assortie d'une communication sociale à double circuit : l'un, de qualité, destiné à la minorité, l'autre, de divertissement, à l'intention des masses. C'est une perversion totale de la vie publique, où l'élite produit sa culture pour son propre compte tandis que le peuple se trouve condamné, sans d'ailleurs s'en plaindre, à la vulgarité, à l'insignifiance et à la distraction purement commerciale.

Ce système représente pour nos sociétés la voie de plus grande pente et risque d'être favorisé dans l'avenir par le développement des techniques. Or je suis persuadé qu'il peut exister, à l'opposé de cette tendance, une organisation saine dans laquelle chacun des pôles, émetteur et récepteur, jouerait son rôle, le premier créant, proposant, émettant et le second réagissant, acceptant, refusant. Alors, seulement, la culture sera faite « pour » le peuple, en attendant d'être également faite « par » le peuple.

Je crois qu'il en va de même pour la politique, autre volet de la communication élite-peuple. Il est vrai que les électeurs sont sensibles à la démagogie, qu'ils demandent à être trompés et ne voient jamais que l'intérêt particulier là où il faudrait considérer l'intérêt général. Nous ne sommes pas pour autant condamnés à ce débat-spectacle artificiel, version politique du « système E.P.M. ».

Dans une société à prétention démocratique, nul n'ose dire publiquement qu'il se moque bien de ce que pense le peuple. Cet élitisme est donc masqué par un discours mystificateur sur la culture populaire et la politique démocratique.

Il existe une connivence élitaire, une « alliance objective », comme on dit, pour dissimuler cette véritable nature des mécanismes sociaux. Il est d'ailleurs assez facile d'occulter la mise hors circuit du peuple. Sur le plan culturel il suffit de distribuer largement la sous-culture commerciale, sur le plan politique de renouveler périodiquement le spectacle.

Les sondages sont les grains de sable qui font grincer la mécanique. Ils démontrent le caractère uniquement élitiste de la production culturelle, ils imposent le poids de l'opinion. Bref, ils gênent le jeu de l'E.P.M. C'est pourquoi ils suscitent pareille réaction de rejet.

Ce raidissement révèle donc un blocage sérieux, puisqu'il ne porte pas sur les transmissions mais sur les messages. Tout serait simple si le défaut de communication traduisait une défaillance des réseaux. Or les réseaux existent, ils n'ont même jamais été aussi efficaces. Mais pour quoi faire ?

Sortir du « système E.P.M. » ne sera pas une mince affaire et, si j'en parle, c'est sans prétendre détenir des vérités ou des solutions. Je sais même que certaines idées paraîtront provocantes, choquantes, contestables. Et sans doute le sont-elles. Qu'importe ! Mon seul souci est d'ouvrir le débat. Si les réponses sont discutables, les questions, elles, ne le sont pas. Elles devraient être traitées en toute priorité car nous ne pouvons plus nous payer le luxe d'une France divisée en deux, non pas horizontalement, comme on le soutient, mais verticalement.

Face aux périls de l'avenir, nous n'avons que deux certitudes. La première est que notre société sera rudement secouée et devra traverser des tempêtes sans sombrer. Or l'unité et l'adaptabilité ne sont pas des dons du ciel. Elles nécessitent d'abord une bonne circulation des flux d'information et de culture. La population doit être « mise dans le coup » et associée aux choix qui la concernent. Pour renforcer cette citoyenneté, toutes les voies de communication sont également nécessaires : la fiction, l'information, le débat politique. Au contraire, le système E.P.M. conduit à une dépolitisation générale dans l'évasion distractive et l'oubli du quotidien ; il prépare des sociétés fragiles et segmentées qui ne parviendront pas à se mobiliser et risqueront de se briser.

Seconde certitude : l'expansion industrielle sera freinée par la limitation des ressources naturelles : énergie, espace, matières premières. Tout naturellement, elle se reportera sur les secteurs qui ne buteront pas sur de tels obstacles, principalement sur les télécommunications. Nul doute que le système industriel, pour se trouver de nouveaux débouchés, poussera au développement d'un formidable arsenal de communication. C'est dès maintenant qu'il faut donner un contenu à ces réseaux qu'on nous prépare. Or je constate que cette question est fort peu débattue ou, du moins, fort peu sérieusement. Pour m'y attaquer, j'utiliserai les méthodes qui m'ont guidé dans mes précédents ouvrages et je centrerai ma réflexion sur l'émetteur principal, mais non le seul : la télévision.

Il y a une dizaine d'années, dans *En danger de progrès*, j'insistais sur les inconvénients d'un progrès technique mis en œuvre sans réflexion et sans adaptation préalable. En 1974, dans *le Bonheur en plus*, j'ai dénoncé l'illusion technique, c'est-à-dire le recours à ce même progrès comme alibi, destiné à masquer les démissions politiques. Enfin, en 1976, j'ai publié *la France et ses mensonges* pour mettre en lumière les erreurs ou omissions qui dissimulent les faiblesses ou l'impuissance d'une société : ce que j'ai appelé les « mensonges d'évidence ».

Ces trois axes de réflexion convergent exactement sur la communication en général et la télévision en particulier. Voilà typiquement l'innovation technique qui fut mise en œuvre dans l'ignorance totale de ses répercussions, notamment politiques, familiales, pédagogiques, urbanistiques. Ses promoteurs n'y virent qu'une « boîte à images », le « cinéma chez soi », et ses constructeurs qu'un formidable marché à conquérir. Preuve de cette carence : la société française fut incapable de lui offrir, dès sa naissance, un statut juridique convenable. C'est par la suite, alors que l'irréversible était déjà accompli, que, de réforme en réforme, on tenta vainement de trouver la solution idéale. Comment s'étonner que la télévision soit devenue une pomme de discorde, plus qu'un outil de communication entre les Français ?

Nous sommes à la veille d'une mutation technique qui rendra caduques toutes les institutions si laborieusement mises en place. Sous la pression d'intérêts industriels, on va introduire les nouvelles machines à communiquer sans avoir préparé de cadre institutionnel pour les recevoir. Nous sommes « en danger de télévision généralisée », et cette incapacité à nous adapter me fait redouter, des merveilles technologiques qu'on nous annonce, bien plus d'effets pervers que de retombées bénéfiques.

Le « bonheur en plus » qu'on attendait de la télévision résiste mal à l'épreuve du temps. En l'espace de quelques décennies, une certaine accoutumance teintée de désenchantement a remplacé l'émerveillement. Une fois de plus, nous avons cédé à l'illusion du progrès. Nous avons espéré que l'image électronique tiendrait lieu de message, qu'elle remplacerait cette fameuse culture populaire. Un temps, même, nous avons pu croire que le miracle allait se produire, que la nouvelle technique suffirait à faire naître la nouvelle culture. Mais les machines, si perfectionnées soient-elles, ne peuvent suppléer aux carences socio-politiques et c'est fort heureux. La censure des sondages cache la dérive du public populaire vers les émissions de pure distraction. D'ores et déjà, la télévision ne devient informative ou culturelle que par un véritable détournement d'usage. Dans l'avenir, elle a toutes les « mal » chances de n'être plus qu'un outil d'évasion.

Face à cet échec, c'est à nouveau la fuite en avant dans la technique. Satellites, câbles, vidéodisques, magnétoscopes vont distribuer les images à profusion et noyer l'insatisfaction du public. Grâce à cette « nouvelle télévision », le métallo pourra apprécier le répertoire dramatique moderne et la vieille dame retrouver sa place dans la cité. N'est-ce pas admirable ! Malheureusement, la société ne se change ni par décrets — comme le dit Michel Crozier —, ni par techniques.

Tout cela repose sur une série de mensonges pieusement entretenus, parfaitement connus des gens informés et sur lesquels on garde un silence complaisant. Chacun des chapitres suivants sera consacré à dénoncer l'une ou l'autre de ces contrevérités, mais, surtout, à rechercher les causes de telles mystifications. Il m'importe moins de « trouver l'erreur » que d'en connaître les raisons.

Ainsi, parlant de la télévision, nous serons sans cesse rejetés vers la société, et je ne saurais parler d'une autre télévision sans évoquer une autre société. Mais il faut d'abord mettre la réalité à nu, arracher les ornements ridicules qui sacralisent nos téléviseurs. C'est ensuite que je m'interrogerai sur les échéances qui s'annoncent, les espoirs et les dangers que l'on peut entrevoir. Car je crois que l'invasion de l'image n'est pas moins inquiétante que le contrôle par ordinateur ou l'accumulation des déchets radioactifs. Nous n'avons encore vu déferler que la première vague. La seconde risque d'être bien plus ravageuse. C'est aujourd'hui qu'il faut réfléchir et agir avant que les marchands d'abord, les machines ensuite aient décidé pour nous.

Cette étude sera donc axée sur la télévision considérée non comme un microcosme en soi, mais comme un lieu privilégié, d'où observer la société. Deux ou trois choses que je sais d'elle, voilà tout ce que j'en dirai, n'ayant pas cette ignorance du sujet qui assure la liberté du propos. Ma présence au cœur de la télévision m'a sans doute conduit à l'éviter dans mes précédents essais. On observe mal lorsqu'on manque de recul. Pourtant l'évidence a fini par s'imposer : il est peu de réalités sur lesquelles on entretienne autant d'idées fausses. Au fil des années, j'ai observé dans les discours sur les media que certaines réalités étaient toujours ignorées, que l'on ne tenait aucun compte des études les plus fondées, que l'on répétait, sans se troubler le moins du monde, ces « vérités d'évidence » qui ne sont que mensonges de complaisance.

Portant sur le visage un « double » électronique reconnaissable, j'ai vu des dizaines de personnes me parler spontanément de la télévision. Si cet échantillon n'est pas représentatif au sens scientifique, il m'a permis bien plus qu'une simple observation. Il y avait de quoi être frappé par l' « air entendu » qui était le leur. Pour peu qu'ils appartiennent à la France politisée, les gens savent toujours à quoi s'en tenir. Ils n'attendent qu'une confirmation de leurs préjugés. Impossible de rétablir les faits, l'interlocuteur vous regarde avec le sourire en coin de « celui à qui on ne la fait pas ». Une fois pour toutes, il a son idée là-dessus. Et tout y passe : l'endoctrinement des masses, les émissions culturelles sacrifiées, les journalistes aux ordres du gouvernement...

Je suis toujours éberlué quand des personnes qui n'y ont jamais mis les pieds m'expliquent ce qui se passe rue Cognacq-Jay. Avec ce fameux « air », ils font les questions et les réponses : « Avant de parler à la télévision, vous devez obtenir l'accord d'un ministre... ou d'un membre du cabinet... Comment vérifie-t-on vos textes ?... » A l'ordinaire, je réponds que je me garde bien de corriger ces textes car ils viennent directement des ministères. Mais je n'oserais certifier que l'humour de mon propos soit toujours perçu.

C'est que la force des idées reçues vous laisse pantois. Lors des événements de Mai 68, certains confrères s'étonnèrent de me voir faire grève alors que j'étais, disait-on, membre du parti gaulliste — je ne me rappelle plus très bien s'il s'agissait de l'U.N.R. ou de l'U.D.R. Je fis une petite enquête afin de savoir d'où venait cette rumeur. Je finis par découvrir le coupable : c'était moi. Peu après mon entrée au journal télévisé, des confrères m'avaient interrogé sur les conditions de mon engagement. Un peu trop pince-sans-rire, sans doute, j'avais répondu : « J'ai pris ma carte de l'U.N.R., bien sûr. »

Tout ce qui concerne la télévision suscite dans la France politisée un mélange surprenant d'excitation et de crispation. Je le constate chaque fois que, cédant à mon mauvais penchant, je traite ce sujet avec un peu de légèreté. C'est ainsi qu'à une discussion publique lors des Rencontres internationales de l'audio-visuel scientifique, j'en vins à souligner la nécessité d'une « censure professionnelle » afin d'éliminer les œuvres de médiocre qualité. J'aurais pu dire la même chose en parlant de « sélection nécessaire pour maintenir le niveau de qualité imposé par le respect du public ». Tout le monde aurait opiné du bonnet. Ayant choisi une formulation volontairement provocante afin de souligner l'ambiguïté du mot « censure », je vis les têtes se tendre et les mines se renfrogner : « Enfin la télévision avoue la censure ! »

L'assistance — pourtant d'un niveau intellectuel fort élevé — avait mis en marche sa bande préenregistrée et ne m'écoutait plus. Le lendemain, j'eus les honneurs de *l'Humanité,* avec un article intitulé : « De Closets sans détours ». Cela commençait triomphalement par : « " il est bon, il est juste qu'il y ait une censure. " Cette prise de position sans détours, c'est de François de Closets qu'elle émane. » Je dois rendre à mon confrère communiste cette justice qu'il avait sans doute très fidèlement reproduit les réactions de la salle. Il avait suffi d'associer les mots « censure » et « télévision » pour faire jouer les réflexes conditionnés.

J'ai néanmoins constaté à de nombreuses reprises, en poursuivant une discussion suffisamment longue sur ces sujets, que mes interlocuteurs paraissent découvrir des réalités ignorées, voire insoupçonnées. En dépit de la fascination qu'elle exerce, la télévision demeure une grande inconnue et les gens les plus « éduqués », comme disent les Américains, en ont souvent la vision la plus simpliste.

A les en croire, il s'agirait d'un outil magique et maléfique, tenant, dans la communication, le rôle des centrales nucléaires dans l'énergie. Et les sorciers — dont on ne sait pas bien s'ils sont maîtres ou apprentis — qui manipulent cette « puissance terrifiante » paraissent obnubiler les meilleurs esprits. Combien de fois une discussion sur le rôle politique ou culturel de la télévision ne dégénère-t-elle pas en papotage sur les « vedettes du petit écran » : « Gicquel, comment est-il ?... » « Est-il vrai que Jacques Chancel... » « Mais Mourousi, dites-moi ?... » Je ne dis rien et je n'en dirai rien ici. Outre que ces curiosités me paraissent vaines, je n'ai jamais rencontré de « vedettes de la télé », seulement des compagnons de travail.

J'aurai, bien sûr, l'occasion d'évoquer des expériences personnelles pour étayer tel ou tel aspect de ma démonstration. Je ne pense pas qu'elles présentent un intérêt exceptionnel, mais je préfère utiliser des renseignements de première main lorsque j'en dispose. Le témoin n'est pas au-dessus de tout soupçon, mais, tant qu'à me méfier, je préfère savoir de qui.

Le petit monde de la télévision est critiqué autant qu'admiré, méprisé autant qu'envié. J'entends me tenir à l'écart de ces réactions, empreintes de passion. Il ne m'appartient pas de distribuer la louange ou le blâme, ni de « régler des comptes » ou de « défendre la boutique ». J'en laisse le soin à d'autres, sachant qu'il n'en manquera jamais.

La télévision française de 1980 me paraît refléter assez fidèlement les qualités et les défauts, les aspirations et les contradictions des Français et de leur société. Aussi ne suis-je convaincu ni par les critiques qui portent sur l'instrument — et sur lui seul —, ni par les solutions qui passent par la politique et uniquement par elle. Je crois que la télévision est bien la voix de la France, mais pas au sens où l'entendait feu le président Pompidou. C'est la voix qui peut dire, à qui sait l'écouter, les vices cachés de notre société. A ce titre elle m'intéresse. Car c'est la télévision qui est malade de la France. Et non l'inverse.

Tant qu'elle n'existait pas, le corps social supportait son mal ainsi qu'une vieille maladie chronique. Désormais les faisceaux d'ondes informatives qui se propagent en tout sens font craquer les vieilles structures, les frontières sclérosantes, les comportements archaïques. Au lieu de parler du peuple il faut parler au peuple, au lieu de rêver la culture populaire il faut l'inventer, au lieu de se cacher derrière des textes, il faut s'expliquer à visage découvert, au lieu de juger de la qualité pour les Français, il faut accepter qu'ils en jugent par eux-mêmes. Rien de bien nouveau dans toutes ces exigences : on en parle depuis trente ans. Mais la télévision place la France au pied du mur. A elle, maintenant, de devenir ce qu'elle prétend être. Il lui reste dix ans pour y parvenir.

Pour relever un tel défi, il faudrait bouleverser ce pays, dénoncer l'énorme hypocrisie de l' « élitisme populaire », le vide pompeux des discours politiques, le conformisme critique de la classe intellectuelle et, conséquence du tout, ce « système E.P.M. ». Il faudrait également apprendre les nouveaux codes et les nouveaux langages. Sur ce point aussi je suis constamment surpris par l'accumulation des certitudes erronées. C'est que la communication par l'image possède son vocabulaire, sa syntaxe, sa logique, sa durée qu'on ne saurait ignorer. Or la France reste bien souvent une terre d'analphabétisme audio-visuel.

Comment changer notre pratique de la télévision, afin que l'image électronique réunisse plus qu'elle ne divise, informe plus qu'elle n'illusionne, éduque plus qu'elle n'étourdit ? Comment faire pour que la télévision aide les Français à mieux vivre ensemble ?

Réfléchissant à ces questions, je ne vais pas élaborer un quelconque plan de réforme, et cela pour deux raisons : la première tient à ma personne. Si je me risque sur un tel sujet, c'est sans prétendre jouer les prophètes de l'audio-visuel. La seconde tient à la matière même de ce livre : la télévision étant malade de son environnement social, il me paraît vain de prétendre la traiter indépendamment de notre société. Mais qu'on se rassure, je n'ai pas de France de rechange au fond de ma poche.

Plus modestement, je m'efforce d'apporter un nouveau regard, dont je souligne le caractère doublement limité.

Dans son étendue d'abord : je ne prétends pas faire un traité de « télévisiographie ». Je n'aborderai que tels aspects sur lesquels je crois pouvoir dire quelque chose. Ainsi ne parlerai-je pas des rapports entre télévision et enfants, télévision et violence, etc. Je ne me sens ni compétence, ni originalité sur ces problèmes déjà surabondamment traités.

Dans son origine ensuite : je ne fonde pas mon propos sur une recherche scientifique originale, ni même sur l'étude exhaustive de tous les travaux accomplis de par le monde. Plus modestement, je me suis servi de mon expérience personnelle, de ma réflexion et des enquêtes qui m'ont paru intéressantes sur tel ou tel point.

Je ne suis pas un « homme de télévision », je n'ai jamais eu la vocation des sunlights et je n'ai jamais accepté de consacrer toute mon activité à l'expression audio-visuelle. Je suis un journaliste qui, après avoir fait son apprentissage à l'Agence France-Presse, s'est progessivement spécialisé dans l'information scientifique, sans avoir fait d'études en ce sens. Certains s'en étonnent. Mais les techniques de communication forment un tout, indépendamment du sujet traité. Ce sont elles qu'il importe de maîtriser plutôt qu'un savoir prétendument encyclopédique. A tout prendre, il est plus facile de vulgariser la science que l'économie ou la politique, car en ce domaine existe une vérité. En sorte que l'informateur peut, sans attenter à son indépendance, faire vérifier par un spécialiste la pertinence de ce qu'il exprime. En revanche, les techniques de communication ne peuvent s'apprendre sans une période de « compagnonnage ». J'eus la chance d'être l'adjoint d'un grand professionnel de l'information scientifique, Serge Berg. Il m'a appris le métier, il n'est pas de meilleure école.

Dans les années 60, le journalisme scientifique était le « bon bout » du métier. Le développement de l'astronautique obligeait tous les journaux à étoffer leurs rubriques et l'on manquait de spécialistes. Bien que la profession eût été, dès cette époque, encombrée, le journaliste scientifique se trouvait constamment sollicité. C'est ainsi que j'entamai avec *Sciences et Avenir* une collaboration du cœur et de l'esprit qui n'a jamais cessé.

Je n'ai donc pas pris ma carte de l'U.N.R. pour entrer à la télé. C'est en fait mon ami Robert Clarke, producteur d'émissions scientifiques, qui me contacta. Lui-même avait été sollicité par Raymond Marcillac, patron du journal télévisé, qui, comme tous les directeurs de journaux, cherchait un journaliste scientifique. Robert Clarke, travaillant à *France-Soir* et s'y trouvant fort bien, avait décliné l'invitation, mais avait suggéré mon nom. Je rencontrai donc Raymond Marcillac qui me proposa de collaborer épisodiquement au J.T. pour commenter les événements spatiaux. Je ne me sentais nulle attirance pour la télévision. Les choses en restèrent là.

Six mois plus tard, je reçus un appel d'Édouard Sablier, promu directeur du journal télévisé. Lui m'offrait un engagement en bonne et due forme, et non une collaboration occasionnelle. Après bien des hésitations, je finis par accepter. Je commencerais le 1er septembre 1965. En attendant, je partis en vacances.

Le 15 août, de passage à Paris, j'appris que la sonde Mariner IV venait de transmettre les premières photos de Mars. L'occasion me parut bonne d'aller voir sur place, à la télévision, comment on « couvrait » un tel événement. Je traversai donc Paris, à pied, en cet après-midi d'orage, et reçus un déluge d'eau sur la tête avant d'atteindre la rue Cognacq-Jay. J'y fus accueilli comme le Messie. Dans le désert du 15 août, il n'avait été possible de contacter aucun astronome, aucun spécialiste pour commenter ces photos extraordinaires. Moins d'une demi-heure plus tard, je me trouvai pour la première fois de ma vie dans un studio de télévision avec un monsieur fort imposant et que je ne connaissais pas, car je n'étais pas téléspectateur. Je commentai comme je pus les documents et, en sortant du plateau, le présentateur, dont je venais de découvrir le nom — Léon Zitrone — me dit quelques paroles d'encouragement et me promit une belle carrière. Le lendemain, des amis me demandèrent pourquoi je m'étais gominé les cheveux pour cette prestation. J'avais tout simplement oublié de me sécher la tête !

La suite fut facile, anormalement facile. Non seulement je n'ai pas eu à « me battre » pour entrer à la télévision, mais j'ai bénéficié d'une formidable erreur de distribution. Les responsables pensaient que l'information scientifique — qui n'avait jamais été réellement traitée au journal télévisé — était assez ennuyeuse. Le titulaire de cette rubrique avait donc un rôle ingrat. Est-il besoin de dire que c'était le sujet d'actualité le plus passionnant de la décennie ? On me donnait la meilleure part en croyant m'abandonner un domaine sacrifié. En outre, ma spécialisation me tenait à l'écart de toutes les querelles politiques, des luttes internes pour le pouvoir. Bref, je fus un privilégié du petit écran.

Ce nouveau métier me captivait, mais j'entendais n'en être pas captif. Je conservai donc un pied à *Sciences et Avenir.* Vint la tourmente de 1968. A l'époque, l'envie d'écrire me démangeait et j'envisageais de prendre un congé sans solde pour entamer un premier ouvrage. J'en fus dispensé par l'obligeance du gouvernement. Avant de me retrouver à la porte de la télévision, je fus un représentant des journalistes pendant cette grève très dure.

Comme l'on sait, nous fûmes les dupes de la fête. Alors que les travailleurs obtenaient des augmentations, les étudiants des réformes, les journalistes de télévision, eux, n'eurent droit qu'à la répression. Sauvage. Dix années durant, j'ai remâché les erreurs qui furent alors commises, les miennes en premier lieu. J'ai conservé de cet épisode une grande répugnance pour l'action collective. Non que je la méprise ou que j'en ignore l'absolue nécessité, mais elle requiert des qualités qui me font défaut. Je n'ai pas le sens de la tactique, de la manœuvre, du compromis, bref, ce « réalisme dans l'irréalisme » qui permet de conduire une action tout en tenant compte des hommes et des situations. N'ayant appartenu à aucune formation, aucun parti avant cette époque, je m'en suis tenu encore plus éloigné, si possible, après. Je reconnais que cette position est très confortable et que les penseurs en chambre ne suffisent pas à faire avancer les choses. L'homme d'action est plus nécessaire que l'homme de réflexion, son rôle plus ingrat. Il doit composer avec la réalité alors que ce dernier peut prôner la rigueur intellectuelle. Mais je ne crois pas que l'on aille bien loin en prétendant forcer son talent. J'ai donc choisi les commodités d'une réflexion solitaire irresponsable — et indépendante. C'est ainsi qu'elle doit être reçue.

Après 1968, j'ai recherché dans le livre un prolongement nécessaire à mon métier de journaliste.

Je me trouve plus que jamais écartelé entre presse écrite, édition et télévision, également attiré par ces trois formes d'expression, refusant obstinément de sacrifier l'une ou l'autre.

Jusqu'en 1978, j'avais fait des prestations à la télévision, mais je n'avais jamais « fait de télévision ». Je veux dire qu'intervenant dans des émissions conçues par d'autres, notamment au journal télévisé, je n'avais pas eu à prendre en compte, seul ou collectivement, une émission régulière. Cette expérience, je l'ai faite avec Emmanuel de La Taille et Alain Weiller, pour le magazine économique *l'Enjeu*. J'ai découvert de nouveaux aspects de mon métier, mais je ne me considère toujours pas comme un véritable « homme de télévision », maîtrisant indifféremment la fiction, le magazine, les variétés, le journal, etc.

En définitive, quinze années de télévision m'ont fait toucher du doigt une certaine réalité, découvrir des hommes et leur travail, mais ne m'ont en rien donné un « doctorat ès sciences télévisuelles ». Du moins ai-je appris à respecter techniques et techniciens, à n'en parler qu'avec une certaine attention. Ces quinze années ne m'ont pas davantage mis « dans le secret des dieux », que je n'ai d'ailleurs jamais souhaité partager. Je ne connais pas l'histoire cachée de ces batailles, les luttes d'influence, les intrigues de palais : je sais, disons, de quoi il s'agit. L'important me paraît être d'en tirer la leçon. Pour l'avenir.

Un pied dedans, un pied dehors. Totalement solidaire des hommes qui font la télévision, mais pouvant aussi regarder la machine de l'extérieur, j'ai ressenti, peut-être plus qu'un autre, les équivoques, les hypocrisies, les illusions, les mensonges jalousement entretenus autour d'elle. J'apporte aujourd'hui une réflexion et un témoignage, qui ne prétendent pas à « la vérité », car nul ne peut trouver la vérité s'il l'attend d'un autre. Celle-ci ne saurait être, au mieux, qu'une part modeste de la vôtre. C'est en quelque sorte un portrait de la France vue de la télévision que je propose ici.

CHAPITRE II

LE MALAISE

Tout au long de 1979, la classe politique s'est offert des télécrises à répétition qui, en cette année d'épreuves pour la France, ont tenu lieu de grand débat national.

Ce fut d'abord la session extraordinaire du Parlement convoquée en mars à la demande du R.P.R. On devait y parler de l'information en général, notamment de l'information télévisée. En réalité, on ne fit que s'invectiver dans la confusion la plus totale.

D'entrée de jeu, le socialiste Georges Fillioud sonna la charge en dénonçant « le giscardisme militant, passé maître dans l'art de gouverner par la capture de l'information. Dans ce domaine, on n'avait pas si bien fait, je crois, depuis l'Allemagne des années 30 qui découvrit l'art du viol des foules ». Giscard-Goebbels, c'était une belle attaque annonçant de furieuses passes d'armes. Hélas, dès l'intervention suivante, le vaudeville s'installait. Roland Leroy, directeur de *l'Humanité*, après avoir dénoncé la « domestication de l'information », cite le cas de Georges Marchais qui « en un an n'a parlé que trente minutes sur la première chaîne ». On se récrie aussitôt sur les bancs de la majorité.

Pierre Mauger : « Avant, il passait tous les jours... Il n'y en a que pour lui. »

Robert-André Vivien : « M. Marchais passe plus souvent que M. Chirac ! Ne dites pas n'importe quoi. »

Alain Madelin : « M. Elleinstein passe à la télévision plusieurs fois par semaine ! »

Du coup, Roland Leroy dénonce ce traitement de faveur : « Précisément, il y a sept cent mille communistes qui sont d'accord avec leur parti, mais c'est un fait ignoré à la télévision et à la radio.

Dix ou douze d'entre eux s'agitent et nous avons l'impression que ceux-là campent dans les studios de télévision et à la radio. »

Un instant plus tard, c'est Jean Foyer, R.P.R., qui fait exactement la même démonstration : « La télévision ne montre que les opposants à l'intérieur du R.P.R. » D'une façon générale, il dénonce « à tout le moins une absence grave d'objectivité » dont souffre son parti et s'indigne de « la colonisation de France-Culture » (entendez : par la gauche).

Ainsi, dès le départ, tout le monde — à l'exception de l'U.D.F., et encore... — se plaint, mais de façon contradictoire, et la dispute s'engage sur le mode hautement intellectuel du : « et ta sœur ». Tout s'enlise bientôt dans de médiocres querelles de procédure. Les députés n'argumentent plus, ils s'invectivent : « C'est de la magouille ! » « C'est honteux ! » « C'est antidémocratique ! » « Vous insultez l'Assemblée », lance-t-on des bancs communistes. « C'est un scandale ! » « Une Bérésina ! » répondent en écho les socialistes. « Mais quel spectacle donnons-nous à la France ? » se demande Georges Fillioud. Bien triste en vérité. Socialistes et communistes, R.P.R. et U.D.F., majorité et opposition s'empoignent et, comme dans les mauvais matchs de rugby, on ne voit bientôt plus qu'un tas de lutteurs se paralysant les uns les autres. Parfois tout un groupe quitte l'hémicycle dans un grand mouvement d'opéra, à d'autres moments on se jette des injures à la tête : « Saboteurs ! » « Menteurs ! » « Provocateurs ! » « Je n'ai rien à faire ici, je m'en vais ! » déclare Henri Gignoux en quittant l'Assemblée. De fait, les bancs vont rapidement se clairsemer. Et l'on finit par créer une commission d'enquête dont le principe est voté par 483 députés (282 pour, 201 contre)... dans un hémicycle presque vide.

Six mois plus tard, ladite commission se révélera incapable de dégager une synthèse entre ceux qui veulent trop prouver et ceux qui veulent trop cacher. Ni rapports, ni conclusions, ni recommandations. On avait pu craindre un instant que le Parlement ne vide définitivement la querelle. Fort heureusement il n'en est rien, la bataille pourra reprendre à la première occasion.

Car nos politiciens sont très friands de ce sport. Les uns pour abuser de la télévision, les autres de la critique. Le deuxième temps fort de la controverse survient le 17 mai 1979. On entre en campagne pour les élections européennes et la célèbre Compagnie des Quatre donne sa deuxième représentation télévisée sur TF 1 et R.T.L. Simone l'Impeccable, François l'Intraitable, Jacques l'Impulsif et Georges l'Impayable doivent improviser — comme ils l'ont fait une semaine plus tôt sur Antenne 2 et Europe 1 — sur le thème : « Plus on dit pareil et moins on est d'accord. » Plus de huit millions de téléspectateurs sont présents, audience à peine honorable pour une telle soirée de gala.

La « rencontre » — ainsi que l'on dit en littérature sportive — a été précédée par une série d'escarmouches qui ont fait monter la tension de quelques milliers de volts. François Mitterrand a menacé de déclarer forfait et jusqu'au dernier moment un doute a plané sur sa participation. Finalement, ils se retrouvent tous là, avec le masque de circonstance : regard méchant d'avant le combat et sourire obligatoire du show-business. Sujet de cours imposé : la France et l'Europe. Cela promet un grand débat.

Dès le round d'observation, François Mitterrand, grave, pénétré, solennel, engage les hostilités... sur la télévision : « Il y a aujourd'hui une propagande officielle, une propagande du pouvoir, massive, excessive, qui manque gravement aux règles élémentaires de notre droit public, qui bafoue le sentiment des citoyens, qui viole les suffrages, un véritable matraquage, par le fait du président de la République, du Premier ministre, des membres du gouvernement, et, tout cela, par les moyens des radios et télévisions qui sont sans doute contraintes d'exécuter. »

Tandis que Simone Veil — qui ne comprend vraiment pas ce dont il peut s'agir — semble absente du débat, que Georges Marchais, rigolard, tire les marrons du feu, Jacques Chirac reprend la balle au bond : « Je suis peiné de voir que le Premier ministre de la France se met dans le cas de recevoir, et à juste titre, des leçons de liberté démocratique de M. Mitterrand. Je comprends parfaitement son indignation et je la partage sans réserve. La pression de la propagande officielle, actuellement, est devenue vraiment intolérable. »

Diable ! Les chers téléspectateurs auraient de quoi être surpris, s'ils n'étaient habitués. Les professionnels sont un peu estomaqués par l'aplomb de Jacques Chirac : eux ont certains souvenirs... Les foucades du précédent Premier ministre contre le « persiflage » d'Europe 1 par exemple. Comme l'on sait, la perte du pouvoir entraîne de droit l'amnistie et même l'amnésie. Mais il y faut un rien de temps, un délai de viduité en quelque sorte. François Mitterrand l'a respecté indiscutablement. Interminablement. Pour Chirac, il est un peu court. Mais il connaît son monde. La gauche n'est que trop heureuse de son ralliement. Quant à Simone Veil, elle se trouve paralysée. *Nemo auditur propriam turpitudinem allegans*[1], disaient déjà les Romains.

Il faudrait que quelqu'un crie de la salle : « Pas ça ou pas vous ! » Mais non, personne ne crie pendant les émissions en direct. Pourtant, on entend soudain de lointaines vociférations. Nos ténors se figent, regardent le public au lieu de poursuivre la représentation. Il se passe, là-bas, des choses que les caméras pudiques s'abstiennent de montrer. A travers les explications sommaires des présentateurs, on comprend qu'un perturbateur vient de se manifester. Est-ce un tenant de l'Europe fédérale, nationale, impériale ou régionale ? Pensez-vous ! L'énergumène, que les vigiles sortent sans ménagement, en tient pour la télévision. Pas pour l'Europe. Comme Mitterrand, Chirac et les autres, il veut de l'antenne. « Quelques minutes de plus, messieurs les bourreaux ! » Et Saint-Just-Chirac compatit aux malheurs du cabot en manque d'auditoire. Un instant, on se demande s'il ne va pas lui céder son temps de parole. Voilà qui serait magnanime. Mais non, télévision bien ordonnée commence par soi-même.

On entreprend enfin de disserter sur l'Europe-prétexte, l'Europe des monopoles, l'Europe des travailleurs, l'Europe des patries et l'Europe n'importe-quoi. La confusion est telle, le débat si médiocre, que les téléspectateurs doivent regretter l'échauffourée sur la télévision. Là, au moins, il y avait du spectacle. Faute de mieux...

Car les Français connaissent la règle du jeu. La partie dure depuis si longtemps ! « Tous les pays démocratiques ont des problèmes avoués, remarque Olivier Todd dans *l'Express*. La France, elle, s'offre des malaises. Parfois, ils produisent des crises, dans l'armée et la police, chez les enseignants ou les commerçants, dans le textile ou la sidérurgie. Et, chroniquement, à la télévision. Un problème est une série de questions bien posées. Un malaise se présente sous la forme de troubles mal définis. »

Malaise chronique de la télévision ? C'est le moins que l'on puisse dire. Évoquant, dans *les Antennes de Jéricho,* les vingt et un directeurs généraux qu'il a connus, l'impertinent Pierre Schaeffer remarque que leur longévité fut de un an quatre mois et douze

---

1. « Nul n'est entendu lorsqu'il invoque sa propre turpitude. » Règle latine condamnant la confession et l'autocritique utilisées à son profit devant un tribunal. Aujourd'hui cette règle tacite retient les giscardiens de trop condamner la gestion chiraquienne qui fut aussi la leur.

jours, si l'on exclut de la statistique Pellenc (1927-1937) et Porché (1946-1957) dont les règnes exceptionnellement longs faussent la moyenne ; ou deux ans, cinq mois et vingt jours, en réintégrant les directeurs décennaux dans le compte. « Dans le meilleur des cas, conclut-il, ils [les directeurs généraux] avaient donc un délai pour se mettre au courant [deux ans, il faut bien ça], puis il leur restait pour les cinq derniers mois juste le temps de comprendre pourquoi ils avaient échoué et pourquoi on les échouait[1]. »

Cette instabilité pathologique, qui semble un peu apaisée depuis 1974, se retrouve à tous les niveaux de responsabilité. N'étant pas, comme Pierre Schaeffer, polytechnicien, je n'ai pas calculé aussi scrupuleusement l'espérance de vie des responsables de l'information, mais elle ne me paraît pas dépasser celle d'un directeur général. Cette obsolescence accélérée des hommes étonne, car la presse tend à pérenniser les positions élevées. Que l'on songe aux règnes de Maurice Siégel à Europe 1, de Jean Marin à l'Agence France-Presse, d'Hubert Beuve-Méry au *Monde,* de Pierre Lazareff à *France-Soir...* La moyenne serait plutôt de deux décennies. Deux ans ici, vingt ans là... C'est d'autant plus surprenant que ces responsables dépendent du pouvoir politique, lequel n'a guère changé de main depuis vingt ans.

En vérité, cette mobilité est aussi incohérente qu'un mouvement brownien. En 1972, Pierre Desgraupes et l'équipe d'*Info Première :* Joseph Pasteur, Étienne Mougeotte, Philippe Gildas, Jean Lanzi, sont chassés pour « gauchisme » ; peu après, c'est l'équipe d'Europe 1 : Maurice Siégel, Jean Gorini, Georges Leroy, qui est « saquée » pour « persiflage ». Ce qui n'empêche pas Étienne Mougeotte et Philippe Gildas de devenir responsables de l'information à Europe 1, Georges Leroy rédacteur en chef d'Antenne 2 et Joseph Pasteur présentateur aux *Dossiers de l'écran.* Allez comprendre ! C'est que les gens au pouvoir perdent tout bon sens dès qu'il s'agit de juger les gens des media. Ainsi Jacques Thibau, directeur adjoint de la télévision, et Jacques Sallebert, directeur de l'information à France-Inter, se virent-ils accusés d'être les alliés des communistes ! Ce qui, par la suite, n'empêcha pas Jacques Sallebert de devenir directeur de l'information à Antenne 2, puis directeur de Télé Monte-Carlo. De même un Jean-Pierre Elkabbach, qu'en 1973 certains ministres souhaitaient exiler à Londres

---

1. Pierre Schaeffer, *les Antennes de Jéricho,* Stock, 1978.

tant il paraissait dangereux, deviendra quatre années plus tard le patron de l'information sur Antenne 2.

Tout cela ne traduit pas une politique, mais une névrose politicienne. Nos ministres, ivres de rage ou d'impuissance, font sauter leurs dirigeants de télévision comme des bouchons de champagne. Au petit bonheur. Si nos armées étaient commandées de même, on retrouverait des tanks sur les porte-avions et des pilotes de sous-marins aux commandes des bombardiers. La télévision rend fou le pouvoir, tous les pouvoirs.

Passe pour l'opposition, fondée dans ses critiques sinon dans ses outrances. Mais la majorité ? Pour surprenant que cela paraisse, elle n'est pas moins irritée par la télévision, par « sa » télévision. Cette irritation peut échapper au citoyen qui ne lit pas régulièrement le *Journal Officiel,* mais elle est constante. La session extraordinaire de mars 1979 ne fut qu'un épisode parmi d'autres. C'est tout au long de l'année, dans les questions écrites ou les débats budgétaires, que les députés majoritaires font entendre les mêmes récriminations : colonisation de la télévision par les réalisateurs communistes, insistance de l'information télévisée sur les aspects négatifs de l'actualité, part trop belle faite aux leaders de l'opposition, incapacité des journalistes de télévision à faire comprendre l'action gouvernementale, etc. Il suffit de feuilleter au hasard les collections du *J.O.* pour cueillir les cactus de ce mécontentement.

Lors du débat de juillet 1974, Jacques Soustelle affirme que « de nombreux Français sont las des rengaines sempiternelles que, sous prétexte d'information, on leur assène contre nos partenaires européens ou américains, contre l'Alliance atlantique, las de l'apologie des crimes palestiniens, et, d'une façon générale, las d'une vue manichéenne du monde où ce sont toujours les mêmes qui ont raison et les mêmes qui ont tort, où les colonels sont loués ou dénigrés, selon qu'ils sont tenus comme étant de gauche ou de droite ».

Voilà, en 1976, M. Duvillard qui s'indigne du « manque d'objectivité de certaines chaînes de radiodiffusion-télévision dans la présentation de la récente crise universitaire. En particulier, la Fédération nationale des syndicats autonomes de l'enseignement supérieur [...] a été presque constamment écartée des émissions [...] », M. Fontaine qui proteste car « [...] à l'occasion de la visite à la Réunion de monsieur le président de la République à qui un accueil enthousiaste et chaleureux a été réservé dans toutes les communes de l'île, les missionnaires de la société TF 1 rendant compte de son passage à Saint-Louis n'ont vu et n'ont entendu que les clameurs d'une minorité contestataire ».

Les parlementaires de l'opposition ne sont pas en reste : M. Andrieu, par exemple, demande au Premier ministre s'il est vrai que, pendant la campagne des cantonales, les opérateurs de FR 3-Toulouse avaient pour consigne : « Évitez de braquer vos objectifs sur les candidats s'ils appartiennent à des formations politiques de l'opposition. »

Ces protestations visent tous les aspects de l'information. M. Hamel regrette que la télévision ne souligne jamais les nombreuses interventions de l'armée et de la gendarmerie pour sauver des vies humaines. M. Bénard remarque que, lors des émissions télévisées, on parle des hausses des loyers, des impôts, des prix ou des cotisations sans jamais rappeler « la progression concomitante, dans des proportions parfois même plus importantes, des salaires et rémunérations ». M. Kieffer s'indigne de la façon partisane (entendez favorable aux communistes) dont la télévision rend compte du conflit vietnamien. François Grussenmeyer se scandalise que, lors d'une émission d'Antenne 2 sur les bouilleurs de cru, un médecin ait osé dire que des mères alsaciennes mettaient de l'eau-de-vie dans les biberons de leurs bébés...

Mais la grande plainte qui domine toutes les autres, c'est évidemment : « On ne nous montre jamais à l'écran », et son complément : « On ne voit que les autres. » Après la rupture à grand spectacle de la gauche unie, en 1977, le sénateur Jean Colin proteste : « Depuis le mois de septembre, l'information télévisée a été dirigée pour une très large part vers les leaders des partis politiques d'opposition... Le fait est établi... A la télévision, l'information donne une place de plus en plus considérable à l'opposition... Pendant plus de deux semaines, l'information audio-visuelle a pratiquement été consacrée à ce seul événement (la rupture de l'Union de la gauche). Les trois leaders des partis de l'opposition se sont relayés, jour après jour, heure après heure, émission après émission, devant les téléspectateurs... Pendant le week-end du 8 et 9 octobre dernier, à Lyon, s'est tenu le congrès national du Centre des démocrates sociaux, formation tout de même importante sur le plan national puisqu'elle dispose au Sénat de plus de soixante représentants... Dans le même temps, M. le secrétaire général du Parti communiste avait quelque chose à dire au journal télévisé de 20 heures sur TF 1, la chaîne la moins marquée. M. le secrétaire général du Parti communiste a disposé de vingt minutes d'antenne alors que le compte rendu du congrès national du C.D.S. a été expédié en un peu plus d'une minute... Le rapport de un à vingt ne reflète pas l'objectivité. »

Sont-ils donc satisfaits, ces leaders de l'opposition si généreusement télévisés ? Pas du tout. La presse de gauche explique à cette époque que la télévision, une fois de plus téléguidée par le gouvernement, n'a voulu qu'étaler devant les Français la désunion de la gauche.

Non seulement on ne montre pas trop les communistes, mais on les cache purement et simplement, affirme Roland Leroy le 26 octobre 1978. « Quand il s'agit du Parti communiste, la pratique constante est le silence, le jeu savant des falsifications, des omissions, le mensonge... Mais que M. Poniatowski parle devant une poignée de fidèles, on répète midi et soir pendant deux jours : " Poniatowski a dit... " »

Ce que dit Poniatowski, c'est que : « La télévision a le snobisme du noir, du dépressif et de l'abstrait. » Lui non plus n'est pas content de la télévision.

Il ne s'agit pas seulement de déclarations publiques. Jacques Thibau cite un rapport des Renseignements généraux de juin 1966 parlant des « dirigeants communistes et crypto-communistes de l'O.R.T.F. » !

Même incohérence au niveau des hommes. Philippe Malaud, l'un des ministres de l'Information les plus « musclés » de la Ve, dénonce aujourd'hui les interventions gouvernementales à la radiotélévision au profit des giscardiens... et des socialistes ! N'importe qui et n'importe quoi, c'est la règle sitôt que l'on parle de la télévision. On remplirait un plein volume à reprendre les plaintes et complaintes, incriminations et récriminations de la classe politique. Mais cette littérature ne brillant pas par son originalité, mieux vaut la juger sur échantillons.

Ainsi s'explique la faible durée de vie — dix-huit mois à deux ans — d'une direction télévisée. L'élimination de la précédente équipe correspond à un paroxysme d'irritation dans les sphères gouvernementales et les milieux majoritaires. Les nouveaux dirigeants ont été choisis avec le plus grand soin. Ils feront une information « objective », c'est-à-dire, évidemment, considérée comme telle par ceux qui les ont choisis. Cet heureux choix dispense pendant six mois ministres et députés de regarder la télévision. Tout ne pouvant qu'aller pour le mieux, à quoi bon vérifier ?

La nouvelle équipe, qui se prend au jeu si fascinant de la télévision, développe de plus en plus l'information, d'autant qu'à la base, les journalistes veulent faire des journaux critiques, intelligents, accrocheurs : bref, faire leur métier. Au bout de six mois, militants politiques, notables, électeurs influents commencent à se plaindre de la télé. Ils ont vu ceci qui leur a déplu, ils n'ont pas vu cela qui leur aurait plu. Comptons encore six mois pour réveiller l'animosité latente du parlementaire majoritaire ou du ministre. Un an a passé depuis la réforme, la grogne a recommencé dans les rangs, il va falloir de nouveau s'occuper de la télévision.

On s'oblige à regarder les journaux et quelques émissions. La bile s'échauffe ! « C'est encore pire qu'avant ! » En l'espace de quelques mois, l'irritation tourne à l'exaspération. Un an et demi s'est écoulé, le terme est venu. Au besoin contre la loi — comme ce fut le cas pour Arthur Conte —, il faut briser là et refaire un tour de valse.

Le scénario comporte une infinité de variantes et nos politiciens improvisent à merveille sur ce canevas, mais on peut le reconstituer dans la plupart des cas.

Retenons de ce cahier des plaintes et doléances un mécontentement chronique de la classe politique, *toutes tendances confondues.* Je viens de décrire un premier scénario : celui de l'indépendance, qui explique l'irritation du pouvoir. Mais toutes les directions n'ont pas brillé par leur esprit frondeur : d'où vient que les autres également finissent par déplaire ? C'est qu'en jouant la carte de la docilité et de la complaisance, la télévision perd bientôt toute crédibilité. De cela aussi le gouvernement finit par se rendre compte. Une information « gouvernementale » n'a plus aucun impact sur l'opinion. C'est pourquoi l'opposition s'efforce toujours de coller cette étiquette aux journaux télévisés et redoute davantage une télévision impertinente qu'une télévision soumise. Nos ministres et parlementaires, pleinement satisfaits en un premier temps, finissent par dénoncer la médiocrité de l'information télévisée. Ils se rendent compte qu'à vouloir trop en faire, ils ne peuvent plus rien faire du tout. Ils cherchent donc une nouvelle formule permettant de concilier la docilité et la qualité.

Ce mariage des contraires étant impossible, les hautes sphères où l'on pense la politique de l'audiovisuel ressemblent à un palais d'alchimiste où l'on cherche éternellement « la formule » permettant de transformer en or le vil plomb d'une information complaisante. La télévision n'ayant le choix qu'entre le reproche de son manque de docilité et celui de son absence de crédibilité, en tout état de cause, elle mécontentera le gouvernement.

Mais la classe politique n'est pas la seule à ressentir ce vertige de la télévision, on le retrouve dans tous les corps organisés, dans ce que j'appelle, au sens large, les corporations.

Un jour, arrivant à mon bureau, je trouve la rue Cognacq-Jay encombrée de manifestants. Le service de sécurité a précipitamment baissé le rideau de fer. Devant l'immeuble une centaine de personnes, sympathiques et paisibles, attendent d'être reçues par les directeurs de l'information télévisée. Elles se plaignent de ce que la presse en général, et la télévision particulièrement ne parlent pas de leurs problèmes, qui sont dramatiques. Ces hommes et ces femmes travaillent à l'entreprise Terrin et luttent pour éviter le licenciement.

J'écris Terrin, sans avoir à préciser. Chacun se rappelle les difficultés de cette entreprise marseillaise. Preuve assurément que les media donnèrent un certain écho à cette crise. Les intéressés, de la meilleure bonne foi du monde, estimaient être victimes d'une conspiration du silence. Encore une fois, je ne prêche pas pour ma paroisse et ne prétends pas que la télévision ait parfaitement traité le sujet. Je constate simplement qu'elle en a parlé. Je constate surtout que, si l'on donnait un certain « temps d'antenne par licencié », et que l'on prenait cette affaire comme référence, il faudrait au moins consacrer une chaîne entière aux problèmes de l'emploi.

En effet, il se produit tous les jours depuis cinq ans de telles crises. Trois licenciements par-ci, dix par-là, cent ailleurs. Ces petits paquets font les gros bataillons du chômage, alors que les compressions massives de personnel n'en représentent qu'une part infime. L'actualité, elle, ne retient que ces « grosses affaires », spectaculaires, et passe sous silence des milliers de drames qui, pour être de moindre dimension, n'en sont pas moins cruels pour ceux qu'ils frappent. La presse réagit aux accidents sociaux comme aux catastrophes. Cent morts éparpillés en mille accidents de la route, c'est, en langage de journalistes, « une brève ». Cent morts dans un seul accident d'avion, de chemin de fer, ou dans un naufrage, c'est « la une ». Déformation, trahison, on en discutera longtemps, le fait est que les victimes groupées ont seules droit à la sollicitude des media. Tel fut le cas, en matière sociale, de quelques conflits : Lip, sidérurgie, Manufrance, Néogravure... Terrin.

Ainsi, le personnel de Terrin qui, grâce à sa combativité et à l'importance de l'entreprise, avait pu accéder à la télévision, croyait souffrir d'un ostracisme injustifié.

Tous les travailleurs impliqués dans des conflits, tous les industriels aux prises avec des difficultés, toutes les corporations frustrées de leurs privilèges, éprouvent cette même amertume. « Vous ne parlez jamais de nous ! » Le reproche est permanent, la revendication monte de tout l'horizon social. La télévision ne parle pas des Occitans, des éleveurs d'escargots, des grévistes, des auteurs à insuccès, des kinésithérapeutes, des ostréiculteurs, des Corses... de tout le monde. Chacun, voyant midi à sa porte, trouverait convenable qu'une heure, dite de grande écoute, soit consacrée aux problèmes particuliers de sa catégorie. Nul ne se soucie d'additionner toutes ces heures pour voir ce qui resterait pour la distraction ou, simplement, la détente. Mais les corporations demandent du temps d'antenne, comme des subventions, sans jamais considérer les revendications des groupes concurrents. Il semble toutefois que l'on atteigne ici le comble de l'aveuglement.

Souvenez-vous de cette soirée du 21 juillet 1977. Le journal télévisé de 20 heures commence sur TF 1. Soudain un commando envahit le studio et prétend imposer à Roger Gicquel de chanter les louanges de Concorde. Ces « travailleurs de la S.N.I.A.S. », qui se sentaient menacés dans leur emploi par l'insuccès de l'avion supersonique, croyaient, de bonne foi sans doute, que la télévision jouait contre Concorde. A ce stade, l'aveuglement tient de l'hallucination !

J'ai eu l'occasion de dire ailleurs tout le mal que je pense du programme — et non de l'avion — Concorde. La télévision n'a correctement présenté aucun des arguments hostiles à Concorde avant l'échec patent du programme. Elle multiplia pendant dix ans les émissions consacrées à notre merveille supersonique. Celles-ci furent, toutes, et de façon quasi unanimes, très favorables. Ce conformisme concordophile, qui traduisait simplement l'état d'esprit des Français, me paraissait à ce point irritant que je me tins à l'écart de ce sujet. J'entendais m'en expliquer ailleurs et complètement. Bref, adversaire du programme Concorde, j'ai à me plaindre de la télévision.

Un observateur extérieur comme Denise Bombardier, sociologue canadienne qui étudia la télévision française au début des années 70, conclut de même :

« C'est sur le projet de l'avion Concorde que portent les deux tiers des nouvelles de la sous-catégorie " technologie ". Le débat autour de Concorde permet un traitement officiel de la nouvelle dans les deux tiers des cas. [En clair, cela signifie que l'on demande à un ministre ou à un responsable de la S.N.I.A.S. de parler.]... On sait que, dans le cas de Concorde, partisans et adversaires du projet se sont renvoyé la balle. Dans les nouvelles de la télévision, ce sont avant tout les défenseurs de ce projet, constructeurs et personnalités gouvernementales, qui ont eu droit à l'antenne[1]. »

La cause est entendue, la télévision française a énormément parlé de Concorde et toujours dans un sens favorable. Pourtant les membres de la corporation ont pu avoir le sentiment inverse. En aurait-on parlé deux fois, cinq fois, dix fois plus qu'ils auraient toujours éprouvé la même frustration.

C'est une loi générale : une corporation n'est jamais satisfaite de la télévision. Elle trouve toujours le silence injuste, la critique scandaleuse et l'éloge insuffisant. Car tous ces groupements : motards, agriculteurs, Bretons, « ératépistes », enseignants, catholiques ou boulangers... veulent une télé inconditionnelle pour défendre leurs intérêts.

Chacune des corporations est en position de combat, non pour s'améliorer, mais pour accroître son prélèvement sur la collectivité. Plus de subventions, plus d'exonérations, plus de considération, plus d'avantages, etc. La télévision devient alors une sorte de forum où les confréries viennent les unes après les autres plaider leur dossier devant la foule afin de protéger ou d'accroître leurs privilèges. Malheur à celui qui laisse l'autre parler, malheur à celui qui ne se fait pas entendre !

Malaise de la télévision ? Sans doute, mais d'abord malaise de notre système, gangrené par les tumeurs corporatistes. Une fois de plus, c'est la société qui infecte la télévision et non l'inverse. La même démonstration est évidente pour la classe intellectuelle. Mais, avant de m'y intéresser, je voudrais, un instant, m'interroger sur les Français. Les millions de gens, pris isolément, qui peuplent l'Hexagone, sont-ils également atteints par le malaise de la télévision ?

Les organes de presse, qui cherchent sans cesse de nouveaux sondages à effectuer, reviennent périodiquement sur la T.V. On

---

1. Denise Bombardier, *la Voix de la France*, Robert Laffont, 1975.

dispose ainsi d'une liste impressionnante d'enquêtes sur les réactions des Français face à leur télévision. Un sondage unique peut toujours être discutable, une série s'étalant sur une dizaine d'années et donnant des réponses concordantes fournit tout de même une bonne indication. Ici encore, je me contenterai d'exemples significatifs, sans reprendre la totalité des enquêtes.

En mai 1969, l'I.F.O.P. demande : « Estimez-vous qu'en ce moment, dans le domaine politique, l'O.R.T.F., à la télévision et la radio, vous informe avec objectivité ou pas ? »

48 % répondent *oui*.

31 % répondent *non*.

13 % n'ont pas d'opinion.

C'était il y a dix ans, mais souvenez-vous qu'à l'époque la télévision, encore marquée par les grèves de 68 et la répression qui suivit, est plus en crise que jamais. Les téléspectateurs, eux, conservent leur calme. Cette placidité déconcerte Denise Bombardier qui doit constater dans son réquisitoire contre l'information télévisée en France : « On reste cependant surpris de voir le nombre de téléspectateurs qui sont relativement satisfaits des journaux télévisés. » Une enquête S.O.F.R.E.S. publiée dans *le Figaro* en juin 1972 et portant sur la qualité des informations du journal télévisé de la première chaîne donne les résultats suivants :

Très objectives	5 %
Assez —	48 %
Peu —	24 %
Pas du tout	6 %
Sans opinion	17 %

La sociologue canadienne est à ce point troublée par ces chiffres qu'elle en perd son arithmétique et conclut : « On est étonné de voir que près de la moitié des personnes interrogées considèrent que les nouvelles sont assez objectives. » En réalité, il y a non pas « près de la moitié », mais 53 % des personnes qui sont satisfaites de l'objectivité, et 30 % seulement qui se plaignent.

En 1976, la S.O.F.R.E.S., pour le compte de *la Vie*, demande aux Français s'ils estiment que les choses se sont réellement passées comme on le raconte à la télévision. 68 % répondent affirmativement (18 % de *oui*, 50 % d'*à peu près*).

En avril 1979, le C.E.O. questionne : « Les journaux télévisés

permettent-ils à toutes les opinions de s'exprimer ? » Réponse :
52 % affirmatives, 41 % négatives.

On retrouve la même placidité et la même semi-satisfaction en
passant de l'information aux programmes. C'est ainsi que les
Français ne ressentent guère cette fameuse « dégradation des
programmes » que l'on dénonce de façon quasi permanente. Voici
un sondage C.E.O. d'avril 1979 :

Je trouve que les programmes de	Vont plutôt en s'améliorant	Vont plutôt en se dégradant	Il n'y a pas de changement	Sans opinion
Tf 1	18 %	20 %	56 %	6 %
An. 2	21 %	18 %	53 %	8 %
Fr. 3	23 %	7 %	58 %	12 %

Je ne ferai rien dire de plus à ces sondages. Les programmes
peuvent être mauvais, l'information manipulée et la situation
dégradée sans que le public en ait conscience. Il est clair qu'il existe
un décalage entre l'exaspération de la France « légale » et la
sérénité des Français, même si, au cours des derniers mois, les
téléspectateurs ont manifesté un désenchantement relatif vis-à-vis
de la télévision.

Soulignons simplement que les Français n'ont pas la même
réaction selon qu'ils réagissent en groupe ou individuellement.
Dans le premier cas, ils se sentent acteurs, fortement engagés ; dans
le second, spectateurs, assez dégagés. Ce regroupement sur des
intérêts particuliers provoque nécessairement la passion. Que le
Français réagisse en écologiste luttant contre les centrales nucléaires, en éleveur exaspéré par le Marché commun, en travailleur
voulant préserver son emploi, en petit commerçant se battant
contre les grandes surfaces, en militant défendant son parti ou en
croyant prêchant sa religion, peu importe : dès lors qu'ils se battent
pour une cause commune, les gens jugent la télévision sur la place
qu'elle réserve à leur affaire... et trouvent toujours que celle-ci
n'est pas assez importante.

Si le groupe est organisé et ne correspond pas seulement à une
catégorie diffuse, ses représentants se doivent de manifester leur
irritation. Mais le téléspectateur interrogé en tant que tel, dégagé
des différentes catégories politiques ou corporatistes, se déclare
assez volontiers satisfait. C'est la France constituée, celle des

structures et des groupements, qui se plaint de la télévision et de son information.

Certains verront dans ce constat la preuve que l'individu isolé est dominé, écrasé, asservi par la toute-puissance de la télévision, et que seuls les téléspectateurs regroupés, organisés, politisés sont capables d'adopter une attitude critique. C'est une thèse que l'on peut retenir. Tenons-nous-en simplement à ce fait : la France est plus téléphobe que les Français.

Cette réaction est encore plus forte dans l'élite intellectuelle que dans la classe politique. Entre la télévision et elle, l'accrochage s'est mal fait. Cette situation n'est pas propre à la France, bien qu'elle soit particulièrement accentuée chez nous. C'est partout dans le monde que les universitaires, les intellectuels, les artistes et, plus généralement, les gens d'instruction supérieure, ont accueilli avec la plus grande répugnance les boîtes à images. Jean Cazeneuve a fort bien résumé ces comportements dans *la Société de l'ubiquité*[1], et je reprendrai ici les traits saillants de son analyse.

Premier fait observable, quantifiable : les catégories sociales les plus instruites ne se sont ouvertes que lentement à la télévision. Il faudra attendre 1968 pour que les cadres supérieurs forment enfin la catégorie socio-professionnelle la plus équipée de France.

Première indication nette : les « gens instruits » ne sont venus à la télévision qu'en traînant les pieds. Ils y ont vu une culture du pauvre, une distraction de masse, et ne s'y sont définitivement ralliés qu'à la fin des années 60, lorsque le refus du récepteur cessait d'être un symbole d'élitisme pour devenir un choix de marginalisation. Notons que ce phénomène n'est nullement français. On le retrouve dans tous les pays.

Aujourd'hui même, le dernier carré des non-téléspectateurs atteint un niveau culturel remarquable. On y trouve des professeurs au Collège de France, des grands écrivains, des chercheurs, des hauts fonctionnaires, etc., à côté du quart monde français, où se trouvent encore des gens qui n'ont pas les ressources suffisantes pour se payer un téléviseur.

Notre « Français du troisième type » — type d'instruction, bien sûr — ayant sauté le pas, ne devient pas pour autant un téléspectateur ordinaire. Comme le note Jean Cazeneuve : « L'attitude

---

1. Jean Cazeneuve, *la Société de l'ubiquité,* Denoël-Gonthier, 1972.

défensive de ceux qui n'ont pas voulu laisser la télévision pénétrer dans leurs foyers est remplacée, chez ceux qui sont devenus téléspectateurs, par un sentiment de culpabilité. » Vis-à-vis de la télévision en général, ils conservent une position très réservée. Au terme d'une enquête sociologique, Jean Cazeneuve décèle chez ce public deux opinions. Pour les uns, la télévision peut servir à élever le niveau culturel du peuple, mais, pour les autres, elle ne donne qu'une culture factice, « fausse, superficielle, incomplète... Elle ne forme ni le jugement, ni le sens critique. On va jusqu'à dire qu'elle abrutit ou abêtit. Elle ne donne, dit l'un de nos sujets, qu'une " culture de pacotille " ou " une culture de fainéants ". »

On le voit, l'adhésion est loin d'être enthousiaste. « L'homme cultivé est donc partagé entre le désir d'être de son temps, de sacrifier à la vie moderne, et le regret de se laisser dominer par une technique qui ne lui apporte pas toujours une distraction digne de lui. »

Cette ambiguïté face au petit écran rend nos « gens instruits » très critiques quant aux programmes. Jean Cazeneuve note que, là encore, il ne s'agit pas d'une attitude particulière à l'élite intellectuelle française. Les études menées en d'autres pays révèlent les mêmes comportements.

« Quant aux émissions culturelles, remarque Cazeneuve, ce sont elles qui sont le plus discutées, car, manifestement, il s'agit d'un domaine dans lequel on se sent compétent et l'on reproche souvent à ceux qui en sont les auteurs ou les réalisateurs de n'être pas eux-mêmes, bien souvent, des esprits avertis, ou, plus précisément, de n'avoir pas une culture suffisante. Les téléspectateurs ayant fait des études élevées regrettent que les émissions culturelles soient animées par des gens qui n'ont pas toujours fait eux-mêmes des études de ce niveau. »

Nous arrivons là aux données sérieuses : les rivalités au sein de la société. L' « homme de télé », surtout s'il prétend « faire dans le culturel », est un concurrent en puissance pour le professeur, le journaliste, l'écrivain, le médecin ou l'économiste. Il faut mener contre lui une action de guérilla feutrée afin de ne pas lui abandonner trop de prestige et, finalement, de pouvoir.

Autre point sensible pour cette élite cultivée : la perte d'un certain monopole. Avant les mass media, les choses étaient claires : les uns savaient, les autres ne savaient pas. En déversant à pleins seaux cette soupe culturelle populaire, la télévision a brouillé les cartes, elle a fabriqué des bataillons de faux autodidactes qui croient savoir, qui font semblant de savoir, qui donnent même l'illusion de savoir et qui, en réalité, ne savent rien.

N'importe quel malade a le sentiment qu'il peut disserter sur son mal et se met à discuter les ordonnances, à contester les traitements. Le savoir médical ne confère plus un pouvoir sans partage. Le savant, ou, plus exactement, le sachant, est irrité de voir la multitude s'affubler des lambeaux de sa compétence. Penser qu'il a fallu dix années d'études puis dix années de pratique pour devenir un expert des centrales nucléaires et qu'aujourd'hui, n'importe quel spectateur, après avoir regardé une émission, se croit autorisé à donner son avis sur un tel sujet !

La télévision est bien traumatisante pour l'élite intellectuelle qui se recroqueville dans une attitude critique, demandant plus d'émissions culturelles et moins d'amusements.

Or — et c'est là une constante que révèlent toutes les analyses de comportement — le téléspectateur « supérieur », contrairement à ce qu'il prétend, se construit des programmes assez comparables à l'écoute moyenne. Il regarde en priorité les émissions de délassement, films, dramatiques, comédies, jeux — celles-là mêmes qu'il décrie dans ses propos — et non ces fameuses émissions culturelles qu'il revendique tant... pour les autres, il est vrai. Téléspectateur critique, voire agressif, notre homme cultivé est également un téléspectateur honteux qui se complaît à ce qu'il condamne et s'ennuie à ce qu'il réclame.

Arthur Conte, lorsqu'il régnait sur l'O.R.T.F., avait un numéro très au point qu'il servait fréquemment à ses invités. Il expliquait qu'un lundi matin, venant présider le conseil d'administration de la maison, il avait demandé aux administrateurs leur opinion sur une remarquable émission culturelle diffusée la veille au soir à 20 h 30. Les réponses se faisant gênées ou évasives, il poussa un peu plus loin ses interrogations et finit par découvrir que presque tout le conseil, à 20 h 30, avait regardé le film diffusé sur la chaîne concurrente : *le Tigre aime la chair fraîche.* Tous ces messieurs, pourtant, appartenaient à cette catégorie de Français d'instruction supérieure et prônaient une télévision culturelle. Mais il faut bien se distraire...

Telles sont les contradictions non pas de l'élite intellectuelle au sens étroit, mais de la classe instruite. Remarquons tout de même que le malaise est loin d'être général. Les responsables économiques, les grands administrateurs, les ingénieurs, les cadres commerciaux ont aujourd'hui assimilé la télévision. Ils ont des réactions d'intolérance corporatiste sitôt qu'une émission les concerne directement, mais, le reste du temps, ils sont de plus en plus sereins et détendus. Normalisés, diront les téléphobes.

Il en va bien différemment pour l'élite intellectuelle à proprement parler, c'est-à-dire pour ceux qui exercent dans la culture : enseignants supérieurs, chercheurs, philosophes, écrivains, artistes, journalistes — de la presse écrite —, tous ceux qui, comme le montre Régis Debray, se disputent le « pouvoir intellectuel ». Dans cette classe ou cette caste, la télévision ne crée plus un malaise, mais une véritable maladie.

Certes, on n'en est plus à dire comme le chancelier de l'Université de Chicago, au début des années 60 : « Je vois venir le temps où, par l'effet de la télévision, le peuple américain ne saura plus lire ni écrire et mènera une vie comparable à celle des animaux », mais on n'est pas loin de le penser. Dégénérescence de la culture par la diffusion d'ersatz culturels, d'œuvres de consommation, de produits standardisés : est-ce vraiment cela la grande inquiétude ? On voudrait le croire, mais ici comme toujours, le problème de l'élite, c'est l'élite et non le peuple.

Que les masses souffrent d'une sous-alimentation culturelle, qu'elles soient nourries d'œuvres frelatées, c'est fort triste. Pourtant, nos « culturateurs » pourraient encore s'en arranger. Ce qu'ils ne supportent pas, c'est leur remise en cause — ou ce qu'ils considèrent comme tel — par les media. Entre la concurrence déloyale que leur font les « gens de télé » et la sélection inacceptable que les media opèrent dans leurs rangs, ils se sentent dépossédés, menacés dans leur statut et leur intégrité par la « mediacratie », notamment par la télévision.

Nous voici à la Sorbonne les 16 et 17 juin 1979. Mille deux cents personnes, en majorité des enseignants, sont venues tenir les « États généraux de la philosophie ». Rien que de très normal puisque les nouvelles réformes vont réduire la part de la philosophie dans l'enseignement. Les participants, professeurs de philosophie pour la plupart, vont « soutenir leur nécessité d'être » face à la « phobosophie » montante. Ils sont tous là, les grands de la pensée universitaire : Vladimir Jankélévitch, Paul Ricœur, Jacques Derrida, etc., pour proclamer qu'il « n'y a pas de démocratie sans philosophie ». Fort bien. Toute profession menacée se défend de la sorte. Rapidement, l'on se met à reconstruire le monde en évoquant les grandes idéologies et les « affaires en cours ». Ici on veut remettre en cause l' « acte de penser », là signer une pétition pour les inculpés du 23 mars.

A priori, cette réunion ne devrait en rien concerner mon propos. Le ciel me préserve de jamais disserter sur la philosophie ! Las, les philosophes, eux, dissertent sur les media. Jacques Derrida, tout d'abord, se met à dénoncer « les beaux parleurs du haut-parleur qui se sont vu offrir studios et colonnes sans se demander pourquoi »... et le rôle que joue « le présentoir le plus en vue » dans la corruption de la philosophie. Vient le grand réquisiteur : Régis Debray. Que démontre-t-il ? « Entre la raréfaction des postes d'enseignement et la prolifération des postes de télé, il n'y a peut-être pas rapport de cause à effet, mais il y a plus que concomitance [...], c'est une même stratégie. » Et voilà : la philosophie se porte mal : les responsables en sont les media, télévision en tête. Sur ce thème, Debray « fit un malheur », on faillit casser la figure au philosophe-vedette B.-H.L. [1]. On envisagea de constituer un « comité de vigilance antimedia ». Ah, mettre la télé sous le contrôle de la philosophie ! Quel rêve !

Je ne plaisante pas du tout et je prendrai un autre exemple tout aussi révélateur. Tandis que se réunissaient ces « États généraux de la philosophie », des journalistes de TF 1 avaient l'idée de faire passer le bac philo à des écrivains en renom. Il serait plaisant de voir la copie qu'ils rendraient et la note qu'ils obtiendraient. Excellente idée journalistique et qui permettrait aux téléspectateurs de mieux comprendre ce qu'est la philo au bac, comment on l'enseigne, la traite et l'évalue. Finalement, la séquence passa au magazine *l'Événement;* Cavanna, l'autodidacte, triompha avec un 19 et Paul Guth, l'ancien prof, ne décrocha qu'un médiocre 11.

Le résultat dépassait les espérances. Il montrait que les examinateurs ne donnaient pas des sujets scolaires, mais de véritables thèmes de réflexion, que les correcteurs appréciaient l'originalité, l'anticonformisme — bref, l'intelligence et non l'érudition et la cuistrerie. Le triomphe de Cavanna était celui de la philosophie, de son enseignement. Ils auraient dû se réjouir, nos profs ! Détrompez-vous.

Dans *Libération,* la philosophe Sylviane Agacinski se déchaîne contre l'émission. Elle y trouve « une fin plus ou moins calculée mais claire, une fin idéologique et politique ». On a voulu ridiculiser les professeurs de philosophie avec cette mascarade et

---

1. Bernard-Henri Lévy.

ce, au moment même où M. Beullac veut les assassiner. A grands coups de sophismes creux, la philosophe dénonce la connivence de la télévision et du pouvoir qui tend à démontrer que « les enseignants de philosophie peuvent rentrer chez eux, les journalistes de *l'Événement* sont là » ! Imagine-t-on le niveau d'exaspération auquel doivent parvenir de brillants esprits pour se laisser aller à de tels errements ? En appeler implicitement à la censure, alors que l'on se proclame intellectuel de gauche, tout comme le betteravier, furieux d'une émission sur les subventions à l'agriculture !

L'exaspération téléphobe est partout présente dans le monde intellectuel, elle s'évoque au passage, d'un mot, sans même appeler un commentaire ou une justification. La télévision, c'est l'ennemi et cela va de soi. Régis Debray s'en est fort bien expliqué dans son ouvrage[1]. La démonstration est d'autant plus intéressante qu'elle vient d'un homme intègre et courageux qui a prolongé dans sa vie — et même au péril de sa vie — ses engagements théoriques.

Je devrais ici résumer en dix lignes les 278 pages du *Pouvoir intellectuel en France*. Exercice typique de « médiologie ». Un auteur a longuement élaboré sa pensée, un « communicateur » la comprime en quelques formules. Voilà bien l'opération qui risque de mettre Régis Debray hors de lui. Au sens propre autant que figuré. Essayons pourtant de traduire sans trop trahir.

Schématiquement, j'ai compris que le système des media corrompt la classe intellectuelle en lui offrant un moyen de pouvoir qui ne peut s'utiliser que dans le sens du conformisme. Ce serait un peu l'équivalent du système des pensions, à cette différence près que le souverain à flatter n'est plus un monarque personnel, mais une masse indifférenciée. Les media deviennent une sorte de filtre qui sélectionne les hommes et les idées en fonction de critères propres au pouvoir politique en place, non en fonction de références relevant de la pensée.

Tout cela, Debray l'expose avec des formules parfois saisissantes. Voici d'abord l'intellectuel : « Tout le monde aime qu'on l'aime, mais l'intellectuel, encore plus que l'artiste, est le seul qui ne peut pas être sans être aimé. » Premier point essentiel : l'homme de pensée doit communiquer. La tour d'ivoire n'est pas une île déserte, elle comporte obligatoirement un point d'émission,

---

1. Régis Debray, *le Pouvoir intellectuel en France*, éditions Ramsay, 1979. Voir aussi son interview dans *le Nouvel Observateur*, 1979.

faute de quoi elle n'est qu'un tombeau et le penseur un adolescent rédigeant son journal intime.

La production d'idées, de théories, d'idéologies, d'œuvres et de discours, dès lors qu'elle circule dans la société, se charge d'un certain pouvoir. Celui-ci se mesure à l'audience et à l'influence de cette production intellectuelle. C'est à ce stade qu'apparaît la grande tentation : celle de raisonner sur l'œuvre en termes de messages, sur la vérité en termes d'approbations. Écoutons la thèse de Régis Debray : « Je crois que la véritable activité intellectuelle ne se distingue pas d'une postulation éthique qui commence par le refus de la popularité et par la certitude que, si la vérité est révolutionnaire, elle est aussi ingrate et minoritaire [...]. Un intellectuel qui a un gros succès public, c'est quelqu'un qui dit ce que les gens veulent entendre — ou savent déjà — et, par conséquent, ce n'est plus un véritable intellectuel. »

« Nous voyons le corps universitaire et, de façon plus générale, le corps intellectuel, se dessaisir lui-même de sa propre logique d'organisation, de sélection et de reproduction, pour épouser celle de la logique marchande inhérente au fonctionnement mediatique. »

« Un intellectuel sans media n'est plus un général sans troupes, mais un général pour rire. »

« L'audiovisuel est aujourd'hui le levier de la trahison parce qu'il est l'instrument principal de la domination. »

« Je refuse les salons télévisés où l'on s'apostrophe sous les sunlights. »

« Pour le clerc, la dépendance à l'égard de l'État n'a jamais été un idéal ; dépendre du marché de l'opinion, donc du plébiscite commercial comme validation morale et intellectuelle, risque d'être un cauchemar. »

« La sélection par le bas qu'opèrent les mass media au sein de la société intellectuelle est rigoureuse et sans appel, parce qu'elle obéit à une loi rigoureuse et sans appel. Les mass media assurent la socialisation maximale de la bêtise. »

Au terme de ce rapide survol, il apparaît que la « télépathite » française touche essentiellement trois catégories sociales : la classe politique, les corporations et l'élite intellectuelle. Dans les trois cas, elle suscite des réactions de crainte, d'envie et d'exaspération, bref elle perturbe les relations de pouvoir qu'entretiennent ces différents groupes sociaux.

Cause première de ce malaise : une énorme mythification. La télévision est perçue comme une source magique de pouvoir, elle paraît menacer les positions acquises, remettre en cause les rapports de force dans la société. Cause seconde : la télévision semble créer un court-circuit dans les relations sociales traditionnelles. Celles-ci sont ordinairement contrôlées, médiatisées par toutes les structures intermédiaires, en sorte que les principales institutions ont la haute main sur leurs rapports avec le peuple. Il apparaît soudain que l'on peut établir un contact direct entre le sommet et la base. C'est un premier choc. Qui plus est, cette liaison peut permettre de faire passer le courant en sens inverse : de la base vers le sommet.

Télévision *plus* sondages permettent à Michel Rocard de se créer une légitimité en dehors du Parti socialiste, à Bernard-Henri Lévy d'être reconnu comme *le* philosophe sans avoir reçu mandat de l'Université, à Roger Gicquel d'être le journaliste le plus connu sans avoir été couvé dans le sérail des grandes rédactions, au pape de devenir un prophète sans avoir à faire approuver sa doctrine, etc.

D'un procès à l'autre, les griefs ne sont pas exactement les mêmes. M. Mitterrand, se plaignant que son parti ait eu cinq minutes de moins que l'U.D.F., ne formule pas les mêmes critiques que le président d'un syndicat de médecins s'indignant que l'on ait mis en cause la médecine libérale ou que Jacques Derrida dénonçant la part trop belle faite par la télévision aux « nouveaux philosophes ». Chaque procès devra être replaidé séparément. Mais, tous autant qu'ils sont, les censeurs de la télévision partagent la même hargne contre les sondages. Ils pourraient s'accommoder d'une télévision qui n'interrogerait pas les téléspectateurs, mais ils sont irrémédiablement opposés à cette combinaison : contact direct avec le peuple, *plus* expression d'une volonté populaire. C'est un refus que l'on retrouve à travers tous les réquisitoires. En quoi les sondages menacent-ils l'équilibre de notre société ?

CHAPITRE III

LA DICTATURE DES SONDAGES

Notre télévision n'est pas bonne, tous les gens de qualité vous le diront. Sur la cause de cette médiocrité, ils mettent un nom, toujours le même : les sondages. Au-delà de cette technique, ils incriminent la volonté de réunir le plus vaste public possible. On ne peut réaliser de bons programmes dès lors qu'on est obnubilé par le nombre de téléspectateurs qui les regarderont, tel est le postulat de base.

Nous retrouvons un exposé significatif de cette doctrine dans l'intervention de Georges Fillioud, député socialiste, mais, surtout, ancien journaliste de radio, à la tribune de l'Assemblée nationale, le 16 novembre 1977 : « La " sondagite " est, pour une bonne part — de plus en plus nombreux sont ceux qui en conviennent — responsable de la baisse du niveau de qualité des programmes. On peut imaginer jusqu'où pourrait aller cette maladie lorsqu'on sait que, par exemple, l'hebdomadaire *V.S.D.* a publié récemment un sondage, réalisé par l'I.F.O.P., selon lequel 51 % des personnes interrogées se prononcent en faveur de la diffusion de films pornographiques à la télévision.

« Il convient d'ailleurs de remarquer que, sur le plan même des principes, la religion des sondages est antinomique avec une politique cohérente et volontariste en matière de programmes, politique que devrait, me semble-t-il, s'attacher à assurer la mission de service public. Or il n'existe de politique cohérente des programmes dans aucun domaine. »

De telles critiques se retrouvent absolument partout. De Marcel Jullian aux syndicats de réalisateurs, et du sénateur Caillavet à

Régis Debray, le sondage est toujours le pelé, le galeux d'où vient tout le mal.

La télévision, en tant que communication, comprend trois phases : l'élaboration du message, sa diffusion, sa réception. Les deux premières sont nécessairement connues, la troisième ne l'est pas. A priori, nul ne sait qui a regardé quoi, c'est-à-dire dans quelle mesure les messages diffusés par la télévision ont été effectivement reçus. Ce sont les sondages qui vont permettre de répondre à cette question.

Au sein même de la radio-télévision, on l'a vu, un organisme est spécifiquement chargé de les réaliser : le Centre d'études d'opinion. Il possède un statut fort bizarre : soumis à l'autorité de la Commission de répartition de la redevance, il est financé par les sociétés de programme, lesquelles ne sont pas les premières destinataires de son travail. La France n'a pas son pareil pour créer rationnellement des monstres juridiques.

Ce Centre d'études d'opinion est l'héritier de l'ancien Service des relations avec les auditeurs, dont la création remonte à 1944 et qui devait répondre aux lettres du public. Son étude du courrier ne donnait qu'une idée fort incertaine de l'écoute. C'est pourquoi, à partir de 1954, la télévision commence à effectuer des sondages. La technique est bien connue : il s'agit de composer, avec un ou deux milliers de personnes, un échantillon représentatif de la population française. C'est-à-dire de rassembler à petite échelle le même pourcentage de jeunes, de retraités, de citadins, de ruraux, d'ouvriers, de cadres, etc., que dans l'ensemble de la population.

Le procédé se systématise peu à peu et, en 1970, l'ancien Service des relations avec les auditeurs devient Service des études d'opinion. En 1974, lorsque éclate l'O.R.T.F., les technocrates s'interrogent sur son destin et, faute de pouvoir le rattacher à une société déterminée, lui donnent ce statut bâtard, car il n'est pas question de le supprimer, bien au contraire. La nouvelle loi prévoit que la répartition de la redevance entre les sociétés de programme tiendra compte de leur audience. TF 1 et Antenne 2 recevront d'autant plus d'argent qu'elles auront su attirer plus de téléspectateurs. Oh, les sondages ne modulent pas l'ensemble de la répartition, mais un petit 2 ‰ du total. Encore l'indice d'audience est-il pondéré par un indice de qualité qui compte trois fois plus. Bref : que les chaînes aient plus ou moins de téléspectateurs, cela ne fait pas beaucoup varier la part de redevance qui leur revient. Mais cette disposition rend nécessaire une mesure précise de ce paramètre.

En fait, les sondages d'écoute jouent moins au niveau de la redevance qu'à celui de la publicité. Chaque société de programme fixe ses tarifs et encaisse ses recettes. Or il en va de la télé comme de tout support publicitaire. Le prix est lié à l'importance du public. Plus forte est l'audience, plus chers seront les spots. Comme les sociétés attendent jusqu'à 60 % de leurs ressources des recettes publicitaires, elles sont incitées à obtenir des indices d'écoute élevés.

Le C.E.O. mesure tout à la fois le nombre et la satisfaction des téléspectateurs. Notez bien que le système existe indépendamment de cet organisme. Tout annonceur veut connaître l'audience des supports qu'il utilise. C'est pourquoi des organismes spécialisés « pèsent » régulièrement le public de la presse écrite et de la radio. Si le C.E.O. n'existait pas, des instituts privés feraient le travail pour le compte des annonceurs. Au reste, le C.E.O. n'est pas le seul à étudier l'audience des émissions.

Pour la mesurer, le C.E.O. constitue donc un échantillon, les spécialistes disent « un panel », de mille à mille deux cents téléspectateurs. Ces cobayes reçoivent un carnet d'écoute sur lequel ils vont noter jour après jour, quart d'heure par quart d'heure, les émissions qu'ils regardent. Ils en évalueront l'intérêt sur une échelle à six niveaux. Chaque vendredi, « l'échantillonné » envoie au C.E.O., par la poste, ses feuilles d'écoute de la semaine. Chaque lundi, celles du week-end. Les heureux élus sont « panélisés » pendant environ deux semaines et ont droit à un cadeau en fin de période... s'ils ont rempli et acheminé consciencieusement leurs feuilles d'écoute. Les pourcentages s'expriment par rapport aux trente-six millions de téléspectateurs, et non aux seules personnes effectivement présentes devant l'écran. Sur cette base, on sait que 1 % d'écoute représente environ trois cent quatre-vingt mille spectateurs.

Ces précisions techniques doivent être connues si l'on veut savoir de quoi l'on parle et éviter de regrettables erreurs. En effet, il existe d'autres sondages, faits par d'autres méthodes, et qui n'ont pas la même signification. C'est ainsi que le sénateur Henri Caillavet, grand censeur de la télévision, écrit dans *Changer la télévision* : « La confrontation sur TF 1 et France-Inter, le 12 mai 1977, entre le Premier ministre et le premier secrétaire du Parti socialiste a eu des conséquences non négligeables sur l'évolution de la politique française... Selon un sondage effectué par *France-Soir*, plus de vingt-huit millions de personnes regardèrent l'émission, soit 82 % de l'écoute totale de la soirée[1]. »

Il se trouve que *France-Soir* effectue des sondages téléphoniques auprès d'une centaine de personnes et calcule ses pourcentages d'après celles d'entre elles qui ont effectivement regardé la télévision ce soir-là. Il est donc impossible de confondre le 82 % de *France-Soir* et un 82 % du C.E.O. Or c'est ce que fait le sénateur. Effectivement, 82 % à trois cent soixante mille le point[2] donnent bien vingt-huit millions. Mais le calcul est absurde en l'occurrence. Les vrais chiffres, ceux du C.E.O. pour cette émission, donnent 40 % d'écoute — ce qui est considérable —, qui représentent $40 \times 360\,000 = 14{,}5$ millions de téléspectateurs.

L'erreur n'est que du simple au double. Il est fâcheux que le grand pourfendeur des sondages ne sache pas que ce chiffre de vingt-huit millions est invraisemblable, que les plus fortes audiences ne dépassent pratiquement jamais vingt millions de téléspectateurs.

De même, dans *Culture individuelle et culture de masse*, Louis Dollot écrit le plus naturellement du monde : « En France, des millions d'auditeurs n'écoutent-ils pas chaque jour la " chaîne culturelle "[3] ? » Comme les gens de France-Culture seraient bien heureux s'ils avaient des millions d'auditeurs !

Un dernier point de technique : le système du C.E.O. est remarquablement archaïque. Dans un pays moderne comme l'Allemagne, on installe de petits appareils, des audimètres, sur les récepteurs des « panélistes ». Tout ce qui a été regardé dans la journée s'y enregistre fidèlement. La nuit, un ordinateur central interroge automatiquement et par téléphone tous les audimètres en service. Le matin, il livre les résultats de la veille. Double avantage : rapidité dans la collecte de l'information et sûreté dans sa mesure. Ce système ne représente pas un investissement considérable, mais nul n'est pressé de l'introduire en France. Arrivant avec quinze jours de retard, les chiffres du C.E.O. perdent de leur impact ; en outre, la possibilité pour le « panéliste » de tromper ou de se tromper nuit à leur crédibilité. Tout cela n'est pas pour déplaire à certains.

La technique des sondages étant ordinairement utilisée pour

1. Henri Caillavet, *Changer la télévision*, Flammarion, p. 23.
2. A l'époque le 1 % ne représentait encore que 360 000 téléspectateurs.
3. Louis Dollot, *Culture individuelle et culture de masse*, P.U.F., p. 115.

faire s'exprimer des opinions, on finit par les associer en une seule expression : « Sondages d'opinion. » Par nature, une opinion et une intention sont difficilement mesurables. Nous sommes ici dans le qualitatif ou le potentiel. Quelle que soit la précision de l'instrument, la mesure ne pourra pas être plus certaine que l'objet lui-même.

S'agissant d'opinion, la même personne pourra répondre le même jour qu'elle est « très favorable » à tel homme politique ou qu'elle a de lui une opinion « assez positive ». Il est donc très normal que les sondages de popularité, par exemple, ne donnent pas toujours des résultats exactement concordants.

S'agissant d'intentions de vote, les gens peuvent fort bien changer d'avis par la suite. Rien d'étonnant à ce que l'on ne retrouve pas, à huit jours d'intervalle, les mêmes pourcentages de suffrages intentionnels et de suffrages réellement exprimés. En ce cas, ce ne sont pas « les sondages qui se sont trompés », ce sont les commentateurs qui ont confondu une intention, en un jour donné, avec l'acte effectivement accompli un peu plus tard. Les sondages étant essentiellement utilisés à cette double fin donnent nécessairement des résultats flous ou difficilement interprétables. Tout naturellement, on impute à la technique ces incertitudes qui tiennent à l'objet même. On se croit autorisé à déclarer : « Les sondages, vous y croyez, vous ? »

Les sondages sur l'écoute de la télévision sont tout différents. Ils portent sur des faits et non des opinions. On ne demande pas aux téléspectateurs s'ils ont l'intention de regarder ou s'ils préfèrent ceci à cela, on leur demande s'ils ont regardé. Le nombre des gens ayant vu un programme est une donnée parfaitement définie. Les adversaires des mesures d'audience feignent d'ignorer cette différence : à les en croire, la technique des sondages serait aussi incertaine dans la mesure des faits que dans celle des opinions. C'est un procès malhonnête qui traduit bien leur gêne face au verdict du public. En réalité, les méthodes d'extrapolation sur échantillonnage permettent avec une excellente approximation de connaître le nombre de téléspectateurs ayant regardé une émission.

Le système actuel, qui lie les ressources de la télévision à son audience, a soulevé une véritable levée de boucliers. Henri Caillavet écrit : « Ils [les responsables des programmes] s'efforceront de capter l'attention des téléspectateurs par des programmes " alléchants "... Si l'audience diminue, la société de programme augmente aussitôt son minutage de spots aux périodes les plus favorables. Mais, surtout, elle accroîtra encore le nombre des émissions " grand public ", diminuant d'autant le nombre de dramatiques et de documentaires d'auteurs. Étonnons-nous qu'il résulte de semblables procédés une inflation des séries B américaines.

« L'influence de la publicité se manifeste encore plus insidieusement que nous le croyons. Elle réagit, hélas, sur le journal télévisé lui-même, qui se trouve au centre des créneaux publicitaires les plus rentables. Le pourcentage d'audience de ce journal se répercute inévitablement sur les tarifs des annonces. Chaque société s'efforce d'avoir un journal attirant[1]. » (Au lieu, sans doute, d'avoir un journal rebutant !)

Journaliste au *Monde,* Claude Durieux est à peine moins sévère : « ... insensiblement, la deuxième chaîne — qui constituait naguère un certain havre pour un public plus " intellectuel " — est en train de " normaliser " ses programmes pour tenter de séduire un nombre toujours plus grand de téléspectateurs.

« Pourquoi ? Parce que la logique inexorable du système oblige désormais les responsables des deux principales chaînes à garder les yeux fixés sur la ligne bleue des sondages[2]... »

Joël Le Tac, rapporteur spécial pour la radio-télévision au Parlement, regrette que la répartition de la redevance s'effectue « ... aussi sur le critère, plus discutable, de l'indice d'audience établi au moyen de sondages d'écoute. Ceux-ci ont fasciné pendant l'année écoulée les présidents de sociétés au point que la recherche de l'audience a pu apparaître souvent comme étant la finalité de leur action, et la qualité des programmes s'en est évidemment ressentie. »

Dominique Taddéi, député socialiste, est encore plus net : « Si l'on supprimait les commissions et les sondages chargés d'apprécier la qualité et l'audience, peut-être verrait-on revenir l'une et l'autre. »

Le nouveau régime nous a rapproché de la télévision commerciale. Fort heureusement, le pas ultime n'a pas été franchi : les annonceurs n'interviennent pas dans la programmation. En effet le montant total des recettes se trouve plafonné, de ce fait la demande des spots publicitaires est de 50 % supérieure à l'offre. Cette

1. *Changer la télévision,* ouvrage cité.
2. Claude Durieux *la Télécratie,* Temascope, 1976.

position de force assure l'autonomie des chaînes. Elles vendent leurs espaces publicitaires longtemps à l'avance, avant d'avoir défini le contenu de leurs programmes. Il n'y a donc pas de lien entre une émission précise et la publicité qui l'accompagne. Toutefois on a fait un pas dans la mauvaise direction. Il n'est pas sain que les responsables des programmes attendent leur argent des fabricants de lessive ou d'aspirateur. Il suffit de reprendre les analyses de Jacques Thibau sur la télévision américaine pour mesurer les dangers potentiels de ce système.

Il y a sept ans déjà, dans un précédent ouvrage[1], j'ai dit tout le mal que je pense de la publicité télévisée. Je persiste et je signe. Je n'aime pas être bombardé de spots publicitaires, je déteste que les marchands répètent à mes enfants que la consommation fait le bonheur. Bref, j'en suis encore à me demander si ce mariage de la télévision de service public et de la télévision commerciale ne cumule pas les inconvénients des deux systèmes.

Cela posé, nos censeurs n'osent généralement pas s'attaquer à la racine du mal : la publicité. En effet, il faudrait trouver ailleurs l'argent que n'apporteraient plus les annonceurs. C'est là que le bât blesse. Le recours à la publicité télévisée est d'abord un choix démagogique, un manque de courage politique. Il permet de maintenir la redevance à un niveau très faible : environ un franc par jour. La télévision coûte, en réalité, deux à trois fois plus cher. Supprimer la publicité télévisée reviendrait donc à doubler la redevance. Pourquoi est-ce impossible ? Parce que son poids serait justement considéré comme excessif par les smicards, les retraités, tous les téléspectateurs à faibles revenus. Mais n'est-ce pas le système même de la redevance qui doit être réformé ? Voit-on que tous les citoyens, indépendamment de leurs revenus, paient la même somme pour les services publics ? L'entretien de l'armée ou de l'éducation nationale coûte beaucoup plus cher au riche qu'au pauvre. En effet, le financement s'effectue par le prélèvement fiscal qui est tout à la fois proportionnel et progressif. Plus les revenus sont élevés, plus l'imposition est lourde. Dans une société fortement inégalitaire comme la nôtre, cette modulation est indispensable pour respecter un minimum d'équité. Or la redevance ignore ce principe.

Pour maintenir en place ce système injuste, il faut trouver un subterfuge : la recette publicitaire. Il permet de dédoubler le même

---

1. *Le Bonheur en plus.*

individu : téléspectateur d'un côté, consommateur de l'autre. Au premier on ne demande que la moitié de son « billet d'accès à la télé », au second on fait supporter un prélèvement occulte à l'occasion de ses divers achats. En effet, les annonceurs vont répercuter sur leurs prix de vente le coût des spots télévisés. Ainsi le complément de redevance se trouve inclus dans le prix des machines à laver, des déodorants, des yaourts ou des soutiens-gorge. Le téléspectateur paye toujours la totalité de sa télévision — comment pourrait-il en être autrement ? — mais il ne le sait pas et il ne se rend pas compte que cette uniformité du tarif est anormale.

Se passer de la publicité impliquerait que l'on rétablisse la vérité des prix à la télévision, donc que l'on adopte un nouveau système de redevance qui, soit en fiscalisant ce prélèvement, soit en l'adaptant, tienne compte des ressources des téléspectateurs. Voilà pourquoi cela ne se fera pas, voilà pourquoi notre télévision est condamnée à la publicité.

A bien y regarder, on découvre que ce n'est pas seulement l'utilisation des sondages qui est remise en cause, c'est leur utilité même. Seuls Jean Cazeneuve et Jacques Thibau les défendent. Leur nocivité semble un fait acquis, leur nécessité une évidence ignorée. La semi-clandestinité dans laquelle sont tenus les résultats du C.E.O. traduit bien cette extrême méfiance. Même un Pierre Schaeffer qui, Dieu sait, connaît son sujet, en parle avec la plus grande condescendance : « Sur le service des sondages (" Avez-vous aimé, cher auditoire, le brouet dont on vous gave ? Répondez d'un signe de tête. Oui ? Non ? "), je m'en voudrais de trop insister en ces temps de chômage. Cette routine respectable fait vivre quelques officines spécialisées, seul débouché de sociologues et de nombreux étudiants démarcheurs[1]. » Comme M. Le Tac, comme nos philosophes, comme nos réalisateurs, comme tout le petit monde qui écrit, parle et pense sur ce sujet, il ne verrait aucun inconvénient à ce qu'on cesse de mesurer l'audience des émissions. Les seuls qui ne seraient pas tout à fait d'accord, mais est-ce important de s'y attarder, sont les Français ! Selon un sondage réalisé en 1977 par la S.O.F.R.E.S., 62 % d'entre eux considèrent que les mesures d'audience par sondage sont « très utiles » ou « assez utiles » et qu'elles permettront de mieux répondre aux

---

1. *Les Antennes de Jéricho,* ouvrage cité.

attentes du public. Oublions ce fait : s'il fallait s'intéresser aux sondages sur les sondages !

En somme, une télévision saine se refuserait absolument à savoir si les émissions qu'elle diffuse sont ou non regardées.

Cette attitude quasi générale me paraît tout à la fois stupéfiante et consternante. Qu'il s'agisse d'un livre, d'un spectacle, d'un journal, d'un tableau, d'un film, d'un concert, qu'importe : la culture est affaire de communication. Or le message n'existe que dans la mesure où il est reçu. Dans le cas contraire, ce n'est plus qu'une bouteille à la mer qui s'est brisée sur un rocher, une déclaration d'amour jamais envoyée, une relation avortée. La défaillance du récepteur ôte son existence même à toute œuvre conçue et réalisée en vue d'une transmission. Émettre des messages sans se soucier de savoir s'ils seront reçus est l'activité la plus vaine qui soit. C'est pourquoi une télévision qui ne cherche pas à connaître son audience travaille dans le vide, n'a aucun sens.

Tous les créateurs vivent dans l'angoisse de la réception. Voyez dans la rue ce monsieur qui marche, un peu nerveux. Il s'arrête, fait trois pas en arrière et se plante devant la vitrine qu'il venait de dépasser. L'air furtif, honteux, comme s'il cherchait l'inavouable, il la parcourt des yeux. « Est-il là ? » « Comment se fait-il que je ne le voie pas ? » C'est un écrivain. Il vient de publier un livre. Follement inquiet de ne pas trouver son enfant à la devanture, il entre dans la librairie. Ouf ! le voilà, là, bien en évidence sur le rayon. Justement, deux clients s'en approchent. On fait semblant de feuilleter un bouquin. Du coin de l'œil, on guette. Miracle ! ils ont pris le livre. Ils lisent le dos, font tourner les pages... Ils le reposent. Ce soir encore, notre écrivain téléphonera à son éditeur et, l'air indifférent, demandera : « Et les ventes, ça marche comment ?... »

Devant un cinéma d'exclusivité, ce monsieur demande à la caisse : « Y a-t-il du monde ? » puis va s'installer au fond et pendant une heure, s'efforce de deviner les réactions du public au lieu de regarder l'écran. Le film, il connaît, c'est son œuvre ; ce qu'il ignore, c'est l'accueil des spectateurs : « Viendront-ils ? » « Aimeront-ils ? »

La réception du message, c'est l'inquiétude du dramaturge entrouvrant à l'entracte le rideau de scène pour épier la mine des spectateurs ; c'est la crainte d'une rédaction à constater que les ventes n'augmentent pas et que la revue risque de disparaître ; c'est l'accablement du peintre surprenant des visiteurs à passer devant ses toiles sans les regarder. La réception : c'est le public.

Quel créateur voudrait travailler sans public ? Il n'y a pas grande différence entre l'auteur qui conserve son manuscrit dans un tiroir, celui qui le fait imprimer à compte d'auteur ou celui qui ne peut trouver de lecteurs pour son livre. Tous ces créateurs savent que le refus du public a tué leur œuvre, que son acceptation lui aurait donné vie. Dans l'appréhension du créateur qui guette l'écho de la réception, l'intérêt matériel ne vient qu'en second lieu. Le premier objectif, c'est que le message soit reçu : cette réception atteste l'existence de l'auteur.

Avec les moyens de diffusion radioélectriques : radio et télévision, ce troisième stade de la communication s'évanouit. Le créateur élabore son message, le lance sur les ondes. Ici s'arrête l'opération. A l'instant précis où l'écrivain, le sculpteur, le musicien, le dramaturge sentent leur gorge se nouer, l'homme des media radioélectriques rentre chez lui, l'âme en paix. Si son émission n'est pas regardée, pas écoutée, il sera exactement dans la situation de l'auteur qui voit revenir tous ses livres en invendus, du cinéaste dont le film se projette dans des salles vides. Mais cet échec sera complètement occulté, nul n'en saura rien. Les ondes non captées disparaissent dans l'éther au lieu de se manifester spectaculairement sous forme de fauteuils vides, d'exemplaires retournés. Il est théoriquement possible à la télévision de jouer indéfiniment dans des salles vides, d'éditer éternellement des livres dont les pages ne seront jamais coupées. D'ignorer complètement la sentence de ce juge terrible : le public.

Je ne conçois pas que des hommes de communication s'accommodent de cette absence de réception. Ils devraient être les premiers à demander, à exiger de connaître l'accueil du public. A leurs risques et périls.

Pourtant, ils ont souvent la réaction inverse. Entre l'espoir d'une bonne écoute et le verdict d'un mauvais indice, ils préfèrent l'ignorance. On en vient donc à réduire la télévision à la fabrication des émissions et à leur diffusion. Le studio, l'émetteur. Ce qui se passe après l'arrivée du signal sur les antennes des récepteurs n'intéresse plus personne. Et l'on discute interminablement des émissions diffusées comme si la réception par le public était un fait acquis. A les entendre parler de la « mission éducatrice » de telle ou telle production, je me demande parfois si nos « téléologues » n'ont pas découvert quelque communication électrotélépathique, telle que la simple arrivée du signal sur le récepteur impressionnerait le cerveau sans même que la modulation soit effectivement décodée ni l'image regardée.

Le sort de la télévision se joue au troisième niveau : celui de la réception, entre l'arrivée du signal et la réception de l'image par le cerveau. C'est là que tout se perd ou que tout se gagne. Pourquoi feint-on d'ignorer cette évidence ?

C'est que les deux premiers stades sont sous le contrôle de l'élite. A des degrés divers, les responsables politiques, sociaux, culturels peuvent choisir les messages qui seront envoyés. En revanche, le troisième niveau, celui de la réception, appartient au public, donc au peuple. Aussi longtemps que l'on ne rend pas obligatoire l'écoute de certaines émissions, les téléspectateurs restent maîtres de regarder ou de tourner le bouton. Ils possèdent le même pouvoir souverain que les lecteurs, les spectateurs, les mélomanes, que tous les publics. La seule chose qui leur manque, c'est l'expression. L'absence de lecteurs ou de spectateurs se constate, celle de téléspectateurs est invisible. La tentation est donc grande d'ignorer leur jugement. Pas de sondages, pas de public : c'est aussi simple que cela.

Cette fuite des créateurs devant le jugement populaire s'explique. Le téléspectateur est, le plus souvent, décevant, irritant, désespérant. Lorsqu'on voit que les *Numéro un,* avec Enrico Macias ou avec Claude François, font les plus grosses écoutes de la série, on est tenté de refermer la boîte à sondages. Il en va de même pour les films, les feuilletons. Quels sont les grands succès de la saison théâtrale 1978 à la télévision ? *De doux dingues, le Don d'Adèle* et *Un ménage en or.* Les films de TF 1 qui ont eu les plus grosses audiences ? *Chiens perdus sans collier, Les Risques du métier, Pas de problèmes, les Canons de Navarone, la Horse, Tant qu'il y aura des hommes, le Cerveau.* Rien qui révolutionne l'art cinématographique. Songez encore que le film le plus regardé des *Dossiers de l'écran* fut *l'Aile ou la cuisse,* avec une audience phénoménale de 52,5 %, bien qu'il s'agisse d'un très mauvais de Funès.

Si vous êtes homme de culture, vous devez honnir *Au théâtre ce soir,* vous devez souhaiter des formes plus élaborées de dramaturgie. Comme je vous comprends ! Mais le vaudeville sur TF 1 fait 23 %, alors que les transmissions « plus nobles » n'atteignent que 5,3 % sur Antenne 2, 2,8 % sur FR 3 et 12 % sur TF 1. Je pourrais aligner à pleines pages des chiffres aussi décourageants.

Au vu de ces résultats, on peut effectivement ressentir la tentation de couper le « feed back ». Nous autres, gens de culture, ferons de « bonnes » émissions. Regardera qui voudra. Et puis m...

Si l'on excepte la création de pure recherche artistique, secteur dans lequel on devrait être intraitable sur le talent et l'originalité, cette attitude est totalement inacceptable. Le public doit être souverain dans les media de grande diffusion. Cela pour deux raisons. D'une part, c'est lui qui justifie l'émission. S'il s'agit de communiquer avec quelques spécialistes, il faut utiliser des moyens plus légers qu'un réseau national : radios universitaires, livres, revues, etc. Sitôt que l'on mobilise ces autoroutes de la communication, c'est pour faire une distribution de masse et non un service particulier. En l'absence d'un vaste public, l'émission perd sa raison d'être. D'autre part, il n'est aucun moyen, et c'est fort heureux, d'imposer l'écoute.

Une œuvre ne sera reçue que si elle est séduisante. Cette obligation de plaire se module selon la nature du message. Elle est absolument générale, bien que toute émission ne vise pas la totalité du public. Elle peut conduire à la démagogie, à la complaisance vis-à-vis du public, c'est vrai ; mais elle interdit la sclérose et la complaisance vis-à-vis des auteurs, et c'est encore plus vrai.

Le rôle de l'audience se mesure parfaitement bien en matière radiophonique. Nous avons d'une part des radios commerciales, qui subissent la dictature des sondages. Elles se cantonnent souvent dans la distraction. Toutefois, elles conservent des secteurs de bonne qualité comme l'information et des émissions qui tranchent sur l'ensemble comme *l'Histoire d'un jour, les Grosses Têtes,* etc. Ainsi la recherche d'indices d'écoute élevés ne devrait pas nécessairement impliquer l'absence de tout contenu.

Avec France-Inter, nous trouvons la situation intermédiaire d'une station qui subit une sorte de pression morale des sondages. Certes, ses recettes ne dépendent pas des annonceurs, mais les responsables sont sans cesse confrontés à la concurrence des radios privées. Or France-Inter diffuse d'excellentes émissions culturelles : *Radioscopie, Sans tambour ni trompettes,* les séries d'Henri Amouroux, etc., en maintenant son écoute à un niveau tout à fait honorable par rapport à ses concurrents. Et sans doute peut-on admettre qu'une plus grande recherche de qualité se traduise par quelques points de différence, à condition de toujours maintenir l'exigence d'un très vaste public.

Reste enfin France-Culture. La station a progressivement perdu la plupart de ses auditeurs, elle est devenue pratiquement « insondable ». Radio sans public, elle refait depuis des décennies les mêmes émissions — « Monsieur le professeur, il est une question que je voudrais vous poser et c'est celle-ci... » — débats interminables, ton pénétré et indicatifs en « musique concrète ».

La vie, avec ce qu'elle a de meilleur comme de pire, s'est reportée sur les autres stations. Qu'importe ! Tous les producteurs de cette radio confidentielle sont heureux, ils peuvent se faire plaisir en parlant comme ils veulent, de ce qu'ils veulent. Et nul ne s'insurge contre cette monstruosité : la « culture » sans public. Chacun, sur cet exemple, paraît admettre qu'une radio à but culturel ne saurait plaire au public. Que culture et plaisir sont antinomiques.

Eh bien, non ! Une émission est faite pour être regardée ou écoutée, cette exigence est vivifiante et non stérilisante, telles sont la grandeur et la servitude des media.

J'ai naturellement le plus grand respect pour le chercheur, le créateur, l'ascète qui poursuit, solitaire, sa quête du vrai, du beau, du bon. J'éprouve une admiration profonde pour Albert Einstein, coupé de la communauté scientifique, élaborant dans sa retraite de Princeton, pendant une vingtaine d'années, sa théorie du champ unitaire. Je comprends les alchimistes qui entreprenaient loin du monde leur longue quête vers la perfection de l'être et des secrets de la matière, je comprends le peintre qui s'isole dans son atelier aussi longtemps qu'il n'a pas atteint le terme de sa recherche, les contemplatifs et les ermites. Mais je suis un homme de communication : mon travail ne prend son sens qu'en fonction de l'autre et non de moi, il est avant tout justiciable d'un jugement extérieur.

La frontière n'est jamais nette entre recherche et communication, mais l'existence d'un « no man's land » n'empêche pas les territoires d'être bien différents. Rien n'est plus malsain que l'attitude « chauve-souris » qui se réclame tantôt d'un genre et tantôt de l'autre. N'ayant jamais connu une telle ambiguïté, j'ai toujours travaillé pour un public, non pour moi, mais la grande variété des supports que j'ai eu l'occasion d'utiliser m'a fait connaître tout à la fois la communication avec et sans rétroaction. Dans certains cas, l'acceptation ou le refus du public était immédiatement perceptible, dans d'autres, ils étaient occultés. Ces diverses expériences m'ont convaincu que le public doit jouer un rôle actif et positif dans la communication.

A l'Agence France-Presse, le journaliste envoie des dépêches. Anonymes. Les journaux les reprennent ou les jettent à la corbeille. Bien souvent, ils les transforment, les coupent, les combinent... Comme tous les journalistes d'agence, j'ai éprouvé ce sentiment malheureux de « travailler dans le noir ». La dépêche est lancée comme une bouteille à la mer. Revenant d'un séjour en Algérie, je me souviens d'être monté au service de documentation pour lire les journaux des semaines passées. Je voulais savoir s'ils avaient repris mes dépêches. Réaction naturelle. Tous les matins, les journalistes de l'A.F.-P. parcourent la presse en marmonnant : « Tiens, ça c'est ma dépêche », ou bien sans rien dire lorsqu'ils ne trouvent aucune « reprise ». Cette déconnexion par rapport au public, cet éloignement du lecteur font du journalisme d'agence l'une des branches les plus ingrates, les plus exigeantes de notre profession.

Lorsque je suis entré à la télévision, le journal de la première chaîne était en position de monopole. C'est dire que nul ne se souciait de l'audience. C'est avec la concurrence entre les chaînes que l'indice d'écoute a progressivement pris de l'importance. Du temps d'*Info Première*, au début des années 70, la première chaîne et son journal bénéficiaient encore d'une rente de situation. Trois ans plus tard, c'était fini. Depuis lors, les journaux d'Antenne 2 et de TF 1 se disputent les publics tout comme *le Figaro* et *le Matin*. A travers les fameux sondages d'écoute, chacun voit s'il progresse, stagne ou régresse.

Pour ma part, j'ai trouvé fort heureuse cette évolution. Les suffrages quotidiens des téléspectateurs sont autant de sanctions qui peuvent condamner la routine et la paresse, qui incitent à l'effort et à l'innovation. Dans les premiers temps d'Antenne 2, j'ai vu l'écoute du journal s'effondrer. Les journalistes malheureux, désemparés, se communiquaient à mi-voix des pourcentages catastrophiques. Le public était vraiment présent dans la rédaction, il exprimait son mécontentement. Et il avait raison. Dix années plus tôt, cette crise de l'information télévisée sur Antenne 2 se serait déroulée hors de toute réaction populaire. C'est d'ailleurs très précisément ce qui se passa en 1969. La communication était univoque et le gouvernement pouvait organiser l'information dans le mépris complet des téléspectateurs. Aujourd'hui, les journalistes ne peuvent plus ignorer totalement les réactions du public. C'est un progrès, encore que très insuffisant.

Le journal télévisé reste en effet une « grande machine », les rédactions sont nombreuses et les pourcentages d'écoute n'ont pas la force contraignante des chiffres de vente. C'est pourquoi la pression du public y est beaucoup moins forte qu'au sein de la presse écrite.

A *Sciences et Avenir,* depuis quinze ans, notre petite équipe, dont le noyau n'a pas changé, se bat pour faire vivre et prospérer la revue. Il n'est pas question d'ignorer les lecteurs. Mois après mois, l'évolution des ventes sanctionne notre travail. Nous voyons les numéros « qui marchent », ceux qui « font du bouillon », au fil des années nous assistons à l'usure de la formule, nous sommes contraints d'innover. Serions-nous ainsi motivés si nous livrions chaque mois notre copie sans nous soucier du public ?

Tous les journalistes de la presse écrite pourraient apporter un semblable témoignage. Croit-on que *le Monde* aurait atteint cette place éminente dans la presse mondiale si sa rédaction n'avait pas été mise dans l'obligation constante de gagner des lecteurs ? Si la crainte de décevoir le public n'avait pas stimulé les journalistes ?

L'écrivain concentre sur sa personne le poids du succès ou de l'échec. C'est pour cela qu'il devient inquiet, irritable, nerveux lorsqu'il publie un nouveau livre. Mes premiers ouvrages ne furent pas des succès. Si l'on fait abstraction de cet avantage initial que peut apporter la notoriété, ce furent des « bides ». Auteur anonyme, publiant ces mêmes textes, j'aurais vendu cinq mille exemplaires — un échec pour des œuvres destinées à la grande diffusion. Il m'a fallu m'interroger sur ce refus du public. Le style était relâché, la construction malhabile : l'artisan connaissait mal son métier et le lecteur l'avait senti. Mes livres suivants furent beaucoup plus travaillés et, la chance aidant, connurent un meilleur sort. Ce n'est pas l'opinion, plus ou moins complaisante, de quelques amis qui aurait pu me faire progresser. Il me fallait être confronté au défi de lecteurs que je voulais séduire sans en être capable.

En 1977, France-Inter me demanda de réaliser tous les samedis matin une heure d'émission sur le futur. Il m'eût été facile d'organiser des discussions autour d'un micro, mais j'ai pensé que le recours à la fiction attirerait un plus large public. Concrètement, je devais écrire chaque semaine deux *Scénarios du futur.* C'était un travail supplémentaire, mais dont j'espérais bien être gratifié par un taux d'écoute honorable. Malheureusement, on m'expliqua que les mesures d'audience n'étaient pas significatives le samedi matin. J'ai donc travaillé toute une saison sans jamais connaître les réactions du public. Je n'étais pas « payé à l'auditeur », mais j'avoue en avoir éprouvé une grande frustration. Ces informations m'auraient peut-être permis de corriger certaines erreurs, de modifier la formule.

En 1978, Jean-Louis Guillaud nous a confié, à Emmanuel de La Taille, Alain Weiller et moi-même, la responsabilité d'un magazine économique... à inventer. Nous avons conçu *l'Enjeu* en espérant qu'il intéresserait le plus vaste public possible. Mais il va de soi qu'une telle émission ne saurait atteindre l'audience d'un film. Désormais, l'écoute maximale des magazines se situe en dessous de 10 % et, qui plus est, ne peut s'atteindre que très lentement.

Ce souci de l'audience ne fait pas directement partie du cahier des charges puisque les producteurs d'une telle émission ne sont même pas destinataires des sondages les concernant. Il appartient à une direction d'en informer ou non les intéressés. Mais je ne m'imagine pas à même de faire une émission régulière sans me préoccuper du public qui la regarde. Nous avons donc le désir de réaliser un score honorable sans sacrifier la raison d'être de ce magazine, c'est-à-dire l'information économique.

Un magazine spécialisé démarre toujours avec un public restreint : 1 à 3 %. Commence alors une éprouvante bataille pour gagner des points supplémentaires, avec le risque constant de chuter vers les audiences confidentielles. Une bataille que le producteur doit d'abord livrer contre soi, contre son désir plus ou moins inconscient de se faire plaisir, de se servir plutôt que de servir le public. Difficile de toujours se dire : « Qu'est-ce qui va les intéresser ? » et non : « Qu'est-ce qui m'intéresse ? » Décevante ascension ! Le bon score d'un mois est remis en question le mois suivant parce que les émissions concurrentes ont davantage attiré les téléspectateurs. Parviendrons-nous à séduire durablement un public élargi ? Rien n'est moins sûr, et telle ou telle critique favorable, pour agréable qu'elle soit, ne peut compenser une audience insuffisante.

Il en va de même dans toute la presse. Depuis des années, la rédaction du *Matin* se bat pour grignoter les lecteurs indispensables à l'équilibre du journal. Et combien d'excellentes publications n'ont-elles pas dérapé dans l'ascension, jusqu'à disparaître définitivement ! Terrible maître que cet insaisissable public que l'on croit toujours conquérir et qui se dérobe si souvent !

Tenir compte de l'audience, ce n'est pas mépriser le public, c'est le respecter. Il est vrai que l'on peut obtenir des pourcentages d'écoute importants en visant au plus bas mais, à l'inverse, on n'a jamais autant besoin de sondages que lorsqu'on vise « au plus haut ». Dès lors que l'on prétend attirer le public en dehors de son territoire familier, il faut sans cesse vérifier qu'il suit bien, et toujours modifier la *forme* de la communication, s'il n'est pas au rendez-vous. Autant il est dangereux de prendre l'audience comme seul critère, autant il est néfaste de l'ignorer. Dans un cas, on fait la presse de M. Alain Ayache (*le Meilleur, Spécial Dernière*) ; dans l'autre, on fait la *Pravda* ou le journal télévisé soviétique. Entre les deux, il reste à trouver dans l'écoute du public une exigence renforcée de qualité. Par expérience autant que par raisonnement, j'affirme que le refus de se soumettre au verdict du public ne conduit pas au progrès mais à la sclérose.

Je rencontre souvent des personnages bien intentionnés : directeurs, ministres, chercheurs, etc., qui se désolent de la sous-information, voire de la sous-culture du public. Je peux parier qu'à un moment ou à un autre de la conversation, mon interlocuteur dira : « Il faudrait faire des émissions de télévision pour expliquer... » Heureux encore s'il ne suggère pas d'organiser un colloque, un débat ou une table ronde télévisés ! Je réponds ordinairement : « L'émission, on peut toujours la faire, mais pouvez-vous en organiser la réception ? »

Le propos paraît généralement fort incongru. Notre élite pense toujours les programmes de télévision en termes de programmes scolaires. Il suffit de « mettre au programme... » pour que les chers petits s'instruisent. Las ! lorsque les « chers petits » sont des auditeurs adultes, ils vont faire l'école buissonnière sur les chaînes concurrentes et nous n'avons aucun moyen de les retenir. On ne fait pas l'appel devant les téléviseurs, on ne fait pas réciter les leçons le lendemain.

Rien, donc, de plus irritant pour l'artisan de télévision — devrait-on dire le « télévisier » ? — que ce public insaisissable. Aussi est-il sans cesse tenté de l'oublier. Qu'importe après tout si l'émission n'est regardée que par 1 ou 2 % du public, l'essentiel est qu'elle soit bonne. C'est-à-dire considérée comme telle par les gens de l'élite !

Cette attitude déborde largement le monde étroit de la télévision et des gens qui gravitent autour d'elle. Toutes les catégories sociales éprouvent la même tentation. Tout groupement, tout parti, toute association, toute ville, tout club, toute profession, toute secte, toute ligue veut que l'on parle de lui ou d'elle à l'écran.

La pression est si forte que le gouvernement a sagement décidé que la télévision devrait faire une place aux groupements en mal d'expression. Chaque jour donc, sur FR 3, peu avant 20 heures, alors que vingt millions de Français sont installés devant leurs téléviseurs, se déroule une « Tribune libre ». Pendant une vingtaine de minutes, les uns et les autres viennent exposer des idées. Le programme est annoncé à l'avance dans la presse en sorte que les téléspectateurs intéressés peuvent se reporter sur l'émission en toute connaissance de cause. Résultat : 1 % d'écoute environ !

Sans doute est-ce toujours mieux que rien. Trois cent quatre-vingt mille personnes écoutent parler contre la peine de mort, en faveur des myopathes, de l'aide au tiers monde. Mais le plus frappant, c'est l'extrême satisfaction des membres de l'association : ils ont parlé, ils se sont vus, l'essentiel est atteint. La diffusion de leur message paraît à elle seule conforter leur existence. S'ils avaient organisé un meeting et s'étaient retrouvés avec vingt personnes dans une salle de huit cents places, ils auraient été accablés. La même mésaventure arrive à la télévision, mais nul ne s'en affecte.

Le refus de prendre en compte le public est à ce point ancré dans les mentalités que l'on a forgé de toutes pièces un de ces « mensonges à la française » pour justifier les émissions que le grand public ne regarde pas : *la théorie des heures de grande écoute.*

Le Haut Conseil de l'audiovisuel, dans son premier rapport de 1976, écrit que « les émissions qui risquent d'exiger du public une attention plus soutenue ou qui s'adressent à des auditoires délimités sont rejetées à des heures moins favorables ». M. Rossi, lorsqu'il était ministre chargé de la Télévision, entendait « veiller à ce que la grille des horaires ne pénalise pas ce type d'émissions » (les émissions culturelles). M. Joël Le Tac s'indigne qu'on « refoule aux petites heures de la veillée les programmes enrichissants d'initiation et d'éveil à la curiosité ». Bref, c'est une conviction générale : si les « émissions culturelles » ont une faible écoute, c'est qu'elles sont programmées à des heures tardives. Si on les diffusait en début de soirée, elles toucheraient un public beaucoup plus vaste.

Il y aurait ainsi, dans la grille des programmes, des « heures de grande écoute » et des « heures de petite écoute », et l'audience d'une émission dépendrait de l'heure de sa programmation.

Il est significatif qu'une telle contrevérité puisse être répétée comme une évidence sans que les intéressés aient jamais tenté d'en vérifier le bien-fondé.

Notre examinatrice canadienne de la télévision française, Denise

Bombardier, est une adepte de la théorie des « heures de grande écoute ». Elle remarque donc : « Quant aux émissions sur le cinéma, magazines ou documentaires, il n'y a aucune raison, par le biais de l'horaire, de ne les destiner qu'à un public minoritaire. » A l'époque même où Mlle Bombardier faisait son enquête, en 1973-1974, Pierre Sabbagh programmait sur la deuxième chaîne, à 20 h 30, le dimanche soir, un excellent magazine pour cinéphiles : *Vive le cinéma.* Audience : entre 2 et 4 %. Mais notre sociologue, forte de ses préjugés, ne s'est sans doute jamais souciée de consulter un sondage d'écoute.

Justement, Pierre Sabbagh, lorsqu'il dirigeait cette deuxième chaîne, faisait en quelque sorte ses « bonnes œuvres de la culture » le dimanche soir. Rien que du culturel, de l' « E.P.M. », à 20 h 30. Voici quelques résultats en vrac :

1re Chaîne		2e Chaîne	
7 janv. 1973	Film : 65 %	Dossiers souvenirs	3 %
14 janv.	Film : 67 %	Visages du cinéma	3 %
21 janv.	Film : 64 %	Inventaire	7 %
28 janv.	Film : 74 %	Vive le cinéma	2 %

Pour l'ensemble de l'année 1973, la première chaîne avec son film a fait en moyenne 55 % d'audience et la seconde, avec ses émissions culturelles, 6 %. En six ans, le développement de la troisième chaîne et l'élargissement du public font que les pourcentages sont aujourd'hui plus faibles. Les 6 % de 1973 doivent correspondre à 4 % de 1980.

Veut-on des exemples plus récents ? En 1979 un magazine d'information fait 5 % à 20 h 30 et 7 % à 21 h 30. La *Missa Solemnis* de Beethoven transmise à 20 h 30 est regardée par 8 à 9 % de spectateurs, mais un concert avec Yehudi Menuhin transmis de Monte Carlo à 22 h 15 atteint 11 %. D'excellentes séries documentaires sur le trésor des cinémathèques n'ont eu, à 20 h 30, que 3 % d'écoute. Plus frappant encore : l'émission de Jean-Claude Bringuier « les Paysans » qui comportait deux parties fut diffusée à 20 h 30 pour la première, à 21 h 30 pour la seconde. Résultat : 6 % pour la première partie, 8 % pour la seconde.

Ces chiffres vont tellement à l'encontre des évidences admises que je peux être suspecté de choisir les statistiques qui m'arrangent. Il est vrai que j'ai pris des exemples significatifs et que je n'ai pas mené une enquête générale pour savoir si la théorie des heures de grande écoute est infirmée dans tous les cas. Cette recherche, je n'ai pas eu à la faire : d'autres s'en sont chargés avec tout le sérieux et la compétence nécessaires. Elle a été effectuée, sous contrat de la Délégation à la recherche scientifique et technique, s'il vous plaît, par Michel Souchon et Solange Poulet, de l'Institut national de l'audiovisuel, en collaboration avec le Centre d'études d'opinion. Portant sur les six premiers mois de 1974, elle avait pour but d'étudier « la place, la programmation et l'audience des émissions culturelles à la télévision [1] ».

Les auteurs ont soigneusement distingué, d'abord, la « télévision diffusée », c'est-à-dire la composition du temps d'antenne : que diffuse la télévision ? Puis la « télévision disponible », compte tenu des conditions de diffusion : en effet, le téléspectateur ne peut regarder qu'une chaîne sur trois. Si d'eux d'entre elles offrent en même temps des émissions culturelles, une seule se trouve en fait disponible. Enfin la « télévision reçue », soit la part de la « télévision disponible » que les téléspectateurs ont effectivement regardée. Il s'agit d'un travail scientifiquement conduit, selon des méthodes rigoureuses, indiscutable. En voici les conclusions :

« La situation constatée est donc bien différente de celle que nous avions imaginée en commençant l'étude : nous pensions alors que l'importance du " non-public " des émissions " culturelles " (en dehors des émissions d'histoire) s'expliquait au moins, pour une part appréciable, par des programmations défavorables. S'il faut retenir cette raison, c'est dans une mesure très faible et presque négligeable : l'indice de réception n'est supérieur à l'indice d'audience, pour les catégories énumérées ci-dessus, que de 0,01 ou 0,02 (sauf pour le théâtre lyrique : la différence ici est de 0,05).

« Autrement dit, en termes simples, voire brutaux : la faible audience des émissions dites " culturelles " ne peut être imputée uniquement ni même principalement à une programmation défavorable. Bien entendu, ce résultat ne peut être séparé de la manière dont il a été obtenu (définition de l' " audience potentielle ", établissement des courbes, etc.). Reste que la conclusion semble s'imposer : le problème de l'élargissement du public de ces émissions n'est pas d'abord un problème de programmation

---

1. « Les Émissions culturelles à la télévision française : place, programmation, audience », par Michel Souchon et Solange Poulet, I.N.A., 1976 et « La Télévision et son public », par Michel Souchon, 1974-1977, La Documentation Française.

exprimé en termes d'heures de diffusion, c'est surtout un problème d'accessibilité culturelle. »

J'ai tenu à citer ce texte en entier car il est riche d'enseignements. Les auteurs avouent avec une extrême honnêteté être partis d'un préjugé. Comme tout le monde, ils croyaient aux heures de grande écoute. Manifestement, ils sont gênés, troublés par les conclusions auxquelles ils sont parvenus. Celles-ci n'en ont que plus de valeur.

La situation a-t-elle évolué au cours des six dernières années? Michel Souchon a repris son étude, selon la même méthodologie, sur les six premiers mois de 1977. Il a constaté des changements sensibles.

La part de la télévision culturelle a diminué. Les émissions de ce type sont souvent programmées en concurrence, et la possibilité de toutes les regarder s'est fortement réduite : 40,6 %, a calculé Michel Souchon.

Mais la télévision reçue, celle qui est effectivement regardée, a très peu varié. « Pour le groupe des émissions artistiques et documentaires, les chiffres de la télévision reçue sont assez stables : l'ensemble du groupe représente 5,4 % de la télévision reçue en 1974 et 5 % en 1977. Les deux exceptions sont la baisse des émissions sur le théâtre et celle des émissions sur les animaux. »

Conclusion des auteurs : « Ces changements de la structure des programmes et des politiques de programmation ont peu retenti sur la manière dont les téléspectateurs composent leurs " menus " à la télévision. »

Voilà qui est tout à fait clair : le public ne se laisse pas guider par la programmation. Nos gros malins qui prétendent imposer l'huile de foie de morue culturelle en piégeant le téléspectateur à 20 h 30 parlent de ce qu'ils ne connaissent pas. Un film de recherche, difficile, exigeant une haute culture cinématographique, n'aurait pas beaucoup plus de spectateurs si on le programmait dans une grande salle des Champs-Élysées plutôt que dans une petite salle du Quartier latin. Et l'on ne s'arracherait pas les romans de Claude Simon s'ils se vendaient dans les gares.

Il est vrai que les irréductibles de la bonne programmation ont un dernier argument en réserve : « Évidemment, si vous mettez un film en face... » Autrement dit, nos élito-fascistes ne voudraient pas seulement imposer « leur » culture à 20 h 30, ils voudraient encore bannir le divertissement : on s'amusera à 23 heures. Pour atteindre de bonnes écoutes, on programmerait donc à 20 h 30, le même soir, « la Poétique de Pierre Jean Jouve » sur TF 1, « l'Eveil de l'esprit scientifique à la Renaissance » sur Antenne 2 et « Mœurs et civilisation du peuple berbère » sur FR 3. Enfin ce public rétif n'aurait plus le choix : ce serait la culture ou l'écran vide. A ce stade d'absurdité, il semble préférable d'oublier l'audience et d'interdire les sondages d'écoute. C'est plus facile que de s'interroger sur la nature et le contenu de cette fameuse « télévision culturelle » et sur les moyens d'atteindre le public « par le haut » et non « par le bas ».

Avant d'en terminer avec ces fariboles sur les « heures de grande écoute », deux remarques s'imposent. Tout d'abord, on peut s'interroger sur le peu de retentissement qu'eut l'étude de Michel Souchon. Toute la presse aurait dû la reprendre, nos téléologues auraient dû précipitamment rectifier le tir et modifier leur argumentation. Mais que pensez-vous qu'il arriva ? Rien, absolument rien. L'étude fut superbement ignorée, comme tout ce qui dérange le conformisme ambiant. Notre élite ne veut pas s'entendre dire qu'elle est incapable de communiquer avec le peuple, elle ne se laissera pas dépouiller de son alibi par une étude, si sérieuse et concluante soit-elle. Pourtant, le rapport n'est en rien confidentiel : il s'achète à la Documentation française. Mais comment ne pas s'interroger sur le fait que nul — à part le sénateur Caillavet — n'a voulu en tenir compte ? Faut-il que ses conclusions dérangent !

Deuxième point : le public cultivé apprécierait hautement que l'on programmât ses émissions à des heures moins tardives. La programmation actuelle nuit à son confort. C'est vrai. Dans la mesure où l'on voudrait se soucier de ces téléspectateurs, et uniquement de ceux-là, on pourrait donc continuer à faire les mêmes émissions culturelles tout en les diffusant à 20 h 30. En demandant cela, on prêche pour le confort de l'élite et non pour l'éducation du peuple.

Ces constatations posent plus de questions qu'elles n'en résolvent. D'un côté, nous découvrons qu'une programmation affranchie des servitudes de l'audience risque de déraper vers l'élitisme et la non-communication, mais de l'autre, nous savons trop bien ce que donne une télévision à la remorque des sondages. Ici nous ne parlons pas en théorie, mais d'expérience. Ces deux attitudes ont effectivement conduit à des aberrations.

Les régimes totalitaires dans lesquels une élite se coupe d'un public qu'elle prétend incarner offrent des programmes étouffant d'ennui, de conformisme et de propagande. C'est ce que l'on voit sur les écrans des pays communistes. A l'extrême limite, on en arrive à la télévision chinoise maoïste où l'on repassait éternellement les opéras révolutionnaires chers à Mme Mao. Tandis que les sociétés de pur libéralisme capitaliste comme les États-Unis donnent dans l'excès inverse, décrit par Jacques Thibau : « C'est la logique des sondages, leur tyrannie. Elle tient lieu de politique, ou plutôt elle explique l'absence de toute politique de programme [1]. » De fait, toutes les chaînes concurrentes américaines diffusent les mêmes émissions de distraction supposées attirer le plus vaste public. Nul volontarisme culturel, un seul souci : avoir les meilleurs « ratings » pour arracher les tarifs publicitaires les plus élevés.

Comment naviguer entre Charybde et Scylla ? On espérait s'en sortir avec la « solution française » : divertissement + E.P.M. La conclusion de Michel Souchon est sans appel : « Ce que nous avons dit sur la différence qui existe entre la " télévision diffusée " et la " télévision reçue " exclut la bonne conscience de ceux qui estiment qu'il suffit de proposer des émissions diversifiées pour assurer une télévision équilibrée. C'est oublier que l'on favorise alors les processus d' " accumulation culturelle ". Le maintien du statu quo n'enrayera pas l'évolution actuelle qui fait une part de plus en plus importante, dans la télévision réelle, celle qui est reçue, aux émissions de fiction et de divertissement [2]. »

Que faire alors de ces sondages, aussi dangereux quand on s'en sert que lorsqu'on les ignore ? Michel Souchon propose une réponse de simple bon sens : « Au total, ne pourrait-on reprendre au sujet des sondages ce que Talleyrand disait de l'opinion : c'est " un contrôle utile ", mais " un guide dangereux " ? » C'est là effectivement qu'est la règle du bon usage des sondages : ils ne peuvent proposer, mais ils peuvent condamner ; ils ne disent pas ce qu'on doit montrer, mais ils disent ce qui ne sera pas regardé. Par eux, le peuple ne propose pas sa télévision, mais il en dispose.

Ce n'est pas par hasard ou par artifice que j'ai, dès le départ, établi le lien entre le refus du sondage d'audience et le refus du sondage politique. Il s'agit, dans les deux cas, de la même volonté d'une élite culturelle ou politique de tenir le peuple à distance.

Que l'on relise le rapport présenté au Parlement par le député Marc Lauriol, le 15 juin 1977, `sur les sondages en période

1. Jacques Thibau, *Une télévision pour tous les Français*, Le Seuil, 1970.
2. Michel Souchon, *Petit écran, grand public*, I.N.A., la Documentation française, 1980.

électorale, rapport qui a conduit à l'actuelle législation. L'auteur constate que la publication de sondages peut influencer l'opinion soit dans le sens de l'imitation, soit dans celui de la réaction. Dans un cas, les électeurs volent au secours de la victoire probable, dans le second, ils changent brutalement de bord pour compenser une évolution en cours. « Imitation ou réaction, déclare Marc Lauriol, ces deux réflexes sont difficilement admissibles, car tous deux " massifient " l'opinion en ce qu'ils poussent l'électeur à tenir compte de l'opinion des autres plus que de la sienne propre, laquelle tend à s'estomper. Ce n'est plus le jugement personnel sur le candidat ou sur le texte proposé qui inspire le vote, mais une réaction de nature grégaire aussi humaine que contraire à la démocratie libérale et individualiste, soucieuse de la liberté de l'électeur et de la sérénité de son jugement. »

N'est-ce pas aussi touchant que les tirades sur l'abrutissement du public par la dictature de l'audience ? Quand on veut noyer son chien, on dit qu'il est enragé ; quand on veut ignorer le peuple, on dit qu'on le respecte. En l'absence de sondage, le peuple n'intervient pas en tant qu'acteur dans la campagne. La clé de cette impuissance, c'est son atomisation, son incapacité à s'exprimer collectivement. Voilà la situation idéale : celle du « jugement personnel », comme dit M. Lauriol. Ce jugement ne tient compte que des faits et discours de la classe politique, mais évidemment pas de l'opinion qui, elle, restera muette jusqu'au scrutin.

Le sondage n'est qu'une expression très imparfaite de l'opinion. On ne renforcera jamais assez la déontologie professionnelle, afin que les résultats annoncés au public soient aussi sérieux que possible. Définir les conditions dans lesquelles ces enquêtes doivent être effectuées, établir une autorité veillant à faire respecter cette déontologie, voilà certainement une œuvre à laquelle doit s'attacher le Parlement. Une autre serait d'apprendre aux commentateurs, et notamment aux journalistes, à interpréter prudemment, scrupuleusement les réponses. Ce nouveau langage extraordinairement imparfait demande à être soigneusement décodé.

En revanche, je me demanderai encore longtemps pourquoi, moi, électeur, je me comporterais de façon grégaire en tenant compte dans mon vote de l'opinion publique. Je peux très bien souhaiter que telle formation ne l'emporte que d'une courte tête, auquel cas je voterai pour elle si je la vois en difficulté, mais contre, si elle semble devoir l'emporter largement. Cette délibération me semble beaucoup plus personnelle, plus réfléchie que le choix dans le brouillard que prétend m'imposer M. Lauriol.

Pourquoi devrais-je retenir les réactions de la classe politique et jamais celles du peuple ? Ne dois-je pas faire intervenir dans mon choix les alliances entre partis ? La rupture de l'Union de la gauche, l'éclatement du bloc majoritaire peuvent m'amener à modifier mon choix. Pourquoi la chute des intentions de vote pour Chaban-Delmas ou la forte poussée de la liste de Simone Veil ne devraient-elles pas compter ? Pourquoi le peuple, par ses courants profonds, n'imprimerait-il pas des inflexions au jugement de certains ? Depuis quand la classe politicienne a-t-elle seule le droit de diriger les consciences ? Depuis quand, surtout, a-t-elle le droit, en démocratie, d'interdire ainsi l'expression du peuple ? Lorsqu'il vote au Parlement, M. Lauriol ne se soucie-t-il pas du vote présumé de ses collègues ?

Le plus scandaleux de l'affaire, c'est que nos parlementaires, si violemment hostiles aux sondages publics, les utilisent dans leurs circonscriptions pour trouver les meilleurs thèmes de campagne, pour soupeser les chances des uns et des autres. Jamais ils n'ont envisagé d'interdire ce genre d'enquête. Ils entendent se réserver les moyens de manipuler l'opinion ; ce qu'ils ne veulent pas, c'est que le peuple s'auto-informe.

D'ailleurs, notre classe politique n'a nullement interdit les sondages en période électorale. Seulement leur publication. Ainsi, depuis 1977, les instituts continuent à opérer jusqu'à la dernière minute. Mais les chiffres courent sous le manteau, sont réservés à l'élite. Jamais nos parlementaires ne sont allés aussi loin dans leur méfiance vis-à-vis de la masse. La morale de l'histoire est claire : à la veille des dernières élections législatives, on a enregistré des achats massifs en Bourse. Des petits malins avaient eu connaissance du tout dernier sondage qui donnait la majorité en bonne position.

Ce mépris du sondage — et non du peuple, croyez-le bien ! —, la classe politique le manifeste en toute occasion. Jacques Chirac rabrouait les journalistes qui évoquaient devant lui les sondages défavorables pendant la campagne électorale européenne : « Les sondages se trompent. Cela ne prouve rien. » Effectivement, cela n'a rien prouvé jusqu'à ce que les électeurs en aient démontré le bien-fondé.

Chaque fois qu'un sondage gêne les politiciens, ils s'efforcent d'en contester le sens ou le sérieux. S'il les arrange, au contraire, ils s'en servent sans vergogne. Un sondage, publié le 20 mai 1979 par *le Matin,* ayant révélé que 52 % des électeurs socialistes préfèrent l'alliance avec l'U.D.F. plutôt qu'avec le P.C., le socialiste Paul Quilès réplique aussitôt dans *le Monde :* « Beaucoup pourrait être dit sur la manière dont est formulée la question, sur les biais qu'elle contient, sur les commentaires sollicités qui entourent le résultat [...]. » Le tout pour prouver qu'un tel sondage n'a pas grande valeur. Ce qui ne l'empêche pas, quelques lignes plus loin, de bombarder le P.C. avec des sondages I.F.O.P. et S.O.F.R.E.S., lancés en rafale, qui, eux, sont certainement indiscutables. Le peuple, c'est bien connu, n'a de talent que lorsqu'il pense bien.

De même, les multiples sondages prouvant que les Français, et notamment les électeurs socialistes, préfèrent Michel Rocard à François Mitterrand comme candidat à la présidence de la République ne signifient rien. C'est une « manipulation de l'opinion ». Toutes les enquêtes montrant la descente de M. Raymond Barre aux enfers de l'impopularité sont également malvenues. Seuls les chiffres indiquant une remontée auront un sens.

Comment ne pas ressentir une gêne profonde face à une telle attitude ? L'élite se proclame démocrate, et, loin d'encourager ces premières expressions, si imparfaites, de la volonté populaire, fait tout pour les étouffer. Elle met en place des lois ou pratiques d'exception pour discréditer la parole, encore balbutiante, du peuple souverain. Quel étrange malaise de la société française révèle cette méfiance, pour ne pas dire cette peur, que masquent de si beaux mensonges ?

CHAPITRE IV

LA CULTURE DE MASSE

Ici devraient prendre place de longues considérations sur la notion de culture. Qu'est-ce que le rapport de l'homme à (on ne dit plus jamais avec) la culture ? Quels sont les liens du culturel avec le politique, l'économique, le social ? La culture est-elle dissociable d'une idéologie ? Pratiquons-nous une culture de classe ? Existe-t-il une culture qui ne soit pas de classe ? La science est-elle neutre sur le plan culturel ? Toutes questions auxquelles il faudrait répondre après avoir proposé une définition de la culture, tâche ô combien délicate puisqu'on en a déjà recensé plus de cent cinquante...

Un auteur sérieux consacrerait donc le reste de cet ouvrage à ces prolégomènes, renvoyant à un deuxième tome la suite de son propos. Pour ma part, je préfère abandonner ces discussions à plus compétents que moi et m'en tenir à une définition du fait culturel qui ne prétende pas rendre compte du phénomène en soi, mais, plus modestement, correspondre au sujet particulier que je traite. Je dirai donc que la culture, c'est ce qui enrichit la personne. Je constate d'ailleurs que, lorsqu'on interroge les téléspectateurs sur les objectifs de la télévision sans leur proposer de réponses toutes faites, ils utilisent spontanément le terme d' « enrichissement[1] ». Il s'agit donc bien d'une perception assez générale, quoique tout empirique, du fait culturel. L'individu a le sentiment de se cultiver lorsqu'il acquiert de nouvelles capacités pour connaître, juger, apprécier, choisir, aimer, refuser ; bref, lorsqu'il enrichit sa personnalité.

Le domaine culturel est si vaste qu'il s'appréhende mal. Il

1. Enquête C.E.O. 1974.

englobe, outre la culture au sens traditionnel, la science, la nature, la philosophie, l'économie. Il ne prend pas seulement sa source dans les manifestations artistiques, mais tout autant dans l'actualité. C'est être plus cultivé que de mieux comprendre son époque, découvrir les êtres, participer aux grands mouvements de son temps. La culture, c'est une certaine façon d'être soi-même et d'être présent au monde. Si l'on ne peut définir la chose, on peut identifier ce sentiment : un supplément d'humanité, un accomplissement de soi qui procure un véritable bonheur à ceux qui ont le privilège de le connaître. Il n'est donc pas question de limiter la notion de culture à celle de l'héritage artistique que l'on s'efforce de transmettre par l'éducation scolaire. On se cultive en participant à un mouvement politique, en lisant un journal, en se promenant dans la nature ou en faisant du bricolage, pas seulement en fréquentant les grands auteurs du passé.

Mais la culture peut-elle se dissocier d'un contenu ? Sans doute. Il est même indispensable qu'elle échappe à toute normalisation, qu'elle soit diverse, pluraliste, foisonnante, contradictoire et reste insaisissable afin, précisément, de n'être pas saisie. Sa vocation n'est pas d'être traditionaliste, révolutionnaire, athée, religieuse, conformiste ou contestataire, mais d'être tout cela à la fois. Le seul risque serait que l'un de ces courants étouffe les autres. Aussi ne parlerai-je jamais d'un contenu particulier. « Que cent fleurs s'épanouissent », comme disait, je crois, le père Mao, avant de faucher les roses.

Le partage de cette richesse est d'autant plus facile qu'il n'est pas nécessaire de prendre aux uns pour donner aux autres. On voit pourtant qu'il se fait mal. Les privilèges culturels, tout comme ceux de l'argent, ont fait naître des complexes de culpabilité. Il fut de bon ton, ces dernières années, de dénoncer culture et compétence bourgeoises. « Puisque la compétence est outil de domination, décrétons la compétence universelle ; puisque la culture est source d'injustices, proclamons que la culture est générale. » Ainsi le peuple, si mal pourvu en biens intellectuels, se retrouve soudain millionnaire en grâces naturelles. Il suffit qu'il échappe à son aliénation pour manifester un génie spontané.

Tous les mythes sur la « création culturelle de base » naissent surtout dans la tête des privilégiés de la culture. Je me souviens d'une émission de France-Inter au cours de laquelle on invitait des jeunes à réaliser un reportage. Nos reporters en herbe avaient choisi d'interroger des personnes âgées sur le monde de leur enfance. Et que disait l'octogénaire ? « Vous, les jeunes, vous ne vous rendez pas compte de votre chance. Vous pouvez tout apprendre. Pour nous, c'était le travail à douze ans. On ne pouvait pas étudier. »

Oui, la culture est un bien précieux qu'il importe de démocratiser. Mais cela ne peut se faire qu'à certaines conditions. Il faut tout d'abord qu'existent des « biens culturels de grande diffusion », accessibles au peuple. Inutile d'aller au-devant des masses si l'on ne peut s'en faire entendre. Il faut ensuite qu'existent des conditions sociales favorables. Certains tissus urbains relèvent d'une sociothérapie, plus que d'une croisade culturelle. Il faut enfin que des hommes de communication : écrivains, animateurs, professeurs, artistes, journalistes, etc., assurent la diffusion de ces flux culturels dans les milieux populaires. Que l'une ou l'autre de ces conditions ne soit pas remplie et il n'y aura pas d'authentique culture populaire.

N'étant pas capable de remplir ces conditions, la société française s'est jetée sur la télévision comme sur une planche de salut. L'outil, présumé tout-puissant, deviendrait prothèse et compenserait les défaillances sociales. « Utilisons la magie des ondes pour cultiver les Français. » Tout le monde est — ou se déclare — d'accord. Mais le déplorable état culturel de la société française rend illusoires de telles espérances.

Le document de base pour en juger reste la grande enquête, menée en 1974 par le ministère de la Culture, sur « les Pratiques culturelles des Français ». Les auteurs se sont livrés à un énorme travail, pour lequel ils n'ont pas hésité à mobiliser l'I.N.S.E.E., l'I.N.E.D., le C.N.R.S., le commissariat au Plan, l'O.R.T.F., bref : toutes les sources d'information disponibles. Ils se sont efforcés de saisir la réalité culturelle sous ses aspects les plus divers, du concert à la fête foraine, de la philatélie à la photographie, du militantisme au jardinage, pour ne pas parler des activités classiques : lecture, musique, théâtre, cinéma, télévision, peinture, etc. Une enquête approfondie a été réalisée par sondages et les résultats ont été recoupés de toutes les manières, à grand renfort d'ordinateurs, tant en fonction des activités pratiquées que de l'âge, de la profession, du niveau d'instruction, du cadre de vie...

Les auteurs ont ainsi découvert que les pratiques culturelles correspondent à des types sociaux bien définis. Statistiquement, n'importe qui ne fait pas n'importe quoi. Il y a, certes, des agriculteurs qui lisent énormément et des cadres de direction qui ne font que regarder la télévision, mais ces cas atypiques sont noyés dans la réalité sociologique. La France culturelle n'est ni uniforme ni continue. On ne passe pas progressivement du plus cultivé au moins cultivé. Des groupes apparaissent, qui se caractérisent tout à la fois par certaines pratiques culturelles et par certaines caractéristiques sociales, économiques et démographiques.

Conclusion générale : « La culture (prise au sens restreint — mais le plus courant — de culture *cultivée :* spectacles, lectures, visites diverses, presse, pratique d'amateur, etc.) reste globalement :

« — *élitaire* (parce qu'elle ne touche qu'une faible partie de la population) ;

« — *sélective* (parce qu'elle atteint de manière inégale les diverses couches sociales : [...] place prépondérante occupée par les classes privilégiées) ;

« — *cumulative* (dans les deux sens du terme, c'est-à-dire à la fois que la culture va aux gens cultivés — un peu comme on dit que " l'argent va à l'argent " — et que la pratique entraîne la pratique). »

Autrement dit, il existe une France cultivée et une France hors culture. L'extrême diversité des pratiques culturelles ne change pratiquement rien à cette division. On aurait pu croire que chaque catégorie de Français aurait privilégié sa forme de culture, mais que toutes en auraient une. Il n'en est rien. La France culturelle n'est pas diverse, elle est inégalitaire. Schématiquement, les uns pratiquent toutes les activités et les autres aucune. Enfin, ces deux France correspondent à des divisions socio-économiques précises. Les Français cultivés ne se recrutent pas parmi toutes les catégories, ils appartiennent massivement à certaines. La France de la non-culture est également caractérisée par des conditions socio-économiques bien définies.

Les auteurs ont distingué sept types culturels qu'ils ont baptisés de façon particulièrement éloquente : « les Héritiers » : 7,4 % de la population ; « les Privilégiés de la culture » : 4,9 % ; « les Consommateurs cultivés » : 7,7 % ; « les Militants » : 9 % ; « la France de Guy Lux » : 44,3 % ; « les Amateurs de loisirs populaires » : 10 % et « les Promeneurs » : 16,8 %.

Il apparaît que le public réel, permanent, de la culture, ne représente que les trois premiers groupes, soit environ 20 % des Français. « Ce sont eux qui cumulent la majorité des activités et des fréquentations. » Les jouxte un groupe intermédiaire, celui des « Militants », et vient ensuite la France hors culture : 60 %.

Faisons plus ample connaissance avec ces gens cultivés. Les deux premiers groupes ont « pour trait constitutif commun leur caractère socialement élitaire : la majorité des personnes relevant de ces deux types appartient aux catégories socio-professionnelles privilégiées (cadres : environ 50 % des effectifs), leur niveau d'études est élevé (30 % ont le bac ou un diplôme d'études supérieures, contre 11 % en moyenne dans l'échantillon). Par ailleurs, on trouve une sur-représentation des Parisiens et des habitants des grandes villes qui sont favorisés par une offre locale plus large d'activités culturelles. »

Dans l'ensemble, les « Héritiers » sont essentiellement des jeunes (60 % ont moins de vingt-cinq ans) qui se caractérisent par une participation active à des manifestations culturelles, alors que les « Privilégiés de la culture » se recrutent plutôt dans la catégorie vingt-cinq — trente-neuf ans et sont moins « participatifs ». Les uns et les autres forment les « Hypercultivés ». Le spectre très large de leurs activités ne laisse qu'une place réduite à la télévision. Ils la regardent de façon sélective et forment la clientèle attitrée des émissions culturelles.

Ajoutons-y nos « Consommateurs cultivés », qui sont surtout des consommateurs à domicile : ceux-là ne vont guère chercher leurs plaisirs à l'extérieur, mais ne se contentent pas de la télé. Ils y ajoutent la lecture de livres et l'écoute de disques. Dans cette troisième catégorie, on commence à trouver un fort contingent de cadres moyens, mais également des Français vivant dans des petites villes ou en milieu rural. Restant constamment chez eux, ils sont des téléspectateurs assidus, qui n'hésitent pas à regarder les « bonnes » émissions. Les femmes, beaucoup plus que les hommes, pratiquent cette « culture à domicile ».

Le « Militant » (80 % d'hommes entre quinze et quarante ans) est engagé, actif, sportif. Son champ d'intérêts est plus socio-politique que strictement culturel, il préfère les meetings aux concerts, la presse aux romans, les émissions politiques aux émissions artistiques.

A l'opposé, la « France de Guy Lux », qui regroupe près de la moitié de la population, est en retrait tant pour les activités culturelles — sorties, visites, associations —.que pour la consommation à domicile : livres, disques, photos, journaux. Seule source de « culture » : le petit écran, qui s'hypertrophie jusqu'à éliminer tous les autres canaux. Mais ces téléspectateurs choisissent des programmes bien précis : films, théâtre, cirque, music-hall, variétés, jeux, opérettes — le divertissement. Ils ne regardent pratiquement pas la télévision « culturelle ». Seules exceptions : les journaux, les médicales, les émissions sur l'histoire ou sur les animaux.

Sociologiquement, cette France est plus âgée (70 % de plus de quarante ans), plus féminine (60 % de femmes) et comprend un nombre élevé d'agriculteurs, d'employés, d'ouvriers et de personnes ayant un faible niveau d'instruction (82 % n'ont pas de brevet ni de C.A.P.). Les « Amateurs de loisirs populaires » et les « Promeneurs » forment des catégories satellites, qui se distinguent par un goût prononcé pour les sorties distractives (pique-nique, bal, fête foraine, cirque...) ou des activités annexes (bricolage, pêche, jardinage...).

Cette photographie frappe par sa division entre « France cultivée » et « France hors culture ». Voilà qui porte un coup sévère à ce « mensonge d'évidence », souvent utilisé pour justifier la culture élitiste, qu'est la « théorie des publics ».

La grande erreur, disent ses défenseurs, c'est de considérer le « grand public », la masse indifférenciée. En réalité, les gens ont des goûts très variés, en sorte que la population est segmentée en plusieurs publics : celui du cinéma, de la lecture, de la danse, de l'histoire, de la musique, de l'information... L'action culturelle doit s'organiser autour de cibles réduites, correspondant à des formes culturelles bien spécifiques. Ainsi, par petites audiences, on finira par cultiver tous les Français, sans avoir besoin de faire des concessions. En revanche, si l'on tient à considérer la masse, on est forcé d'abaisser le niveau jusqu'à produire de la « sous-culture ».

Dans le domaine de la télévision, cette théorie revient à faire croire que l'on peut atteindre le public populaire à coups d'émissions confidentielles de haute qualité. N'est-ce pas merveilleux ? Un concert par-ci, un magazine par-là, une émission littéraire, une retransmission chorégraphique et, par paquets de cinq cent mille, la vraie culture finira bien par toucher trente-six millions de téléspectateurs.

Les tenants de cette thèse accusent même les partisans de la grande écoute, les « maniaques de l'audience », de pousser à l'uniformisation des Français, à leur déculturation. A vouloir satisfaire le plus grand nombre, on distribue nécessairement à tous le plus petit dénominateur commun de la culture, qui fabrique un peuple normalisé, standardisé, unidimensionnel. Au contraire, la multiplication des émissions spécialisées suscite les différences, favorise la diversité, enrichit les courants, vivifie la Culture — avec un grand C.

Ce raisonnement est tout à fait correct si l'on considère la communication sociale. Il existe bien des catégories différenciées : jeunes, retraités, agriculteurs, femmes, étrangers, etc., qu'il convient de distinguer. Mais cette segmentation est sociologique et non culturelle. Alors que se manifestent des besoins de communication particuliers à chaque catégorie sociale (qui peuvent en effet devenir des voies de pénétration privilégiées pour la culture), on ne trouve rien de comparable sur le plan culturel. La masse ne recherche qu'une distraction insignifiante — mais elle peut s'intéresser à une culture qu'elle ne demande pas spontanément — et c'est une petite minorité qui cumule toutes les pratiques culturelles.

Ainsi les 2 ou 3 % de téléspectateurs fidèles aux émissions « culturelles » ne peuvent s'additionner : ce sont toujours les mêmes. C'est une petite élite cultivée qui fournit le public des émissions littéraires, artistiques, scientifiques, musicales, théâtrales...

Admettons qu'au total ces téléspectateurs cultivés représentent 25 % du public. Admettons encore une frange d' « occasionnels ». Il n'en reste pas moins que cette sectorisation culturelle conduit à « exculturer » 60 % de la population : la « France de Guy Lux ».

En pratique, il est absolument impossible de ne programmer *que* ces émissions culturelles. On en vient obligatoirement à proposer un pur divertissement en choix alternatif. Et l'on tombe dans le système de la complémentarité, si justement et si vigoureusement dénoncé par Jacques Thibau, ancien directeur adjoint de la télévision :

« Les chaînes culturelles spécialisées comme les émissions culturelles présentées dans le cadre de la complémentarité des programmes n'ont jamais — ou à peu près jamais — l'audience minimale qui justifierait leur existence. Elles sont devenues des ghettos culturels : alibis des gouvernements, jouets des institutions culturelles, hochets des conseils d'administration... Les auteurs de ces émissions, sachant que leur public ne sera pas à la mesure de la télévision, qu'il n'y aura peut-être même pas de public du tout, abandonnent la recherche d'une communication avec le public sans laquelle il n'y a pas de télévision et s'enfoncent sur des chemins qui les mènent à l'ésotérisme... Une double évolution caractérise alors les programmes. D'un côté, les émissions dites de divertissement se laissent gagner par l'insignifiance. De l'autre, les émissions dites culturelles sont livrées sans nuances et sans réserve aux fantasmes de leurs auteurs[1]. »

On ne saurait mieux définir, et condamner, le système E.P.M. Cette théorie des publics culturels n'est donc qu'un tour de passe-passe qui n'aboutit, répétons-le, qu'à l'exculturation de la France populaire. Ne nous illusionnons pas : celle-ci forme bien aujourd'hui une masse indifférenciée et non pas un ou, à plus forte raison, *des* publics. C'est la culture qui différencie, qui permet d'aller à la culture. Le mouvement n'est pas spontané. Par quel miracle les téléspectateurs seraient-ils demandeurs de ce qu'ils ne connaissent pas, goûteraient-ils des plaisirs pour initiés — alors qu'ils n'ont bénéficié d'aucune initiation ?

La télévision contribue effectivement à faire émerger des publics de la masse, à faire naître chez eux un intérêt pour les différentes formes de culture. Mais ce résultat ne peut être atteint avec des émissions à petite écoute. Voilà bien la difficulté, le défi d'une télévision culturelle et populaire. Ce n'est certainement pas en cultivant les « mensonges », en supposant le problème résolu qu'on pourra le relever.

La télévision française s'est parfois efforcée de mettre la culture à la portée du plus grand nombre. Non sans succès. A de nombreuses reprises, elle a réuni un très vaste public populaire autour de programmes qui étaient tout sauf de la grosse rigolade. Les exemples de telles réussites abondent et prouvent que le peuple ne refuse pas systématiquement les œuvres de qualité, même s'il ne les sollicite pas. Il est surprenant qu'une société aussi fortement élitiste ait produit une télévision populaire parmi les meilleures du monde. Comment expliquer un tel paradoxe ?

La raison principale me paraît être d'ordre historique. La télévision n'est pas une vénérable institution centenaire, elle est née comme ça, à la diable, il y a une trentaine d'années. A l'époque, le joujou balbutiant n'intéressait pas les gens sérieux et il fut pris en main par une poignée de francs-tireurs, jeunes et passionnés, qui le firent échapper, dans une grande mesure, aux effets pervers de la culture élitiste. Ce péché d'origine explique la suspicion qui pèse sur les hommes de télévision. Ils n'émanent pas de la classe intellectuelle, ne jouent pas tout à fait le jeu et font

1. Jacques Thibau, *Une télévision pour tous les Français*, Le Seuil, 1970.

parfois figure de concurrents dangereux. Quoi qu'il en soit, ce fut certainement une chance historique pour la télévision française de naître comme un enfant trouvé, pris en charge par des saltimbanques de passage, plutôt que de voir le jour dans le berceau de la culture officielle.

On frémit en pensant au destin d'une télévision qui eût été couvée par notre système culturel. Celui que l'on devine à travers l'image statique des « pratiques culturelles », et qui a été fort bien analysé par l'ancien bras droit de Jacques Duhamel au ministère de la Culture : Jacques Rigaud[1].

La situation qu'il décrit n'est pas à proprement parler désespérée, mais, à tout le moins, désespérante. Il constate « une indifférence croissante à la culture dans l'ensemble des milieux sociaux, bourgeoisie comprise, et une activité culturelle de plus en plus soutenue et motivée de la part des minorités ».

Ce climat général, c'est aussi celui que la télévision doit affronter. Face à la culture, il n'est de demande que de la part des minorités. Il ne s'agit donc pas de satisfaire un public, mais d'en avoir un, de le faire naître.

Ce blocage remonte à la révolution industrielle. Dans la France rurale et villageoise, le peuple avait une culture traditionnelle qu'il vivait et renouvelait constamment. L'élite aristocratique et bourgeoise, de son côté, avait recours à d'autres modes d'expression. Les deux systèmes étaient faiblement couplés. Mais cela n'a que peu d'importance : l'un et l'autre étaient vivants.

Brutalement, l'ensemble de ce tissu socio-culturel se défait. Le paysan doit quitter sa terre pour devenir ouvrier. Urbanisation, industrialisation, la vieille civilisation n'y résiste pas. Heureusement, l'instruction publique élève le niveau intellectuel de la population, créant les conditions favorables à l'éclosion d'une nouvelle culture.

Celle-ci ne peut être inventée par le prolétariat ouvrier, coupé de ses racines, de ses traditions et plongé dans l'enfer des premiers âges industriels. A la différence du folklore qui, pour une large part, représente une authentique production populaire, la nouvelle culture ne pourra naître que de la France cultivée, non de la « base ».

L'évolution ultérieure ne fera qu'accroître ce besoin. Or « le

---

1. Jacques Rigaud, *la Culture pour vivre*, Gallimard, 1975.

développement réel de l'instruction publique s'organise au moment
précis où le peuple est frustré de son ancienne culture et privé des
moyens matériels et moraux d'accéder à une culture vivante qui se
fait plus élitaire que jamais, que ce soit dans l'ésotérisme ou dans la
frivolité », constate Rigaud.

Voilà le drame. A partir de la fin du xixe siècle, toute la culture
est irrésistiblement emportée par un courant moderniste qui rompt
les codes de communication traditionnels. En peinture on brise
l'image figurative, en musique on abandonne la ligne mélodique,
en poésie on désarticule le discours, en littérature on cherche des
formes déroutantes : partout on s'achemine vers des modes d'expression qui nécessitent une initiation. Il se forge une culture pour
anciens élèves des universités.

Le peuple, lui, n'a pas acquis les codes qui donnent accès à ce
nouvel univers. Il n'accepte que des messages faciles à déchiffrer,
au niveau zéro du décryptage. Il a toujours besoin de formes
aisément reconnaissables, de genres familiers, du mode narratif, du
style redondant, de l'intrigue linéaire, de la phrase mélodique, de
l'image figurative, du vocabulaire élémentaire.

Entre ces exigences et celles du public cultivé, l'écart va
s'accroître, les uns stagnant au même niveau, tandis que les autres
ne cessent de progresser. Aujourd'hui, c'est un abîme qui sépare
les uns des autres. Désormais le mélomane, le lecteur averti,
l'amateur de théâtre ou le connaisseur en sciences humaines sont
devenus de véritables spécialistes, qui ne peuvent plus se contenter
de messages simples, voire simplistes. Ils recherchent des formes
d'expression nouvelles, des logiques d'exposition complexes, des
thèmes de réflexion inédits, des architectures multidimensionnel-
les, des constructions non linéaires. Et les créateurs vont encore
beaucoup plus loin que leur public dans cette voie.

La population culturelle se retrouve donc dédoublée, de telle
sorte qu'il n'est plus possible de prétendre apporter la même
culture à tous. Il faudrait que la France cultivée produise à la fois
des œuvres destinées à sa propre consommation et d'autres,
différentes, au public populaire, la différence portant sur la forme
et non sur le fond. Les mêmes choses sont à dire, mais pas de la
même façon. Pour assurer cette communication, il faut adopter
résolument les codes accessibles aux non-initiés, renoncer aux
formes nouvelles, à l'ellipse, à la préciosité, à la complexité, qui ne
peuvent que dérouter et rebuter.

Or la France cultivée se referme sur elle-même et se révèle

incapable de produire cette culture populaire. Rigaud le remarque : « Là est peut-être le signe de contradiction le plus profond de nos sociétés libérales. En termes de culture, quel choix offrent-elles à nos contemporains, sinon entre une culture élitaire, difficile, aux accents souvent magnifiques, mais toute tendue d'interrogations et vide de réponses, et une sous-culture de divertissement, stérile et aliénante ? [...] Ce divorce entre la masse et l'élite est le signe le plus sensible en même temps que la cause principale du blocage culturel. Il est clair que la responsabilité en incombe à l'élite et non à la masse... »

Devant cette carence, une sous-culture populaire — vaudevilles, opérettes, romans sentimentaux, romances, films « comiques », voire romans-photos ou presse du cœur — va se développer dans un but de lucre, visant toujours au plus facile, sinon au plus bas.

Ce blocage, Rigaud le met au passif de l'élite. Mais celle-ci a vite fait d'en imputer la responsabilité à « la société ». Le thème est connu : notre monde capitalistico-consommationniste étant ce qu'il est — ce qu'il ne devrait pas être —, aucune culture populaire n'est possible. Nos « culturateurs » font ce qu'ils peuvent pour faire pousser les moissons de l'esprit, mais autant vaudrait semer du blé sur une dalle de béton. Ce plaidoyer *pro domo* doublé d'un réquisitoire anti-étatique est repris par tous ceux qui parlent culture. C'est toujours la même chanson : l'élite est bonne, la culture est bonne, seule la société est mauvaise. Sur ce discours enrubanné de rhétorique, tout le monde intellectuel s'accorde.

Reconnaissons que la France de 1980 ne représente pas le berceau idéal de la culture. Nos gouvernants ne sont pas à la hauteur des ambitions qu'ils affichent. Il n'est que de voir le lien qu'ils ont laissé se créer entre publicité et télévision pour s'en convaincre.

D'une façon plus générale, les conditions d'accès à la culture sont mauvaises pour la « France de Guy Lux ». Travail abrutissant, cités inhumaines, ressources insuffisantes, équipements médiocres, etc., mille raisons socio-économiques peuvent expliquer l' « exculturation » populaire.

Suffisent-elles à innocenter notre élite ? Je ne le pense pas. L'État a la responsabilité de faire circuler la culture, pas de la créer.

Avant d'incriminer le système de circulation, il faudrait vérifier que les réservoirs sont pleins. Qu'importe la grève des P.T.T. s'il n'y a pas de messages à transmettre ! Qu'importe la non-diffusion si les œuvres n'existent pas ! Que représente donc la production culturelle française ?

Je n'ai pas la prétention d'en faire l'inventaire, encore moins de la juger. Il me semble que, si la France n'est plus le nombril culturel du monde — comme elle semble encore parfois le croire — elle reste une bonne terre d'intelligence et de création. Nos artistes sont prisés à l'étranger, nos écrivains sont parfois nobellisés ; il arrive même que, de Paris, partent des styles et des modes qui se diffusent dans le monde entier. Bref, aux olympiades de l'esprit, nous pourrions espérer plus de médailles qu'à celles du corps.

Toutefois, ce bilan positif ne comporte pratiquement que des œuvres de haut niveau. Que ce soit le Nouveau Roman, la pensée de Michel Foucault, la musique de Pierre Boulez, les films de Jean-Luc Godard ou les pièces de Samuel Beckett, il s'agit toujours d'une production élitaire. Dans la colonne de la culture populaire, on doit pratiquement inscrire : « Néant. » Nulle part on ne trouve ces pièces, ces films, ces musiques, ces livres, ces spectacles, ces idées-forces « populaires » dont les codes devraient être ceux de la sous-culture de divertissement, afin de parvenir jusqu'au peuple. Inutile de prétendre que l'incurie de l'État a laissé ces œuvres dormir aux magasins de la culture : les entrepôts sont vides. L'élite culturelle, tout en prônant la culture populaire, n'a pratiquement rien fait dans ce sens.

Entendons-nous bien. Notre élite n'est pas contestable dans ses réalisations, mais dans ses lacunes et ses carences : elle est coupable de céder aux commodités du système E.P.M. Il ne s'agit nullement de rejeter une culture de recherche, difficile d'accès mais admirable dans ses chefs-d'œuvre. Il n'est pas davantage question d'imposer le réalisme socialiste, ni de condamner les styles nouveaux au nom d'une prétendue communication de masse. Au reste, moi-même, bourgeois intellectuel, je ne souhaite nullement renoncer à ces formes artistiques en ce qui me concerne. Bref, je ne condamne pas la culture existante, mais l'absence d'une autre culture : il est déplorable et consternant que la France cultivée, repliée sur elle-même, ignore complètement les nécessités d'une communication populaire.

Aujourd'hui même, il est bon, souhaitable et naturel que les créateurs français poursuivent dans les voies de l'expression moderne, mais indispensable aussi que se lève à leurs côtés une génération de « communicateurs », dont l'objectif unique serait de faire parvenir les premiers messages culturels au « non-public ». Car il existe désormais deux publics — et non une infinité —, appelant deux types de production culturelle.

Cette nécessité est particulièrement sensible à la télévision, qui souffre d'être branchée sur une société élitiste lorsqu'elle s'efforce d'établir une véritable communication populaire de qualité. C'est ce que constate Michel Souchon : « Dans l'immédiat, ceux qui tiennent les media considèrent que leur culture est la culture. Leurs discours et leurs pratiques culturelles oscillent entre les disciplines de l'arcane et la diffusion culturelle. Dans ce deuxième cas, les détenteurs des media proposent aux autres l'accession à leur culture. Et ils se lamentent lorsque leurs efforts rencontrent la mauvaise volonté culturelle des " autres " : d'où tous les discours gémissants sur le refus des classes " non cultivées " d'accéder à la culture. Même s'ils sont émouvants, ils ont un défaut majeur : ils éliminent l'altérité[1]. »

Faute d'une véritable conscience de ce clivage culturel, d'une véritable volonté de travailler au service du peuple, sans recherche de satisfactions élitaires, les rares tentatives faites en ce sens ont échoué. C'est ce que l'on a bien vu avec le théâtre... populaire, cela va de soi !

Il se porte mal, rien de nouveau là-dedans, mais ce n'est pas une consolation. L'échec est d'autant plus navrant que la Ve République, sous l'impulsion d'André Malraux, a fait un réel effort en ce domaine. L'auteur de *la Condition humaine* pensait que des Maisons de la culture centrées sur l'art dramatique constitueraient les noyaux catalytiques d'une culture populaire. L'ambition n'était pas mince puisque, aux dires de son promoteur, il s'agissait « de faire ce que la IIIe République avait réalisé dans sa volonté républicaine pour l'enseignement ».

Dans une enquête du *Monde,* « la Culture et l'État », Thomas Ferenczi analyse cet insuccès. Il est intéressant de voir comme l'élite s'efforce de se disculper. Premier point : l'idée en elle-même « était peut-être une erreur », car le théâtre « n'a jamais été un art de masse ». Notez que si le théâtre populaire n'est qu'illusion, les professionnels sont encore plus coupables que les politiques d'avoir à ce point manqué de discernement. Il leur appartenait de dénoncer

---

1. Michel Souchon, *Petit écran grand public,* la Documentation française, 1979.

ce mythe et de refuser cette « mission impossible ». De fait, Thomas Ferenczi constate que « pour l'essentiel, les ouvriers en demeurent exclus et, quelles que soient les tentatives menées ici ou là, la situation n'évolue pas beaucoup ».

Vient alors la disculpation : « Faut-il le reprocher aux établissements de la décentralisation (Maisons de la culture, centres dramatiques) ? Ce serait leur faire un mauvais procès. D'abord parce que, pour la plupart, ils ne manquent pas de spectateurs, même si ceux-ci n'appartiennent pas aux couches populaires [...], ensuite parce que la relation entre un lieu culturel et les habitants d'une ville est une affaire complexe. »

Le monde du théâtre n'a donc aucune part dans cet échec. Qu'importe au reste si la mission de culture populaire est manquée, dès lors que bourgeois et étudiants apprécient ce théâtre à prix réduit. L'explication est tout de même un peu courte !

Dire que le peuple ne peut apprécier le théâtre est faux. Il n'est que de voir le succès constant (entre 20 et 25 % d'écoute) de *Au théâtre ce soir* à la télévision. Il s'agit le plus souvent de vaudevilles vidés de tout contenu, c'est vrai. Mais il s'agit surtout d'un théâtre conventionnel extraordinairement facile à suivre. Le grand public en possède tous les codes. Les situations sont prévisibles, les effets téléphonés. Le spectateur marche. Il marcherait tout aussi bien à des œuvres plus riches de contenu si elles présentaient cette même commodité d'écoute.

S'agissant de théâtre populaire, on pense inévitablement au grand T.N.P. de Jean Vilar. Le triomphe du genre. Il est vrai qu'un public nouveau se pressait à ces représentations. S'il y avait moins d'ouvriers qu'on ne le disait, il y en avait assurément plus qu'on n'en vit jamais dans une salle de théâtre. Comment s'explique une telle réussite, pourquoi fut-elle unique et sans lendemain ?

Il suffit de se remémorer les grandes soirées d'Avignon et de Chaillot pour comprendre l'enthousiasme du public populaire. Le spectacle n'était pas seulement superbe, il était surtout d'une extraordinaire lisibilité. Ce n'est pas par hasard que Vilar bannissait le terme de « mise en scène ». Il refusait à la dramaturgie une existence propre et parasitaire, il ne lui reconnaissait qu'un rôle : servir le public et l'auteur. Ainsi la représentation, loin de disperser l'attention, aidait à la compréhension ; loin de chercher des prolongements déroutants, elle mettait en lumière la logique du drame. Ce théâtre-là était populaire dans sa recherche d'une plus grande accessibilité.

Mais, à cette entreprise, il manqua toujours l'essentiel : un répertoire. Vilar joua des classiques, des auteurs étrangers. La seule création d'une œuvre française contemporaine fut, à ma connaissance, celle de *Nucléa* de Pichette. De l'antithéâtre populaire par excellence. Le T.N.P. n'avait pas le répertoire vivant de notre temps et de notre société. Il fallait *le Malade imaginaire, le Bourgeois gentilhomme, le Mariage de Figaro, Knock, Topaze,* voire *Arturo Ui,* mais version française 1960. A l'époque, il y avait certes des auteurs français : Marcel Achard, André Roussin ou Jean Anouilh d'un côté, Samuel Beckett, Arthur Adamov, Jacques Audiberti de l'autre. De véritables auteurs de théâtre populaire dans la lignée de Molière, Beaumarchais, Pagnol ou Jules Romains, il n'y en avait point. Cette carence de la création condamnait à terme toute l'entreprise.

Après Vilar, nos animateurs voudront de plus en plus se livrer à des recherches théâtrales, trouver des formes originales, plutôt que satisfaire ce fameux public populaire. Irrésistiblement, l'élite cède à sa pente naturelle. On fait de la culture pour soi, entre soi, on cherche l'approbation des étudiants, mais on oublie l'obligation première, absolue : séduire le public populaire. Ici non plus, on n'aime pas marcher à l'indice d'écoute. On préfère miser sur « la qualité »... et décréter que, toute réflexion faite, le théâtre n'est sans doute pas un art de masse.

Le plus triste dans cette histoire, c'est que le grand maître, Molière, avait tout dit, tout fait et tout montré, il y a trois siècles. Ses héritiers n'auraient qu'à suivre sa voie pour retrouver le peuple. Lorsque Molière arrive à Paris, c'est le théâtre précieux, raffiné, qui triomphe pour la délectation d'une petite élite. Le peuple, lui, trouve son *Au théâtre ce soir* dans la grosse farce qui se joue sur les tréteaux. Et le mépris que ce genre inspire aux gens raffinés n'a d'égal que celui manifesté aujourd'hui par ces mêmes gens vis-à-vis des comédies de boulevard. Molière domine parfaitement le théâtre élitaire. Il le prouvera avec *Don Juan* ou *Psyché, la Princesse d'Élide...* Pourtant, il va s'engager résolument dans le spectacle populaire. Il emprunte à la Commedia dell'arte, à la farce leurs grosses blagues, leurs bastonnades, leurs coups de pied au cul et leurs gags connus de tous. Il s'empare de ce pur divertissement et il en fait des comédies de mœurs. Au grand scandale des précieux.

Molière est un passionné de l' « indice d'écoute ». Tous les soirs, nous dit Lagrange, il s'enquiert du montant de la recette et les applaudissements du parterre lui sont plus précieux que les compliments des beaux esprits. A nos animateurs et dramaturges qui se refusent « à faire des concessions » et prétendent poursuivre leurs recherches selon leur goût et celui de leurs pairs, sans doute aurait-il répondu : « Je voudrais bien savoir si la grande règle de toutes les règles n'est pas de plaire et si une pièce de théâtre qui a attrapé son but n'a pas suivi un bon chemin [1]. »

Il est clair que, pour Molière, la volonté de plaire concerne la forme, et non le fond. Il ne renoncera pas à brocarder les dévots ou les médecins pour assurer le succès de ses pièces. Dans le contenu de son message, il ne craint pas l'impopularité. C'est dans les techniques de communication, c'est-à-dire les moyens propres à capter l'attention, à susciter le plaisir d'un public populaire, qu'il ménage des concessions. Et tandis que les esthètes font les dédaigneux, que même son ami Boileau lui reproche ces facilités, il sait bien, lui, qu'il choisit la porte étroite, la voie difficile : « Je trouve qu'il est bien plus aisé de se guinder sur de grands sentiments, de braver en vers la Fortune, accuser les destins et dire des injures aux dieux, que d'entrer comme il faut dans le ridicule des hommes, et de rendre agréablement sur le théâtre les défauts de tout le monde... En un mot, dans les pièces sérieuses, il suffit, pour n'être point blâmé, de dire des choses qui soient de bon sens et bien écrites ; mais ce n'est pas assez pour les autres, il y faut plaisanter ; et c'est une étrange entreprise que celle de faire rire les honnêtes gens. »

L'idéal de Molière est donc le divertissement intelligent : ce pourrait être une première définition de la culture populaire, pour autant que les gens à divertir appartiennent bien à notre « France de Guy Lux ». Au reste, le parterre de Molière était-il si différent de notre « grand public » ? Aujourd'hui, nous nous représentons le théâtre forain du XVIIe siècle comme un aimable divertissement du genre *Arlequin serviteur de deux maîtres*, joué par le Piccolo Teatro. En réalité, il s'agissait d'une grosse rigolade, stupide et paillarde, avec Pantalon précédé de son énorme phallus en érection, les comédiennes qui se faisaient trousser pour le plus grand plaisir des voyeurs, etc. Les gens cultivés avaient bien des raisons de ne pas priser un tel divertissement. Mais le petit peuple des villes, lui, était là, tout comme il est aujourd'hui attentif aux romances de Tino Rossi, aux opérettes du Châtelet et aux comédies de Jean de

1. *La Critique de « l'École des femmes ».*

Létraz. C'est là que Molière est allé le prendre. Au plus grand risque de sa gloire.

Trois siècles ont passé. Les précieux sont toujours bien en vie. Molière, lui, n'a pas été remplacé. Il a même été, parfois, assassiné. Car nos gens de théâtre, condamnés à l'anticonformisme de commande pour plaire aux snobs, lui ont fait passer de bien mauvaises soirées. Que de fois n'ont-ils réussi ce miracle de rendre tristes ses comédies, à force de vouloir en offrir une « relecture » ! Oui, même Molière, assaisonné par un quelconque Roussillon, cesse d'être un auteur populaire ! De *l'Avare,* ils nous feraient un drame métaphysique et des *Fourberies de Scapin,* une grande fresque sociale. Et quand d'aventure l'un d'entre eux, comme Robert Hossein, réussit à séduire un vaste public populaire, il est assuré que la critique s'exclamera tout entière : « Ah ! fi, vous dis-je. »

Ainsi, notre élite considère toujours la culture sous l'angle du jeu artistique, non de la communication. Elle juge les œuvres en fonction du plaisir des initiés. Qu'ils soient un million, cent mille ou dix mille, peu importe. Rien n'est plus vulgaire que de blâmer l'ésotérisme ; quant à louer la lisibilité, on n'y pense même pas. La facilité est un défaut et non une vertu, c'est bien connu, et Marcel Pagnol ne sera jamais qu'un auteur pour dictées de cours élémentaire : l'accueil du plus large public, loin d'attirer la considération, éveille la suspicion.

C'est ce que l'on a bien vu avec la série télévisée *Holocauste.* Combien de critiques n'ai-je pas lues dans la presse, combien de gens n'ai-je pas entendu déclarer que ce n'était là que mauvais mélo et grosses ficelles, récupération hollywoodienne de l'horreur nazie, cathédrale de trucs et de toc pour faire pleurer tout à la fois Margot, Maggy, Thérésa, Edwige, Maria, Ingrid, Lucette, Diana et toutes les midinettes du monde.

En un certain sens, nos connaisseurs avaient raison. Le film de Marvin Chomsky n'était pas un chef-d'œuvre et sans doute pas même une œuvre d'art. Lorsqu'on m'opposait *Nuit et Brouillard,* je n'avais pas le front de contester la supériorité d'Alain Resnais sur le strict plan cinématographique. Il est vrai que, pour un professionnel, tout cela sentait la fabrication, l'utilisation de recettes éprouvées, le recours à de véritables réflexes conditionnés du spectateur. *Holocauste* n'a rien apporté au septième art, c'est indiscutable.

Pourtant, je maintiens que nos censeurs se trompaient lourdement. Ils confondaient art cinématographique et communication de masse. *Holocauste* relève du second genre, pas du premier. L'ambition des auteurs n'était pas de rivaliser avec les trésors des cinémathèques, mais de faire découvrir une réalité historique à des millions de gens qui l'ignoraient ou l'avaient oubliée.

Un tel objectif me paraît culturel, au sens le plus fort. Pour l'atteindre, il fallait se maintenir à un niveau convenable de qualité et de vérité, et, surtout, gagner des dizaines de millions de téléspectateurs. Là était la grande difficulté, le défi. La réalisation d'une très bonne émission faisant 8 ou 10 % d'écoute est extrêmement facile. L'audience d'*Holocauste* fut six fois supérieure. A 23 heures, le débat prolongeant le film aux *Dossiers de l'Écran* était encore suivi par douze millions de Français.

Or c'est là le premier résultat à considérer. Sur de telles productions, la critique ne doit porter qu'un seul jugement : « Est-ce une œuvre " déshonorante " ou simplement moyenne ? » Dès lors que cet « examen de passage » est réussi, que le film n'est pas rejeté pour indignité, c'est le succès populaire qui devient le critère de jugement. J'eusse préféré pour ma part qu'*Holocauste* fût, en prime, un très grand film, qu'il me fît éprouver de rares émotions. Ce ne fut pas le cas. Mais, au choix, il valait mieux décevoir les cinéphiles et intéresser le peuple ! J'attends encore qu'on me présente une émission de plus grande qualité, sur un tel sujet, susceptible d'atteindre un aussi vaste public.

Je ne prétends pas que nos maîtres censeurs — je regroupe sous cette expression tous ceux qui font l'opinion, pas seulement les critiques professionnels — soient des snobs ou des sots qui louangent aveuglément toute œuvre réservée à l'élite. Ils s'efforcent de distinguer la pépite du caillou et l'authentique du trafiqué avec un discernement qui doit valoir celui des autres époques. Ni meilleur ni pire. Leur aveuglement porte sur la culture populaire proprement dite : celle dont ils parlent toujours et qu'ils ne reconnaissent jamais. Car la recherche d'une communication de masse à travers le roman narratif, la comédie facile, la peinture figurative, la musique mélodique, le film de construction classique réduit à peu de chose votre chance d'être distingué.

L'ignorance manifestée vis-à-vis de ces productions se teinte de condescendance, sinon de mépris. « Ils font des concessions... », c'est tout dire.

Comment vont s'orienter les aspirants créateurs dans un tel contexte sociologique ? Je ne parle pas des monstres sacrés qui, d'une même voix, parlent au peuple et à l'élite : je pense ici à tous les artisans de la culture et de la communication qui possèdent un métier, voire du talent, à ceux qui produiront effectivement la grande masse des messages culturels. Notre société leur propose un premier objectif : la considération. Il s'agit d'être reconnu par les professionnels, salué par la critique, adopté par le petit public des initiés. Cela n'assure pas une existence très confortable, mais les satisfactions morales compensent ces frustrations matérielles. Notre créateur est accueilli dans les milieux intellectuels, il rejoindra divers aréopages : jurys, clubs, commissions ; il s'exprimera occasionnellement dans les media, ses œuvres seront commentées par la critique : bref, il existera et pourra toujours se consoler de ses échecs en se disant incompris. En un monde où la considération tient à l'estime de quelques-uns et non du plus grand nombre, ce souci de plaire aux gens cultivés devient la seule préoccupation — et la principale occupation.

S'il cherche son public dans le peuple, notre auteur devra renoncer à cette gratification élitaire. Les plus grands triomphes n'y changeront rien, bien au contraire. Il ne sera que trop heureux s'il peut être classé parmi les « auteurs faciles » et non les « marchands de soupe ». Le succès n'étant nullement assuré dans un genre qui n'est guère développé en France, il se retrouvera « cadre moyen de la culture populaire », écrivant des romans à moyen tirage, des scénarios pour la télévision, des musiques de chansons, peignant peut-être des tableaux pour galeries de province, n'ayant réussi ni matériellement ni moralement et ne pouvant imputer son peu de succès à la méconnaissance de son génie. Situation bien déprimante, on en conviendra.

Dès lors, ceux qui choisissent de s'adresser au peuple plutôt qu'à l'élite le feront dans un but bien déterminé : le fric. L'indice d'écoute donne directement sur le tiroir-caisse. Il ne s'agit plus là de culture, à peine de communication, simplement de commerce.

Tant qu'à prendre ce parti, mieux vaut le jouer sans retenue. L'argent devient la seule justification de la communication : *Message is money*. Le grand public n'étant spontanément demandeur de rien, sinon de distraction, on ne s'embarrassera pas de contenu. C'est ici le fond que l'on concède, et pas seulement la forme. Même le divertissement gratuit paraît encore trop difficile, trop incertain : on le pimentera, selon les cas, de violence, de sadisme, de voyeurisme, de sentimentalisme. Tous les appâts sont bons qui permettent de piéger le chaland. Une seule règle, toujours la même : on passe plus facilement par le bas que par le haut.

Ainsi la société française, réservant la considération aux uns, l'argent aux autres, n'aurait pratiquement rien à offrir à ceux qui s'engageraient résolument dans la communication culturelle de masse. La seule gratification que pourrait apporter le service du peuple, ce serait la satisfaction toute personnelle du devoir accompli. Maigre récompense pour un si grand risque.

Il existe pourtant certains secteurs de véritable culture populaire, notamment dans la chanson. Au cours des trente dernières années, on a vu se développer, dans ce genre qui paraissait condamné à la mièvrerie ou à la vulgarité, un courant prodigieusement fécond de création artistique. Trénet, Brassens, Brel, Béart, Ferré, Ferrat, Barbara et tant d'autres ont proposé un répertoire d'une richesse et d'une qualité exceptionnelles. Or ces créateurs ont été suivis par le public populaire.

Ce succès prouve au moins deux choses. Tout d'abord, que le peuple ne refuse pas systématiquement la véritable culture, bien au contraire : il sait l'apprécier pour peu qu'elle lui soit accessible. Ensuite, que le système capitaliste, toujours dénoncé comme l'ennemi de la culture populaire, favorise la diffusion de telles œuvres. Dès lors qu'un auteur est capable de séduire un vaste public, il trouve toujours un financier pour le soutenir. Non par philanthropie, mais par intérêt commercial, tout simplement. Lorsque des scénaristes, des romanciers, des poètes, des dramaturges, des peintres ou des compositeurs proposent des œuvres véritablement populaires, ils attirent très naturellement les producteurs, marchands, éditeurs et autres entrepreneurs de la culture. Dans la plupart des cas, c'est donc bien une carence de la création, et non de l'organisation sociale, qui tarit à la source toute véritable culture populaire.

Tel est le cas de la musique. Une enquête du C.E.O. datant de 1979 montre que, pour le public non initié, tout ce qui a été composé après *le Sacre du printemps* est pratiquement incompréhensible, « inécoutable ». C'est de la « recherche » plus que de la musique. De fait, tous les compositeurs français contemporains écrivent dans un langage musical nouveau qui exige une longue initiation. Le grand public, lui, peut apprécier la musique d'un Mikis Théodorakis, d'un Maurice Jarre. Mais que peut-il comprendre aux recherches actuelles ?

Pour réaliser toute l'absurdité de la situation, transposons-la au monde de la chanson. Supposons que le public populaire se trouve dérouté par tout ce qui fut composé depuis 1913. Inconcevable, n'est-ce pas ? Pourtant, on trouve naturel qu'aucun compositeur français contemporain ne puisse se faire entendre du peuple. Le seule musique accessible se trouve être celle du passé. Là encore, qui oserait soutenir qu'un public sensible à Mozart, Beethoven, Rossini ou Bizet n'a aucun goût musical ?

La même situation se retrouve en poésie où l'hermétisme s'est définitivement imposé. Les derniers poèmes accessibles furent écrits par la génération des Prévert, Aragon, Éluard. Depuis lors, la communication n'a plus lieu qu'à l'intérieur des sectes.

Il en va de même pour la peinture, que Malraux voulait identifier à l'art non figuratif et qui, désormais, se perd dans des recherches déconcertantes pour l'œil non préparé. A celui qui n'a jamais regardé de tableaux, il faudra longtemps montrer des œuvres du passé avant de l'initier à celles du présent.

Pour une petite minorité de privilégiés, dont je fais sans doute partie, cette situation ne présente aucun inconvénient. Je me satisfais fort bien d'une production culturelle qui m'offre *En attendant Godot, Hiroshima mon amour* et autres chefs-d'œuvre, difficiles, certes, mais appelés à devenir de grands classiques. Il n'est pas question de culpabiliser et de renier ces plaisirs.

Mais n'est-il pas inouï que, pour le peuple, la culture s'identifie désormais à un héritage ? Une chose morte ? Que le Français de 1980 ne communique plus qu'avec les créateurs des siècles précédents, et non avec ceux de son époque ? Et le plus invraisemblable de tout n'est-il pas que cette situation paraisse naturelle ?

L'élitisme forcené de la culture contemporaine se répercute directement sur la télévision. Dans les festivals internationaux où les différentes télévisions présentent leurs meilleures productions, les émissions françaises font généralement bonne figure. Mais elles sont toujours inspirées du passé, soit qu'elles mettent en scène une œuvre classique, soit qu'elles aient trait à une autre époque. Fouillez dans vos souvenirs de téléspectateurs et cherchez les grandes réalisations originales d'un auteur contemporain sur le monde actuel. Il n'est pas besoin des deux mains pour les compter. Quand elle veut être populaire, la télévision française se trouve condamnée à conjuguer au passé.

Il est pourtant nécessaire que la culture évolue constamment à travers des formes nouvelles et des thèmes inédits, et il est bon que la société l'y encourage. A ce jeu, les créateurs sont toujours en avance sur le public et l'œuvre jugée « scandaleuse » ou « incompréhensible », lors de sa création, devient pour les générations suivantes un classique, accessible à tous, parfois même aux enfants. Mais il n'est pas admissible que cette dynamique culturelle conduise à l'exculturation populaire. Or cette situation se crée inévitablement lorsque c'est l'élite tout entière qui s'engage dans cette voie, lorsqu'on oublie les exigences d'une communication populaire contemporaine. Voilà où nous en sommes. La « France de Guy Lux » tend à devenir une *terra incognita,* un peuple barbare avec lequel il n'est plus de langage commun. C'est le triomphe du système E.P.M., masqué par les discours rituels sur « le peuple », « la démocratie » et « la révolution ». « France, terre culturelle de mission », diagnostique Jacques Rigaud. « Où sont les missionnaires ? » serait-on tenté d'ajouter...

Il s'en trouve pour combattre cette exclusion populaire, mais les remèdes proposés sont rarement à la mesure du mal. Le plus souvent, ces bons apôtres veulent croire qu'avec un « langage simple », un « spectacle distrayant », des « discours accessibles », un « rien de bonne volonté », on fera accourir les fidèles au sermon. Hélas ! les choses ne sont pas aussi simples.

Le public populaire façonné par la télévision est devenu très exigeant sur la forme, sinon sur le fond, et ne pardonne plus les maladresses ou l'amateurisme. Il veut que les chanteurs aient de belles voix[1], que les histoires aient du rythme, que les effets comiques soient réussis, que les mises en scène soient plaisantes : bref, que le divertissement soit de qualité. C'est la condition indispensable pour le retenir. En aucun cas les qualités artistiques ou intellectuelles ne peuvent suppléer les insuffisances de la réalisation. Pour fidéliser le grand public, il faut d'abord s'imposer par la maîtrise des techniques d'expression. C'est ce que les Soviétiques et les Américains ont très bien compris — et ce à quoi ils sont parvenus par des voies entièrement différentes.

Les dirigeants soviétiques, qui bloquent toute créativité intellectuelle, ont mis l'accent sur les formes culturelles dont la portée

---

1. Ce qui n'est pas le cas dans les émissions de variétés actuelles. Sans doute est-ce une des raisons de la relative insatisfaction qui apparaît dans les sondages. Voir chap. XI.

idéologique est faible : danse, musique, cirque, chant. Pour plus de sécurité, ils favorisent le conservatisme artistique en privilégiant folklore et œuvres classiques. De ce fait, ils ne font appel qu'à des modes d'expression parfaitement accessibles au peuple et refusent pratiquement tous les acquis de l'art moderne, si déroutants pour les non-initiés. En revanche, ils ne transigent jamais sur la qualité technique des réalisations. Tout est toujours parfait. C'est de l'hyperprofessionnalisme. Certes, il manquera toujours à cette production l'étincelle de la création, la liberté de la recherche, l'impertinence de la critique. Mais au moins le peuple soviétique se voit-il proposer des œuvres de qualité, qu'il apprécie.

Les Américains maintiennent de même le contact avec le public populaire. Pour des raisons qui ne sont plus politiques, mais commerciales. Leur mode d'expression, c'est l'audiovisuel : le cinéma, essentiellement. Leur suprématie mondiale, leur succès universel auprès du public s'expliquent, là encore, par leur parfaite maîtrise des techniques.

Il existe en Californie des centaines de professionnels, qui sont plus des producteurs que des créateurs et qui fabriquent, à la demande, n'importe quoi : un scénario de vingt-sept minutes, avec une jeune Noire en second rôle sympathique, une poursuite automobile avant le troisième volet publicitaire, une ambiance Nouvelle-Orléans 1930 et un politicien corrompu : dans les deux mois, le produit sera livré. Conforme à la commande. Il sera alors retravaillé par d'autres professionnels : dialoguistes, « gagmen », réalisateurs, décorateurs. Puis les équipes techniques prendront le relais et le tourneront dans toutes les règles de l'art. A l'arrivée, le scénario aura donné naissance à un film parfaitement adapté aux désirs du public et capable de plaire de Dublin à Tokyo, d'Helsinki à Abidjan. De la conception à la promotion, tout aura été fait par des maîtres de la communication.

Aujourd'hui, la grande usine américaine tourne dans le vide. Elle fabrique du divertissement pur, de l'action pour l'action, de l'émotion pour l'émotion. Ses produits ne sont plus que des supports de publicité. Parfois, rarement, sa technique est mise au service d'un véritable message : cela donne *Holocauste*. On se prend à rêver — ou à frémir — en pensant à l'efficacité du support cinématographique : que se passerait-il si les Américains, avec un tel savoir-faire, voulaient atteindre des objectifs moins « innocents » que la seule rentabilité commerciale ?

En France, l'ambition culturelle et l'aptitude à communiquer sont bien souvent inversement proportionnelles. Les auteurs qui essaient de « faire passer un message » font preuve d'une maladresse proche de l'amateurisme. Ils répugnent à utiliser des techniques qu'au reste ils possèdent mal. Ils ne disposent pas d'équipes professionnelles tout entières orientées vers le public. On en arrive ainsi à ce paradoxe : les seuls dramaturges capables d'intéresser le peuple sont les vaudevillistes, qui ne mettent en scène que la bourgeoisie. Aussitôt qu'un auteur veut peindre la réalité sociale, il se coupe du public populaire. Comble d'absurdité : une élite culturelle qui ne parle que du peuple, sans savoir lui parler, et un monde du « show-biz » qui s'en moque, sans cesser de s'en faire entendre. Ah, que la culture populaire serait belle si les masses n'étaient si décevantes !

A l'extrême limite, on en vient à jeter le manche après la cognée. Totalement inaptes à la communication de masse, les « culturateurs » condamnent le professionnalisme et prétendent « donner la parole à la base » : la population elle-même, dans ses profondeurs, va créer sa propre culture. Intellectuels et bourgeois s'abstenir. Tout au plus pourra-t-on admettre des « conseillers » ou des « animateurs », qui cacheront leur — éventuelle — compétence comme une tare honteuse. Et l'ineffable Jean-Luc Godard se lance dans des expériences de cinéma révolutionnaire au moment où la foule se précipite pour aller voir de Funès.

On ne sortira du système E.P.M. ni en s'abandonnant aux commerçants, ni en misant sur la « création spontanée de la base ». Car la production de biens culturels nécessite aujourd'hui un savoir-faire professionnel, dans la même mesure que celle des biens matériels. Il est aussi stupide de vouloir faire écrire des livres ou tourner des films par des ouvriers que de vouloir faire construire les automobiles et élever les vaches par des universitaires. La même exigence de technicité s'impose ici et là, entraînant le même besoin de compétence, la même division du travail.

Il est indispensable de permettre à tous de créer, de s'exprimer. Mais cette auto-production, cette prise de parole au sein de communautés limitées — villes, associations, entreprises, radios et télés locales — n'a rien à voir avec l'indispensable production culturelle de masse. Il ne faut pas tout confondre : le public populaire aura toujours envie de spectacles, de livres, de chansons, de musique, de journaux dépassant la production d'amateurs. Quelque développement que l'on puisse entrevoir pour la « production à la base » de manifestations culturelles, celle-ci ne représentera jamais qu'une part minoritaire de la culture. Si, comme le rêvèrent un temps nos maoïstes, cette part devenait prépondérante dans la production nationale, les Français iraient chercher dans les œuvres étrangères, essentiellement américaines, ce qu'ils ne trouveraient plus chez eux.

Pour l'essentiel, le peuple consomme donc des œuvres produites par d'autres. Quels que soient son niveau de revenus, son style de vie, un journaliste, un écrivain, un peintre, un cinéaste, un chanteur n'est pas un homme du peuple. Il ne vit pas réellement dans le même environnement culturel que l'ouvrier, la concierge, l'agriculteur ou l'agent de police. Il ne suffit pas de « bouffer de la vache enragée » pour s'identifier à ceux qui ont quitté l'école après de vagues études primaires et qui, depuis lors, travaillent au bureau ou en usine huit heures par jour. La culture populaire n'est pas faite par ceux qui la consomment et toute affirmation contraire repose sur une imposture. Il est aussi odieux d'entendre une personne cultivée se dire sans culture, que de voir un riche jouer les pauvres.

Quel sera donc le rôle du peuple dans cette culture populaire qui lui est destinée mais qu'il ne produit pas ? Il sera de refuser. C'est peu et c'est déjà beaucoup. Il n'est pas de communication de masse qui ne soit constamment sanctionnée par l'approbation des masses. Toute tentative pour couper ces circuits de retour par lesquels le public peut faire connaître son avis traduit une volonté des créateurs d'échapper au contrôle populaire, de repasser subrepticement de la communication populaire à la communication élitaire.

Le peuple peut refuser, mais il ne peut pas proposer. Les smicards, les retraités, les employés peuvent dire ce qu'ils n'aiment pas, mais comment pourraient-ils dire ce qu'ils aimeraient ? Cela supposerait qu'ils aient une certaine vision des œuvres potentielles, donc qu'ils soient dans la culture et non en dehors. Des millions de Français qui aimaient les romances de Tino Rossi, de Luis Mariano, ne pouvaient pas savoir qu'ils aimeraient aussi les chansons de Jacques Brel ou de Georges Brassens avant de les avoir entendues. Ce sont les créateurs et eux seuls qui contrôlent la source. Les spectateurs de *Au théâtre ce soir* ignorent que des comédies légères, tout aussi plaisantes, pourraient leur offrir un contenu plus enrichissant. Nul sondage ne révélera de nouveaux désirs. Seul le public cultivé peut apporter, à ce stade, une contribution positive. La France hors culture n'est, par définition, demanderesse d'aucun bien culturel.

C'est donc la responsabilité de l'élite culturelle de créer des œuvres destinées au peuple. Si un animateur théâtral va demander à son « non-public » : « Quelles pièces dois-je monter ? » il recueillera sans doute un très fort pourcentage de « sans opinion » et beaucoup de demandes pour le vaudeville dans la ligne de *Au théâtre ce soir*. Rien n'est plus naturel. Il lui appartient, à lui, de définir ses programmes.

Dans le climat général de mensonge et d'hypocrisie qui règne en France, ces affirmations de bon sens ont vite fait d'être taxées d'élitisme par ceux-là mêmes qui n'ont jamais pu toucher le public populaire. C'est que cette absence d'initiative, pour ne pas dire de créativité populaire, paraît choquante. Comme il serait préférable que les ouvriers soient capables de choisir les livres de leur bibliothèque, les programmes de leurs concerts, les thèmes de leurs activités ! Mais il s'agit là d'un idéal à atteindre, non d'une réalité sur laquelle s'appuyer. Ce n'est pas du jour au lendemain, par simple proclamation, que l'on effacera des décennies d'exculturation.

Le poids du verdict populaire est très lourd à supporter dès lors qu'il est souverain. Rien n'est plus déroutant, plus décevant, plus désespérant que ces « bides » dont on ne comprend pas la raison, qui paraissent injustes et que, pourtant, on ne peut récuser. Mais le pouvoir du public est bel et bien créateur, contrairement aux apparences. Créer en refusant, cela paraît absurde, et pourtant... N'est-ce pas ainsi que la nature a procédé pour réaliser ses plus extraordinaires aboutissements : la vie et l'homme ? Elle ne portait en elle qu'un potentiel diffus d'organisation qui ne conduisait à rien de précis. Lorsqu'on en voit aujourd'hui les résultats, on a le sentiment que ceux-ci n'ont pu être atteints sans un projet initial, obstinément poursuivi. Mais on sait qu'en réalité l'environnement n'a fait qu'éliminer. C'est en sélectionnant ce qui convenait dans cette profusion de potentialités que la nature est parvenue à ce miracle de cohérence, la biosphère.

Ainsi, face à une création de culture populaire suffisamment riche, un travail de sélection ferait véritablement émerger un style et un flux culturels vivants. Mais cela ne peut se faire qu'à deux conditions. D'une part, le choix offert doit être assez large et, toujours, d'une qualité suffisante ; d'autre part, la rétroaction du peuple sur les créateurs doit toujours être effective. Alors, au fil des années, la « France de Guy Lux » découvrirait ce qu'elle aime et accéderait véritablement à la culture.

Quelle révolution pour l'élite culturelle française !

Disons-le bien franchement : la rupture est telle, l'hypocrisie si générale, qu'on imagine mal un rétablissement du circuit par les canaux traditionnels. Nous avons vu l'échec du théâtre, il en va de même pour la musique ou le cinéma. L'incompréhension triomphe partout et la situation est d'autant plus bloquée qu'elle est soigneusement camouflée. Si la culture populaire était une idée neuve, on pourrait nourrir tous les espoirs. Hélas, on n'en a jamais autant parlé qu'au cours de ces trente dernières années. C'est bien cela qui paraît inquiétant. « Au nom du peuple »... Quelle belle invocation pour inaugurer un mensonge !

Tout cela est certes bien fâcheux. Heureusement, nous avons la télévision ! C'est elle, tout naturellement, qui va combler ce vide entre les deux France, jeter un pont sur cet abîme d'incommunication. Nous retrouvons ici le schéma de l'illusion technique. Une société incapable de résoudre ses carences socio-culturelles mise sur des machines pour la sortir d'embarras. Car il va de soi, comme l'indiquent les « mensonges » précédemment dénoncés, que ce recours à la technique nous dispensera de toute remise en cause politique. La magie de l'image permettra de rétablir la communication sociale sans qu'il soit nécessaire de susciter une authentique culture populaire. L'enseignement continuera à détourner les jeunes des activités culturelles, les musiciens continueront à ne pas produire une seule œuvre populaire, les cinéastes à ne tourner que d'ennuyeux films d'amateurs, les politiciens à ne faire que battre la campagne électorale et les universitaires à noyer dans leur jargon les idées qu'il faudrait semer au vent : la communication passera du seul fait que les messages seront véhiculés par l'onde télévisuelle...

Si grande est la puissance de la télévision qu'elle permettra de *cultiver le peuple en l'absence de toute culture populaire,* en lui imposant directement la culture bourgeoise. Ah ! la belle machine que voilà... pour peu qu'on ne vienne pas en perturber le fonctionnement avec ces absurdes systèmes de contrôle. Comment appelez-vous ça ? Des sondages... Dieu, quelle expression vulgaire !

CHAPITRE V

L'ÉCRAN MAGIQUE

Au bazar de la culture, la citation se porte toujours bien. Pendeloque de beaux et bons mots qu'une illustre signature cautionne, elle s'épingle au discours lorsque la pensée faiblit ou que le style se relâche. Pour en faciliter l'usage, des compilateurs à la méticulosité bénédictine les ont rassemblées dans de gros dictionnaires. Comme dans le *Catalogue des Trois Suisses* vous pourrez même choisir le modèle : La Rochefoucauld, Montaigne, pour conversations autour d'une tasse de thé ; Victor Hugo, Molière, Camus, pour discours académiques ; Chamfort, Jules Renard, Alphonse Allais, pour distraire l'assistance... Utilisée à bon escient, la citation rare assure toujours un succès d'estime. A l'opposé se trouve la citation-réflexe : formules devenues des expressions courantes. « Jusqu'où on peut aller trop loin », « Nous autres civilisations savons que nous sommes mortelles », « La paix c'est la continuation de la guerre par d'autres moyens », « Une tête bien faite plutôt que bien pleine », « Le plus mauvais des systèmes excepté tous les autres », etc. N'allez surtout pas citer Cocteau, Valéry, Clausewitz, Churchill ou Montaigne lorsque vous utilisez ces best-sellers de la pensée en conserve. Votre interlocuteur en connaît aussi bien que vous les auteurs. Vous ne citez que pour mémoire, pour éviter de dire autrement ce que d'autres ont dit de façon parfaite.

Le premier usage de la citation n'est qu'innocente préciosité. Dire : « Je soutiendrais mal ce que je ne crois pas », comme dit Pyrrhus à Hermione, plutôt que : « Je ne vous contredirai pas sur ce point car je suis assez d'accord avec vous », n'a jamais fait de mal à personne. La seconde utilisation, en revanche, me semble dangereuse, car ces aphorismes ne sont pas seulement de bon sens ou vides de sens. Certains sont le point de départ, ou d'arrivée, de tout un raisonnement, voire de toute une doctrine. Or, cette frappe en devises de médailles, expression-compression, fabrique des pensées-pilules que nos contemporains avalent sans même s'en rendre compte et qui diffusent dans le cerveau avec la secrète efficacité d'une drogue. Voyez « l'exploitation de l'homme par l'homme », « l'enfer c'est les autres », « la raison du plus fort est toujours la meilleure », « si tu veux la paix prépare la guerre », etc. Une formulation heureuse transforme en certitudes des propositions discutables. Lorsque nos intellectuels nous serinent après Lénine que « la vérité est toujours révolutionnaire », ils pensent assener une évidence. C'est, en réalité, un postulat indémontré qui servira de soubassement à toute une cathédrale idéologique. Mais l'art de la formule a fait de l'affirmation gratuite une sorte de fait expérimental. Dangereux pouvoir des mots, des jeux de mots.

Tout ce détour pour en venir à l'inévitable Marshall. McLuhan, bien sûr. Il a dit, ce monsieur, *Medium is message,* et chacun va répétant *Medium is message.* Comme *the joke* commençait à s'user, il a encore dit *Medium is massage* et chacun va répétant : *Medium is massage.* Que signifient au juste ces formules sibyllines ? Peu nombreux sont ceux qui se perdirent dans *la Galaxie Gutenberg* ou *Pour comprendre les media* afin d'en saisir les subtilités. Plus rares encore sont les gnostiques qui surent percer à jour la pensée du maître. Il serait assez plaisant d'infliger ce sujet de dissertation à nos médiatologues. Le résultat serait confondant. Qu'importe ! Chacun entend l'aphorisme à sa façon et McLuhan lui-même semble avoir une dizaine d'interprétations en réserve.

Le dénominateur commun de ces variations sur *Medium is message* est que *la télévision est magique :* elle permet de pénétrer directement dans le cerveau des téléspectateurs et d'y imprimer les informations que l'on veut. Notez bien que c'est la télévision, indépendamment du message, qui possède ce pouvoir. Face à un rayonnement télévisuel assez mystérieux, l'opinion deviendrait une sorte de pâte totalement malléable. Ainsi le maître de l'émetteur posséderait-il une puissance souveraine sur les esclaves des récepteurs. Il dicterait leurs pensées, manipulerait leurs comportements.

Cette conviction sous-tend les réactions face à l'outil télévisé. Politiciens, scientifiques, intellectuels, créateurs, technocrates sont persuadés que l'accès au petit écran suffit à subjuguer les foules, à violer les consciences, à se faire écouter, entendre, obéir : à dominer le monde. Le recours à la télévision est la condition nécessaire et suffisante du pouvoir suprême. On peut tout faire croire ou admettre dès lors qu'on le dit par image électronique interposée. La télévision, c'est l'arme absolue dans la société de communication.

De *Medium is message,* on passe tout naturellement à *More medium is more message.* Autrement dit, plus on regarde la télévision, plus on en subit l'influence. Il s'agit d'un effet purement physique et pas du tout informationnel, puisque n'importe quelle émission aura le même impact pour une durée donnée de passage à l'antenne. Exactement comme pour le bronzage sur les plages : une journée de soleil, on rosit légèrement ; une semaine, on vire à l'abricot ; un mois, on passe au café-crème. Il en ira de même ici. Dix minutes de propagande pour le parti Z, les « électeurs » commencent à s'intéresser ; vingt minutes, ils se grattent la tête ; une heure, ils reconsidèrent leurs positions ; deux heures : les voilà zétisés ! Le « Z » étant strictement n'importe quoi. Le seul paramètre significatif est le temps d'antenne. Ainsi, les bienfaisantes radiations de la tour Eiffel font croître et multiplier les voix comme les rayons du soleil les moissons.

Cette façon de voir est commune à toute la classe politique et, plus généralement, à l'élite politisée. Nos ministres sont persuadés que leur politique serait populaire s'ils pouvaient longuement l'expliquer à la télévision ou, plus simplement, si on les voyait plus souvent. M. Barre ne doute pas qu'une meilleure information télévisée imposerait à tous les Français l'évidente nécessité des sacrifices, et l'opposition se console éternellement de ses déboires électoraux en se disant qu'elle serait au pouvoir si elle s'était davantage montrée aux téléspectateurs.

C'est en période électorale que nos politiques deviennent « super-mcluhaniens ». Le jeu politique se réduit alors à un strict problème quantitatif. Le vainqueur est forcément celui qui aura disposé du plus long temps d'antenne. L'équité est affaire de durée, le sablier tient lieu de balance. Dans ces périodes, je regarde avec un sourire navré les « comptables de l'antenne » qui, chronomètre en main, relisent les journaux télévisés de la veille, minutant — et même « secondant » — le temps accordé à chaque parti. C'est réjouissant et déprimant. Faut-il tenir compte du titre qui, pendant six secondes, a mentionné l'U.D.F. ? Un commentaire sur des images muettes d'un meeting socialiste est-il égal à une citation de

Marchais à la tribune ? Et cela donne des pages et des pages pleines de colonnes et de chiffres ; dérisoire comptabilité qui doit, au total, prouver l'absolue neutralité des chaînes, l'égal accès de tous au pouvoir magique.

Au lendemain des élections européennes, TF 1 pouvait ouvrir ses comptes : liste Mitterrand, deux heures quarante et une minutes quarante et une secondes (on ne compte pas encore les dixièmes). Liste Simone Veil, deux heures vingt-sept minutes trente-huit secondes. Liste Georges Marchais, deux heures vingt-six minutes dix-huit secondes. Liste Jacques Chirac deux heures vingt-cinq minutes cinquante-deux secondes. Sur Antenne 2, au contraire, c'est la liste Chirac qui arrivait en tête, suivie par les listes Marchais, Mitterrand et Veil. Inutile de dire que ces chiffres furent contestés dès le lendemain. On ne voit pas pourquoi cette comptabilité-là serait au-dessus de toute discussion.

Lorsque nos hommes politiques affirment que la télévision fait le vote et que le sens de cette influence dépend du temps d'antenne, je doute un peu de leur sincérité. Ils savent, au fond d'eux-mêmes, qu'une certaine « qualité informationnelle » doit bien jouer aussi, mais il s'agit là d'une notion trop subtile pour passer dans le discours public. Ils s'en tiennent donc officiellement à cette position simpliste : « C'est pas juste, il a parlé cinq minutes de plus que moi. » Mais l'expérience prouve que les hommes politiques finissent toujours par se convaincre plus ou moins de ce qu'ils veulent faire croire à leurs électeurs. Il se pourrait bien que certains d'entre eux pensent sincèrement que le résultat des élections dépend des minutes injustement attribuées aux uns ou aux autres.

En quoi cette conviction est-elle, pour tout dire, absurde ? En ceci que, McLuhan ou pas, la télévision n'est pas du tout l'outil de communication que l'on croit. Premièrement, si l'un parle sans cesse à la télévision alors que l'autre en est complètement exclu, il est clair que la différence de temps d'antenne jouera sur le résultat final. Celui qui se trouve interdit de télévision est défavorisé par rapport à celui qui y passe. N'en disputons pas, c'est évident. Mais ça l'est tout autant pour la presse en général. Deuxièmement : il est souhaitable, juste et nécessaire que chaque formation dispose d'un temps d'expression conforme à sa représentativité. Il est grotesque qu'un quelconque Hallier prétende s'exprimer à l'égal d'un Georges Marchais, alors qu'il est légitime que les quatre grandes familles politiques françaises aient le même accès au petit écran. Tout manquement à cette règle est une faute et, s'il atteint des proportions excessives, devient un détournement de télévision.

Cela posé, la question est de savoir si l'impact politique de la télévision est bien proportionnel au temps d'antenne et indépendant du message. Je suis convaincu que cette assertion est fausse et l'on peut tout à la fois le prouver par les faits et l'expliquer par les mécanismes de la perception télévisée.

Avant de faire cette démonstration, il faut encore insister sur deux points. D'abord, sur l'extraordinaire crispation qu'engendre cette croyance : dès lors que la télévision est le lieu du pouvoir suprême, non pas celui qui permettrait de le conquérir mais celui qui le dispense, elle devient le centre de tous les affrontements politiques et se transforme en champ de bataille au lieu d'être un outil de communication. Ensuite, sur l'intérêt secret qui entretient cette idée fausse : ce n'est jamais innocemment que de telles erreurs se développent et s'incrustent. Si tout le monde s'accorde à proclamer que le roi est habillé, c'est que nul n'a intérêt à reconnaître sa nudité. Si notre élite nous rabâche, contre tout bon sens, que la télévision exerce un contrôle absolu sur les esprits, c'est que cette croyance arrange ses affaires. Et l'on peut avancer au moins trois raisons pour lesquelles elle tient à cette idée.

La première, c'est le dédain — je parle par litote — vis-à-vis des « masses ». A cet égard, il est pour le moins paradoxal que la gauche défende si fort cette théorie tout en soutenant que la « base » a toujours raison. Si, réellement, il suffit de quelques émissions télévisées pour faire croire n'importe quoi au bon peuple, il est urgent de repenser certaines idées généreuses sur la démocratie directe. Mais tous les gens de l'élite, majorité comme opposition, syndicats comme patrons, intellectuels comme technocrates, sont convaincus au fond d'eux-mêmes que la « France de Guy Lux » est incapable de discernement.

Certes, on impute cette malléabilité à la magie des ondes télévisuelles plutôt qu'à la faiblesse des esprits, mais ces mêmes personnes qui dénoncent l'emprise de l'ogre télévisuel sur le peuple ne mettent pas en doute leur propre capacité de résistance. Autrement dit, la télévision n'est dangereuse que pour les « masses », et non pour l'élite qui, de par sa qualité supérieure, n'en subit pas l'influence. J'ai souvent vu des interlocuteurs me parler en roulant les yeux du « pouvoir formidable que les gens de télévision exercent sur les Français », mais personne ne m'a jamais dit : « Je suis entièrement dominé par la télévision, je crois tout ce qu'on me montre, je fais tout ce qu'on me dit au petit écran. » La victime de la télé, c'est toujours l'autre. Et curieusement, l'autre en question, c'est toujours le peuple ; et celui qui parle appartient toujours à l'élite. Cette croyance crée donc une distance supplémentaire entre le haut et le bas de la société, les « télé-résistants » et les « télé-soumis ».

Deuxième raison : la défense des élites traditionnelles face à la concurrence que paraît ou pourrait exercer la nouvelle caste qui s'est formée autour de la télévision. C'est qu'ils paraissent terriblement redoutables, tous ces producteurs, réalisateurs, journalistes, commentateurs, présentateurs et autres puissances, visibles ou invisibles, de l'écran ! Dans le monde de la culture qui a tant de mal à faire parvenir ses messages, ils surgissent avec l'instrument miracle qui compte en millions un public que les autres ne comptent qu'en milliers ; ils débauchent par la fascination de l'image électronique les spectateurs, amateurs, lecteurs, auditeurs que l'on avait eu tant de mal à séduire avec les moyens traditionnels de la culture et de la communication. Toute la classe intellectuelle et politique se sent menacée par cette concurrence déloyale.

Heureusement, *Medium is message* peut se traduire par : « C'est la télévision qui a du talent, pas les hommes qui la font. » La horde inculte des gens de télévision ne doit son pouvoir politico-culturel qu'à un véritable coup de force électronique. La toute-puissance de l'outil disqualifie l'artisan, tout comme celle du robot déqualifie l'ouvrier. Les succès à la télévision s'expliqueront par la diffusion électronique, comme ceux de Brigitte Bardot, au cinéma, par son seul physique. Ceux qui les remportent ne peuvent s'en vanter, n'importe qui en aurait fait autant à leur place. Si grande que soit la renommée acquise par le petit écran, elle n'est jamais probante, ne donne jamais accès à l'élite intellectuelle.

Troisième raison, la plus banale, c'est l'alibi : dès lors que la télévision est toute-puissante, tout échec devient explicable et excusable. Régis Debray démontre ainsi que la langueur du théâtre est imputable au vampire télévisuel qui a aspiré le public d'abord, les auteurs ensuite (comme l'on sait, les auteurs de qualité se bousculent dans les couloirs de la télévision !). Ne restent que des animateurs pleins de talent, mais qui ont été traîtreusement dépossédés de dramaturges et de spectateurs. La démonstration est forcément satisfaisante, puisqu'elle vaut disculpation.

De même, chaque soir de scrutin, les commentaires, non pas des

« battus » car il n'y en a pas dans la vie politique française, mais des « moins vainqueurs », incriminent le pouvoir irrésistible de l'arme télévisuelle utilisée par les gagnants. Qui n'a pas vu Michel Debré chanter cet air au soir du 10 juin 1979 a manqué un bon moment de la vie politique française. Ainsi, *Medium is message* permet toujours de dire : « Nous sommes les meilleurs, mais l'écran magique a faussé la bataille. » En d'autres temps, on invoquait les puissances extérieures, les forces occultes... Désormais, avec la télévision-arme-absolue, on possède l'excuse universelle et absolutoire.

N'est-il pas significatif que cette idée fausse ait pu résister à toutes les démonstrations du contraire ? Car ce n'est pas d'hier que l'on s'est interrogé sur l'influence des media électroniques. La première grande étude du genre, la plus célèbre, remonte à 1939. C'est le fameux *Viol des foules par la propagande politique*, de Serge Tchakotine. Le « cas » étudié était aussi spectaculaire qu'inquiétant, il s'agissait de l'Allemagne nazie tout entière subjuguée par la propagande que Goebbels déversait constamment à la radio. Disciple de Pavlov, Tchakotine ne doute pas que le message radiodiffusé agisse directement sur l'individu au niveau des pulsions premières et le conditionne. Le système qu'il décrit suppose une mise en court-circuit de l'intelligence et un appel direct aux instincts et à l'affectivité. L'effet de ces inquiétantes révélations fut considérable sur les esprits... occidentaux. Ils ne remarquèrent pas que le cas étudié était tout à fait particulier : l'Allemagne s'était donnée au nazisme pour fuir le chaos économique et social, elle vivait sous un régime totalitaire qui contrôlait à la fois l'information et les individus. Il convenait donc, avant de se livrer à des extrapolations hasardeuses, de se poser deux questions : savoir si les mécanismes décrits par Tchakotine correspondaient bien à la réalité, et si le même phénomène pouvait se produire dans une société démocratique.

C'est à partir de 1940 que Lazarsfeld entreprit aux États-Unis des enquêtes systématiques sur l'influence politique de la radio. Il procéda à des observations et même à des expériences qui font aujourd'hui autorité. Très schématiquement résumées, ses conclusions montrent que, dans les mouvements d'opinion, le bouche-à-oreille est bien plus important que le « radio-à-oreille ». Les gens ne se laissent pas influencer directement par les messages des ondes. En réalité, la société n'est pas atomisée, mais fortement structurée sur le plan informationnel. Il existe des « guides d'opinion » qui, par contacts directs, pèsent sur les jugements de ceux qui les entourent. Le processus peut même se faire en cascade, à deux, trois ou quatre niveaux, mais ce sont toujours les hommes qui interagissent entre eux.

Qui sont donc ces « guides d'opinion » ? Pas forcément les notables en place. Selon le cas, le rôle sera tenu par des commerçants, des médecins, des professeurs, des dirigeants syndicaux, etc. Mais, à chaque fois, il s'agira de personnes fortement motivées sur le sujet débattu, personnes qui s'informent par la radio, mais de bien d'autres façons également, et qui « en imposent » par cette information, supérieure à celle de leur entourage. Sur ces « guides d'opinion », la radio exercera une influence, une parmi d'autres. Si ces personnes ne faisaient que répéter ce que tout le monde a entendu sur les ondes, elles ne jouiraient pas d'une telle autorité.

Au cours des années 40-50, les sociologues américains, très en avance sur leurs collègues européens et notamment français, ont multiplié les études. Ils y ont intégré l'influence de la télévision naissante. Avec quelques variantes, ils ont toujours retrouvé le même schéma. L'individu n'est pas isolé devant son récepteur. Il n'en subit pas passivement le sermon. Tout repasse dans le grand corps social au sein duquel interagissent les individus, et ces interactions humaines, à courte distance, se révèlent plus efficaces que l'interaction à très grande échelle par le canal des ondes hertziennes.

Ces conclusions, qui contredisent absolument la théorie de l' « écran magique », sont connues de tous les sociologues sérieux depuis trois décennies. En somme, la télévision se trouvait démythifiée avant même d'être introduite en France, et chacun pouvait savoir que la nouvelle machine à communiquer n'exercerait qu'une influence politique indirecte et limitée.

Voilà pourtant que cette idée fausse et reconnue comme telle s'impose dans l'intelligentsia française et dans toute l'élite politisée au début des années 60. Sitôt énoncée, sitôt démentie, la théorie de l'écran magique va croître et embellir pendant une vingtaine d'années jusqu'à faire figure aujourd'hui d'évidence, dispensée de toute démonstration. Encore un superbe mensonge à la française, une bien belle histoire de chez nous.

L'affaire remonte à l'année 1962, particulièrement riche sur le plan électoral. Il y eut tout d'abord, le 28 octobre, le référendum constitutionnel sur l'élection du président de la République au suffrage universel. On sait que tous les partis, à l'exception de l'U.N.R. et de l'U.D.T., avaient pris position contre, préconisant soit le *non,* soit l'abstention. La presse était dans son immense majorité défavorable, tout comme les notables et, bien entendu, la gauche. Pourtant le *oui* rassembla 61,7 % des suffrages exprimés et 46,4 % du corps électoral. Succès qui laissa la classe politique fort dépitée. Les 18 et 25 novembre suivants avaient lieu les élections législatives. Elles furent un succès pour les gaullistes, un échec pour la plupart des autres partis. A ce double insuccès, il fallut trouver une explication.

Jusqu'à cette date, la télévision était restée un phénomène marginal et n'avait guère été invoquée par les partis politiques. Au reste, le général de Gaulle l'avait encore peu utilisée. Mais on arrivait précisément à ce moment où la multiplication des téléviseurs devint un phénomène sociologique important. Il existait, à l'époque, trois millions de récepteurs, c'est-à-dire entre dix et douze millions de téléspectateurs. On entrait dans l'ère de la télévision.

Sans attendre, la classe politique s'empara de l' « argument télévision ». René Rémond rapporte qu'on se mit à parler d' « arme absolue », de « coup d'État électronique », de « télécratie ». Jean-Jacques Servan-Schreiber affirma que le gaullisme était « le pouvoir personnel plus le monopole de la télévision ». Bref, pour la première — mais pas la dernière — fois, les battus recoururent à l' « excuse télévision ». Tirant « la leçon de 1962 », *l'Express* n'hésitait pas à écrire : « Il n'en est pas moins exact que des moyens d'expression ont grandement influencé l'électeur comme le montrent les corrélations statistiques existant entre la proportion des *oui* et la densité des appareils récepteurs dans diverses régions de la France. » La toute-puissance de la télévision se trouvait non seulement affirmée, mais encore démontrée. Diable !

Il était en effet possible, en cette période transitoire, de bien observer la puissance du pouvoir télévisuel puisque la densité de récepteurs n'était pas partout la même. Il était tentant de voir si l'influence du gouvernement allait de pair avec la pénétration de la télévision. *L'Express* l'affirmait sur la foi de rumeurs plutôt qu'en examinant les faits.

C'est alors que René Rémond et Claude Neuschwander entreprirent de vérifier systématiquement cette prétendue relation entre la densité des téléviseurs et les résultats des élections. Pour plus de clarté, ils concentrèrent leurs recherches sur le référendum dont les résultats, forcément très simples, étaient plus faciles à analyser. Malheureusement, et les auteurs le déplorent, ils ne purent connaître que la densité de récepteurs par département. Ils eussent évidemment préféré disposer de statistiques plus fines permettant de différencier villes, campagnes, banlieues, etc. Mais d'importants écarts entre départements étaient déjà perceptibles. Il s'agissait donc de mettre en corrélation le nombre de téléviseurs et le nombre de *oui,* par cent électeurs. Si la théorie était vraie, on découvrirait que plus il y avait de téléviseurs, plus il y avait de *oui* ; c'est-à-dire qu'on dépasserait la moyenne nationale des *oui* dès lors qu'on dépasserait la densité moyenne des téléviseurs, et inversement. Quel fut le résultat ?

« L'indice de corrélation est légèrement négatif : − 0,016. Le coefficient devrait être au moins dix fois plus élevé pour qu'on puisse affirmer avec une apparence de vraisemblance l'existence d'une quelconque corrélation entre les deux phénomènes. Encore la chance serait-elle mince, puisque le niveau de probabilité ne serait que de 0,10. S'il y avait corrélation, elle serait plutôt de type négatif... De notre recherche, seule se dégage une conclusion négative : la prétendue corrélation ne résiste pas à l'examen : en l'état présent de la recherche et de nos moyens d'investigation, rien n'autorise à affirmer que la télévision ait sur le comportement électoral — nous ne disons pas les opinions — une influence déterminante », conclurent les auteurs de l'étude lorsqu'ils en présentèrent les résultats dans la *Revue française de Sciences Politiques* en juin 1963.

Une étude de cas particulier ne peut suffire à démontrer une loi générale. Toutefois cet exemple me semble particulièrement probant pour la raison suivante : en 1962, la télévision était encore une nouveauté et la plupart des téléspectateurs ne disposaient d'un récepteur que depuis un ou deux ans. C'est dire qu'ils devaient être particulièrement vulnérables à la « magie de l'image ».

Il paraît bien difficile d'admettre que l'influence de la télévision ait augmenté en même temps que sa banalisation. Tout porte à croire le contraire. Aux États-Unis, par exemple, on constatait dans les années 50-60 que toute intervention du président, même dans les pires conditions, faisait remonter sa cote de popularité. Cet effet a disparu dans les années 70. De fait, qui peut imaginer qu'un discours télévisé de Giscard, aujourd'hui, fasse plus d'impression sur les téléspectateurs qu'un discours du général de Gaulle il y a vingt ans ?

N'oublions pas non plus qu'à l'époque, il n'existait qu'une chaîne, en sorte que le téléspectateur devait éteindre son poste s'il ne voulait pas regarder les informations télévisées ou les interventions présidentielles. Aujourd'hui, au contraire, les téléspectateurs sont de plus en plus nombreux à fuir sur d'autres chaînes les homélies de leur président, et même à suivre les jeux de FR 3 de préférence aux journaux télévisés. Bref, nul ne peut douter que le téléspectateur de 1960 était plus sensible que celui de 1980 à un « effet télévision ».

Une fois de plus, ce résultat allait tellement à l'encontre des idées reçues, des évidences confortables, qu'il fut complètement occulté. On voulait croire à la toute-puissance de la télévision et on ne se laisserait pas contrarier par des faits aussi impertinents.

Il faut reconnaître que les apparences donnent bien à penser que le téléspectateur est hypnotisé par son récepteur. C'est particulièrement vrai pour le gros consommateur d'images qui, tous les jours, avale ses trois heures de télévision. Comment peut-on soutenir qu'il ne devient pas une sorte de zombie, manipulé par les fils invisibles des ondes ?

Une première observation semble aller en sens contraire : c'est l'étrange amnésie télévisuelle, régulièrement constatée d'une enquête sur l'autre. Chaque fois que l'on interroge le public sur des programmes qu'il a récemment regardés, on est frappé par l'incertitude de ses souvenirs. Les sondeurs qui voulaient connaître les réactions du public après *A armes égales* savaient que, s'ils ne posaient pas leurs questions dès le lendemain, beaucoup de téléspectateurs auraient oublié jusqu'aux noms des protagonistes. Les enquêteurs du C.E.O. observent de même que le public se souvient vaguement du type d'émission qu'il a regardé, mais a généralement oublié l'essentiel pour ne se remémorer que quelques détails. Pour *les Dossiers de l'Écran*, par exemple, on cite l'émission, devenue une institution, mais le titre du film est oublié. La plupart des sujets traités au journal télévisé ont, de même, disparu de la mémoire. Et cette amnésie est particulièrement forte pour les plus gros consommateurs de télévision : tout se passe comme si l'on retenait d'autant moins qu'on regarde plus. Comment l'expliquer ?

Par cette raison simple, capitale et à priori scandaleuse, que la télévision n'est pas fondamentalement un outil de communication. Cette affirmation, j'en suis bien conscient, est tellement paradoxale qu'elle semble reposer sur un défi au bon sens, un refus de l'évidence. Je vais donc m'en expliquer car ce point constitue, à mes yeux, l'erreur fondamentale dont découlent toutes les autres.

Je ne parle pas ici des possibilités théoriques de la télévision, mais de l'usage qui en est fait par les téléspectateurs. Je prétends que, pour l'essentiel, il ne repose pas sur un mode communicatif, mais sur un mode distractif, n'aboutissant à aucune véritable acquisition d'informations.

Il est évident qu'à certains moments, le public regarde la télévision comme il lit un journal ou comme il suit une conversation, c'est-à-dire en mobilisant toute son attention, en état de conscience éveillée. Mais il existe deux pratiques de la télévision et la première, non informationnelle, est infiniment plus importante que la seconde. L'une est la règle et l'autre l'exception.

Cette conclusion se trouve également être celle de Marie Winn au terme d'une longue enquête auprès du public américain : « Naturellement, il y a des cas où toutes nos facultés intellectuelles entrent en jeu alors que nous regardons la télévision... Ainsi, un téléspectateur utilisera peut-être son style normal d'attention mentale quand il regarde la télévision. Mais cela ne semble pas être la manière *courante* de regarder, si l'on se range du côté de l'opinion généralement admise selon laquelle la télévision est un agent de détente, de calme, de " relaxation ". La prise de conscience normale exige une certaine vivacité et tension de l'esprit qui vont à l'encontre de la détente. Il est donc fort probable que la fréquentation normale et quotidienne de la télévision implique un état de conscience différent de la vie éveillée normale[1]. »

Lorsque nos téléologues parlent de manipulation idéologique du public par la télévision, ils me semblent se référer implicitement à deux pratiques possibles.

Dans la première, le téléspectateur regarde délibérément telle ou telle émission, toute son intelligence étant en éveil, afin de recevoir des informations. Il se trouve en situation de s'intéresser, d'écouter et de retenir, mais le rayonnement télévisuel paralyse son sens critique et lui fait tenir pour avéré tout ce qu'il reçoit. C'est le viol conscient.

Dans la seconde, le téléspectateur regarde distraitement, sans

---

1. Marie Winn, *TV, drogue,* éditions Fleurus, 1979.

avoir le sentiment qu'il s'informe, mais l'information télévisée pénètre perfidement en lui comme enrobée dans les images et l'imprègne tout entier sans même qu'il le sache. C'est le viol inconscient.

Dans les deux cas, la télévision serait un outil de communication et, dans le même temps, de manipulation. Or rien n'est plus faux.

Le premier mode d'utilisation n'entraîne aucune soumission particulière du téléspectateur et ne constitue même pas un monopole. Certes, la télévision est devenue pour beaucoup de Français — malgré l'usage fondamentalement distractif du petit écran — le plus important canal d'information. Mais il est loin d'être le seul et ce n'est pas, tant s'en faut, celui qui possède le plus fort coefficient de crédibilité, hors certaines utilisations très particulières du reportage télévisé.

En tout état de cause, le téléspectateur qui se trouve en état de communication avec l'information télévisée n'est pas du tout passif ni soumis, il sait qu'il s'informe et met en œuvre des mécanismes actifs de perception, qui constituent autant de défenses personnelles face au message télévisé. C'est vrai pour le public instruit, informé et politisé, qui adopte spontanément une attitude critique vis-à-vis de la « vérité télévisée », mais ce l'est également pour le public populaire qui n'utilise que très occasionnellement la télévision de façon communicative.

Je sais que cette dernière affirmation va si fortement à contre-évidence qu'elle paraît relever du paradoxe gratuit. En voici donc une illustration concrète. Un sociologue, Patrick Pharo, s'est efforcé de déterminer le pouvoir de la télévision sur des paysans de la Creuse. La lecture de l'article publié dans *le Monde-Dimanche* en conclusion de son enquête est hautement significative. Remarquons que l'auteur est, au départ, convaincu par la théorie de l' « écran magique ». Dans le cours de son texte, il ne peut s'empêcher d'évoquer au détour d'une phrase « l'extraordinaire moyen d'endoctrinement ». Le moins qu'on puisse dire, c'est qu'il n'est pas tendre pour notre télévision dont il dénonce l'information, « fortement tributaire des intérêts politiques des équipes dirigeantes ».

« Ainsi court sur nos ondes le flux continu des pressions idéologiques, des matraquages publicitaires et des diverses manipulations de l'opinion... Ces entreprises de contrôle des esprits ont longtemps été considérées — en particulier par l'intelligentsia de gauche — comme l'arme absolue des puissances sociales... » Voilà posé le principe de l'écran magique et manipulateur. Or, qu'en est-il de la réalité vécue par les paysans de la Creuse ?

Afin de juger de l'effet de ces pressions, Patrick Pharo étudie deux thèmes particuliers : le chômage et l'écologie, et découvre que les paysans ne s'en laissent absolument pas conter par les beaux parleurs des ondes. Dans la détermination des idées et des comportements, la place attribuée au petit écran est « relativement mineure ». Comment expliquer ce fait ? « Ce qui se dit à la télévision émane d'une source lointaine, largement inconnue et anonyme, le monde de la haute politique, du spectacle, de la science..., à l'égard duquel on est habitué à émettre des doutes. » Résultat de cette autodéfense du public : « On pourrait croire que cette information, pour le moins orientée, a modelé l'opinion du public. En fait, il n'en est rien. » Et Patrick Pharo de conclure : « Les thèmes idéologiques véhiculés par la télévision sont finalement interprétés par ceux qui les reçoivent et les entreprises de manipulation mentale apparaissent comme singulièrement inopérantes. »

Une fois de plus, il s'agit d'un exemple particulier dont on ne saurait tirer trop vite une règle générale. Mais il me semble probant dans la mesure où il s'est imposé à l'auteur contre ses propres préjugés. Bien que l'observation de Patrick Pharo suppose une véritable réception du message télévisé — ce qui me paraît être exceptionnel —, elle montre que le discours de la télévision, loin de s'imposer avec une autorité indiscutable, se propose avec une crédibilité très incertaine du fait qu'il vient d'« ailleurs ». Il appartient à l'information-spectacle par opposition à l'expérience vécue qui est de l'information-réalité.

Tel serait le résultat — fort médiocre, on en conviendra — de la télévision « communicative ». Or le public se trouve bien rarement en cet état d'exceptionnelle réceptivité. Si l'on considère le téléspectateur d'habitude, pour ne pas dire d'accoutumance, il est absurde d'imaginer qu'il allume son téléviseur comme il décroche son téléphone dans l'attente d'un message. Il ne se dit pas : « Que vais-je apprendre ce soir ? » mais, tout simplement : « Qu'est-ce qu'il y a à regarder ? » Fondamentalement, il veut se distraire, s'évader, passer agréablement le temps. Il ne se trouve pas dans un état d'esprit propre à la communication.

L'image télévisée devient alors une plaisante modulation de l'imaginaire qui induit une sorte de fuite par rapport à la réalité.

L'écran n'est pas une fenêtre ouverte sur le monde, mais un rideau qui se lève sur un spectacle. Le programme devient un feu de bois électronique et non un journal qu'on lit. Même les images-chocs, les séquences violentes sont d'abord reçues dans cet état de distanciation, d'irréalisme. « En choisissant les programmes les plus chargés d'actions possibles, le téléspectateur peut ainsi éprouver un sentiment d'activité, avec toutes les sensations d'une participation intensive, tout en jouissant de la sécurité et de la tranquillité d'une passivité absolue. Il jouit d'une simulation d'activité dans l'espoir que cela compensera la passivité de l'expérience », remarque Marie Winn[1]. Ainsi, ce téléspectateur utilise sa télévision comme un outil de simulation et d'oubli du réel, pas du tout comme un moyen d'information ou de réflexion.

Mais ne faut-il pas être bien hypocrite pour faire semblant de découvrir cette évidence ? Qui n'a éprouvé ce sentiment de détente et de bien-être que procure un western ou un match de tennis ? Toute fatigue intellectuelle, toute tension nerveuse s'abolissent tant qu'on entre dans le jeu de ce rêve électronique. Pour l'immense majorité des téléspectateurs, ce bonheur du spectacle gratuit, de l'écoute distractive est le premier service attendu du petit écran.

Comment pourrait-il en être autrement ? Imagine-t-on que les gens vont enregistrer des informations à jet continu pendant des heures ? Les gros consommateurs d'images étaient tout sauf de grands « communicateurs » avant de découvrir la télévision. On ne voit pas pourquoi la possession d'un téléviseur aurait brutalement remplacé chez eux des activités très faiblement communicatives par des exercices d'apprentissage intensif. En vérité, le flot d'images n'est pas plus informatif que les parties de cartes, les conversations à bâtons rompus ou le tricot dont il a généralement pris la place. Loin d'éveiller les facultés d'attention et de mémorisation, il les sature immédiatement. L'image entre par un œil et sort par l'autre. Le téléspectateur, emporté par le programme, se laisse flotter au gré du temps, sans attendre ni conserver un acquis particulier. L'image passe et ne laisse pas de traces.

Mais le téléspectateur, planant ainsi dans un monde irréel, ne se laisse-t-il pas endoctriner à son insu ? Ne se fait-il pas en lui un apprentissage inconscient ? C'est ce que l'on est tenté de croire lorsqu'on pense à tous ces Français qui passent plusieurs heures par jour devant le petit écran. Il en reste bien quelque chose ? La

---

1. *TV, drogue,* ouvrage cité.

popularité des « vedettes du petit écran » le prouverait assez si l'on venait à en douter. Mais ces souvenirs-là sont de l'ordre du spectacle, non de la réalité.

Voyez les téléspectateurs communistes : eux aussi connaissent et éventuellement apprécient les émissions, les vedettes, peuvent y investir une certaine affectivité ; mais ils savent parfaitement faire la différence entre le monde de l'écran et celui du quotidien. Il n'y a guère de danger que Roger Gicquel devienne leur « guide d'opinion ». C'est pourquoi toutes les images qui ont déferlé sur les Français depuis trente ans n'ont guère fait varier le nombre des communistes. Faut-il attribuer ce fait à l'exceptionnelle objectivité de notre télévision ou à sa faible influence ?

Et la publicité ? N'est-elle pas la preuve que le message télévisé influence les comportements ? Remarquons que les gens font la différence entre choisir une lessive et choisir un bulletin de vote : leur procédure de décision n'est pas du tout la même dans les deux cas. D'autre part, ces campagnes ne réussissent pas à tout coup. Les publicitaires, habiles à faire la publicité de la publicité, sont assez discrets sur ses échecs. Mais, surtout, il faut savoir que les règles de communication ne sont jamais aussi rigoureusement respectées qu'en ce domaine. Avant de lancer un produit, on a fait une longue campagne de marketing pour vérifier qu'il répondait à une attente, sinon un besoin du public. On ne se lance pas au hasard.

En outre, le spot présente tous les caractères du « bon » message. Les publicitaires s'efforcent de le charger en informations par des gags, des images insolites, des effets spéciaux. Ils font passer une idée et une seule. Ils limitent la communication à un bref accrochage, sachant que le public décrocherait rapidement si le message se prolongeait. S'il est un domaine dans lequel on met la télévision au service du conformisme latent, c'est bien celui-là. Dès que la publicité est à contre-courant des attentes, qu'elle ne suit pas le public, elle manque sa cible. (Nous verrons que cette révélation du conformisme latent est précisément le grand effet de la télévision.) En somme, la publicité introduit des éclairs de communication dans un état général de non-communication.

A ce propos, on a beaucoup parlé de la « perception subliminale ». Il s'agit d'introduire dans des films des séquences très courtes, trop courtes pour être véritablement perçues au niveau conscient, et qui, pourtant, parviennent au cerveau et l'impressionnent. Voilà bien le suprême outil d'endoctrinement. En rajoutant dans un film sur les guerres de Napoléon quelques images fugitives représentant Mitterrand le couteau entre les dents, on détournerait les électeurs du Parti socialiste. Les publicitaires américains utilisent beaucoup ce procédé dans leurs dessins. Dans telle publicité destinée aux hommes on devinera, sans même s'en rendre compte, un symbole viril. Mais, de plus en plus, on tend à démystifier ces prétendus messages clandestins dont l'effet paraît tout à fait incertain. En conclusion d'un article dans la revue *Psychologie,* Alain Sotto constate : « Nous pouvons douter, avec beaucoup de psychologues expérimentaux, que la perception subliminale fasse vendre davantage de produits, mais nous ne pouvons plus douter qu'elle fasse vendre beaucoup de publicité. » Pas de quoi, vraiment, s'empêcher de dormir la nuit.

Car le public en état de « distractivité », loin de devenir malléable, se rend pratiquement invulnérable. Il est spectateur, à peine témoin et certainement pas acteur. Ce qui se passe sur l'écran se situe dans l' « ailleurs » et ne peut l'atteindre à l'égal de ce qui lui est proche ou familier. Non seulement le spectateur populaire ne recherche pas la communication, mais il tend à la fuir. Lorsqu'une émission risque de lui imposer le mode communicatif, il préfère changer de chaîne pour retrouver l'état heureux d'incommunication.

Cette prédilection pour l'écoute non informative constitue le grand défi de la télévision. Au lieu de se braquer sur les risques de manipulation, nos sociétés devraient plutôt se pencher sur ceux de l'insaisissabilité. C'est là que réside le vrai danger de la télévision, comme nous le verrons au dernier chapitre. Un danger qui s'amplifiera dans l'avenir et que l'on s'efforce d'occulter. Comme tout serait simple si le téléspectateur se branchait spontanément sur un réseau de communication ! Cette attitude pourrait certes faciliter l'endoctrinement, mais elle faciliterait aussi la culture populaire. Il appartiendrait au pouvoir politique d'interdire l'un et de favoriser l'autre. Hélas ! nous sommes loin de cela. Les téléspectateurs reçoivent ordinairement autant de messages que les joueurs de flipper regardant rouler les billes d'acier et s'il se produit bien un effet d'accoutumance, il ne traduit pas plus d'endoctrinement que le besoin d'alcool ou de tabac.

Pour que la télévision devienne influente, notamment sur le plan politique, il faut d'abord que la réception passe du mode distractif au mode communicatif, et cela ne se réalise que dans des conditions très particulières.

La première, c'est que le message télévisé contienne de l'information, ce qui est rarement le cas, même dans « les informations ».

La deuxième, c'est que ces informations « concernent » le téléspectateur. Ici encore, on se fait bien des illusions.

La troisième, c'est que le téléspectateur prête attention à ce message et le retienne. Bref, qu'il en fasse une réception correcte.

Lorsque ces trois conditions auront été réunies, alors commencera le mécanisme d'évaluation décrit par Patrick Pharo. Mais, avant d'en arriver là, il faut d'abord étudier de près les exigences particulières d'une éventuelle communication télévisée. Je ne le ferai ici que pour la première, réservant les deux autres pour des chapitres distincts.

Première exigence, donc : l'information. J'emploie ici ce mot dans le sens que lui donnent les scientifiques : l'*improbabilité* pour le récepteur. C'est, en effet, la condition première de la communication : une « nouvelle » perd sa « nouveauté » en devenant probable, puis certaine pour le public : la valeur journalistique tient à l'inconnu. Le titre que tout le monde connaît ne fait pas vendre. C'est ce que savent d'instinct tous les « organes d'information ».

Combien de fois les journalistes ne s'entendent-ils pas dire : « Mille vols s'effectuent sans incident, vous n'en parlez pas. Survient un accident, vous en faites la une. » Rien n'est plus juste ni plus normal. La presse ne reflète pas l'état du monde, mais un flux d'informations produit par le monde. Si l'on reprend l'exemple du transport aérien, il est clair qu'un vol est prévu pour se dérouler sans incidents. Aussi longtemps qu'il reste « nominal », comme disent les spécialistes, il ne produit aucune information. Il se déroule comme tout le monde pouvait le prévoir, entre un décollage, un parcours aérien et un atterrissage. C'est au moment où se produit un détournement, un blocage du train, un arrêt de réacteur, une collision ou un écrasement, à l'instant où l'on sort du plan de vol, que commence l'improbable, donc l'information. Le vol n'était en lui-même une information qu'à l'époque où le public ignorait qu'on pouvait voler. Ainsi le message qui traduit une simple continuité par rapport à l'expérience vécue du récepteur, qui reste totalement conforme aux anticipations est, par définition, vide d'informations.

Le contenu informatif ne peut pas se mesurer au niveau de l'émission, et c'est bien là toute l'ambiguïté de la situation du monsieur qui parle dans le poste : il a le sentiment d'apprendre des choses extraordinaires aux populations, il se sent émetteur de messages et d'informations, mais cette évaluation n'a aucune valeur. Seule la réaction du public montrera s'il y avait ou non de l'information dans ce qu'il a dit.

Au jeu de l'information, la presse va naturellement privilégier « ce qui ne va pas ». Pour une raison simple : « Ce qui va, va sans dire. » Or notre société est conçue pour fonctionner, pas pour générer des accidents. Il est normal et donc prévisible que les particuliers ne soient pas agressés, que les usines produisent, que les moissons poussent, que les trains roulent et que les étudiants étudient. Il n'y a pas là matière à communication naturelle dans le cadre de l'actualité. L'attirance du journaliste pour « ce qui ne va pas » ne traduit nulle perversité, nul voyeurisme morbide mais, simplement, la quête instinctive du plus haut contenu d'information, donc d'improbabilité.

Si l'on prétend exercer une influence par la télévision, il faudra d'abord interrompre l'état d'écoute distraite qui déclenche une sorte d'immunisation spontanée du téléspectateur. Cela ne pourra se faire qu'en créant une rupture qui brise la continuité redondante du programme et éveille la vigilance. On peut évidemment capter l'attention par un événement totalement inattendu. L'information s'enregistre alors et le temps ne fait rien à l'affaire. Maurice Clavel parvint à se faire connaître de tous les Français en quatre mots : « Messieurs les censeurs, bonsoir ! » Eût-il parlé toute la soirée dans un beau débat académique, les téléspectateurs l'auraient bien moins remarqué. Souvenez-vous de Jacques Chirac prenant toute la France de court en annonçant au journal de 20 heures : « Je suis candidat à la mairie de Paris ! » Soyez assuré que cette déclaration de dix secondes fut la plus remarquée de toutes ses prestations télévisées. De même, Robert Fabre annonçant « à chaud » et « en direct » la rupture de l'Union de la gauche a-t-il instantanément capté l'attention de tout le pays.

Il est rare que l'on soit ainsi porté par des événements aussi chargés d'information. Le plus souvent, le télélocuteur doit s'exprimer dans un contexte plus plat, plus prévisible. C'est alors que commence la difficulté. Il faut impérativement que ses propos surprennent les téléspectateurs : faute de quoi, ils glisseront, sans laisser plus de traces dans la mémoire que les promesses de n'importe quel candidat.

Or rien n'est plus rare, chez un homme politique, que « d'avoir quelque chose à dire ». Ce n'est pas là une boutade ou une méchanceté gratuite : rien que la constatation d'un état de fait. Pour les Français, le discours politique est généralement exempt de toute surprise et ne crée aucune communication.

Lorsque je vois apparaître sur nos écrans ces messieurs du « Tout-État », je me fais souvent cette réflexion : « Si, après avoir annoncé le nom de ce personnage et le thème de son intervention, le présentateur disait aux téléspectateurs : " Maintenant, prenez une feuille de papier et écrivez ce que, à votre avis, ce monsieur va dire ", quel serait le pourcentage des réponses exactes ? » Énorme, assurément.

Imaginez qu'un réalisateur facétieux s'amuse à mettre bout à bout les interventions des uns et des autres. Nous aurions ainsi une heure de film composé par les trente dernières interventions de Georges Séguy, puis une heure d'anthologie de Giscard d'Estaing, de Debatisse, de Chirac, de Barre, de Bergeron, de Marchais... Lequel de ces messieurs n'apparaîtrait pas soudain comme un automate répétant éternellement le même disque, lequel conserverait sa crédibilité après une telle épreuve ?

Voilà pourquoi toutes les déclarations, prises de position, réactions sont généralement si peu intéressantes pour le téléspectateur. Voyant arriver MM. Ceyrac, Maire, Mitterrand, Debré, il sait pour l'essentiel ce qui va être dit. Il est censé trouver de l'information dans des subtilités pour feuilletoniste de la vie politicienne. Il lui faudrait savourer les nuances que M. Ceyrac met dans son soutien à M. Barre, ou que M. Maire apporte à sa critique du gouvernement. Pour le grand public, on est complètement sorti de l'information, donc de la communication.

Par opposition, lorsqu'un propos surgit, inattendu, dans le ronron habituel, l'attention du téléspectateur est immédiatement en éveil et l'effet est garanti. Lors du face-à-face Giscard-Mitterrand entre les deux tours de l'élection présidentielle, le premier gagna la partie en une phrase : « Monsieur Mitterrand, vous n'avez pas le monopole du cœur. » Il valait mieux pour le candidat Giscard parler dix minutes de moins, mais lancer cette phrase que l'inverse.

Au soir des élections législatives, le 18 mars 1978, les représentants de la gauche avaient pour tâche d'expliquer que leur défaite n'en était pas une, et que le partenaire dans la désunion, ainsi que la monopolisation de la télévision expliquaient ce relatif insuccès. Tout le monde attendait ce discours de la part des socialistes et des communistes. Que fit Michel Rocard ? Il reconnut la défaite et en imputa une part de responsabilité aux socialistes. Étonnement ! En voilà un qui ne joue pas le jeu. L'information passe, en quelques minutes le rocardisme est lancé. L'eût-il été en une heure de discussions oiseuses obéissant au schéma traditionnel ? Qui se souvient encore des chipotages de Laurent Fabius ergotant sur les pourcentages au soir du 10 juin 1979 après les élections européennes ? Ce beau jeune homme aurait pu tenir seul toute la soirée que les téléspectateurs n'en auraient rien retenu. Sinon que, comme tous les perdants, il contestait sa défaite.

La télévision est d'abord affaire d'information. Sans message à délivrer, elle ne peut établir aucune communication. Mais les partis politiques ne l'ont toujours pas compris et c'est bien pourquoi ils influencent si peu le public par le canal de la télévision. La campagne européenne de 1979 en a fourni une démonstration éclatante. Le Parti socialiste s'est démené comme un diable pour avoir un peu plus de temps d'antenne, mais toutes les prestations de François Mitterrand prouvèrent d'abord qu'il n'avait pas de message à faire passer. Au lieu de se mobiliser sur ces vaines querelles, les socialistes n'auraient-ils pas mieux fait de chercher des thèmes nouveaux, des présentations originales, pour donner un contenu informatif aux minutes de la campagne officielle ? Je suis convaincu que le P.S. pouvait améliorer son score en changeant son discours, pas en le prolongeant. L'observation vaut d'ailleurs pour tous les autres.

Sitôt qu'un homme politique sait, par extraordinaire, exprimer une pensée personnelle, qu'il est capable d'humour, d'émotion, d'irrespect — si possible vis-à-vis des siens —, bref, qu'il cesse de réciter un sermon, on sent instantanément qu'il se passe quelque chose, ou, plus exactement, qu'il fait passer quelque chose. Pourquoi les gens de la radiotélévision sont-ils si friands d'Alexandre Sanguinetti ? Parce que ce diable de bonhomme pétarade dans tous les sens, qu'après tant d'années de vie politique, il demeure largement imprévisible. Nous le savons tous dans le métier : « Sangui est bon. » Traduisez : « Il nous apporte de l'information. » De combien d'autres peut-on en dire autant ?

On comprend bien que les hommes politiques ne puissent « faire des coups » chaque fois qu'ils apparaissent à la télévision. Georges Marchais ne peut s'écrier une fois : « A bas Giscard d'Estaing » et la fois suivante : « Vive Giscard d'Estaing » dans le seul but d'étonner et d'intéresser. Mais on peut « dire quelque chose » sans prendre à chaque fois un virage à cent quatre-vingts degrés. On peut surtout ne pas paraître lorsqu'on n'a rien de bien nouveau à dire. Mais non, ils croient tous que *Medium is massage,* que plus ils se montreront, plus ils convaincront, même s'ils viennent éternellement chanter les mêmes refrains. Ainsi le taux d'information ne cesse-t-il de diminuer au fur et à mesure que le message se répète. Le taux de communication diminue de même.

Apporter de l'information, ce n'est pas forcément annoncer quelque chose. A l'événementiel, il faut ajouter l'explicatif. Certes, les Français savent qu'il y a du chômage. Mais on peut les intéresser en leur faisant découvrir des mécanismes, en apportant des propositions originales. Encore faudrait-il que l'on cesse de resservir éternellement les mêmes schémas simplistes qui, eux aussi, se vident de toute valeur informative à force d'avoir été utilisés.

L'information ne doit pas seulement résider dans le fond, mais également dans la forme. Il est bon, pour communiquer, de trouver des mots expressifs, des formules inattendues, des tournures surprenantes. D'exprimer une idée dans un langage qui porte, d'utiliser un style bien à soi. Tout au long de sa carrière, le général de Gaulle a gouverné par la surprise du verbe. A chaque étape de son action, il étonnait les Français par une invention verbale qui symbolisait sa politique. Rappelez-vous : « les couteaux au vestiaire », « l'Algérie algérienne », « le quarteron de généraux », « le volapük », « la hargne, la grogne et la rogne », « le tracassin ». Un mot, une formule frappait les esprits et assurait une bonne mémorisation. Sûr, on en reparlerait. Par comparaison, la langue de nos politiciens a perdu toute couleur. Qui a retenu : « la continuité dans le changement », « le socialisme aux couleurs de la France », « la société libérale avancée » ? Tant de formules lancées à grand fracas et qui ne recueillirent aucun écho.

L'importance du style, on la voit bien avec un Georges Marchais qui crée encore l'événement avec ses foucades, ses coups de gueule, ses mimiques, ses reparties. Disant la même chose que lui, ses collègues, Paul Laurent, Charles Fiterman, Roland Leroy et autres leaders communistes, sont parfaitement sinistres. Totalement « ininformatifs ».

Car la classe politique, loin de rechercher la variété, l'originalité et la diversité du style, tend spontanément à recréer des « langues de bois ». Sans surprise dans le fond, sans imagination dans la forme, l'éloquence politicienne devient rabâchage.

C'est que les partis politiques sont toujours tentés de rechercher la non-information, la non-communication : la communion. Les fidèles, les militants détestent l'information. Ils aiment, au contraire, que les messages, cent fois répétés, se diluent dans le rituel. C'est alors qu'ils se sentent membres d'une même communauté, combattants d'une même cause. Voyez comme leur enthousiasme s'exalte dans ces meetings où chacun connaît par cœur les thèmes développés à la tribune. Tout naturellement, les représentants des partis tendent à faire des meetings télévisés.

Les partis ont obtenu d'avoir des émissions bien à eux en dehors des périodes électorales. Périodiquement, trop rarement dans l'idéal, ils disposent ainsi d'un quart d'heure, juste avant le journal télévisé. Comme par hasard, l'audience diminue alors de moitié ou des deux tiers.

Une fois de plus, on sera tenté de maudire l'indice d'écoute. Pourtant, je pense que les Français ont parfaitement raison. Ces émissions sont d'un ennui pesant : manque d'informations. Je me souviens d'une émission que le Parti socialiste avait tout entière consacrée à l'« affaire des diamants ». Le sujet devait être de nature à susciter l'intérêt et la curiosité. Je ne sais pas bien comment les participants réussirent ce miracle de faire un quart d'heure d'un ennui mortel sur pareil sujet. Je ne crois pas que l'émission, théoriquement si dangereuse pour le président de la République, lui ait fait le moindre tort.

Instinctivement, nos partis célèbrent la messe des militants, faisant du même coup fuir les téléspectateurs sur les chaînes concurrentes. Croit-on que ces émissions aient jamais déplacé une voix, converti un seul électeur ? La gauche voudrait que l'on ouvre davantage l'antenne aux partis politiques ; ne ferait-elle pas mieux de prouver d'abord qu'elle est capable d'une véritable communication politique dans les créneaux dont elle dispose ? Plaisante à voir, la peur qu'une telle perspective semble inspirer aux gens de la majorité. Vaines alarmes ! La télévision des partis finirait par n'avoir pas plus d'écoute que les « tribunes libres » de FR 3.

Notre classe politique a maintenant choisi de se quereller sur le terrain des radios libres, pirates, sauvages. Une secrète connivence entre adversaires conduit le Parti socialiste à lancer ses Radio-Riposte et le gouvernement à brandir les foudres de la loi. Soyons sérieux ! Le développement de radios directement contrôlées par les partis ne changerait rien à rien. La presse de parti se meurt quand elle n'est pas déjà morte, et même le Parti communiste n'a jamais pu faire lire *l'Humanité* à tous les communistes : pourquoi en irait-il différemment avec les radios partisanes ? Si nous avions demain Radio P.C., Radio P.S., Radio R.P.R., Radio U.D.F., il s'agirait seulement de bulletins paroissiaux sonores à l'usage des militants. Seule la disparition de toute liberté d'expression pourrait donner vie aux radios pirates. C'est ce qui s'est passé sous l'Occupation avec Radio Londres, ce qui se passe dans les pays communistes avec les radios occidentales.

Pour le gouvernement, le seul danger serait de voir des radios de communication — et non de communion —, c'est-à-dire les grandes stations populaires que sont Europe 1, R.T.L., France-Inter ou Monte-Carlo, passer sous l'influence de l'opposition. Un journal comme *le Matin* qui, quoique de sensibilité socialiste, est d'abord un organe d'information peut s'avérer gênant, mais *l'Unité* ne présente pas le moindre inconvénient.

Medium is message ! La bonne blague ! La télévision n'est même pas une tribune, c'est une scène. La fonction naturelle de ceux qui viennent s'y montrer est de distraire. Certes, ils pénètrent dans tous les foyers de France, mais, précisément, c'est là la grande faiblesse du système. Les téléspectateurs ne sont pas venus écouter. Ils n'ont accompli aucun acte positif manifestant leur volonté d'entendre. Ils sont à conquérir. De ce point de vue, la télévision est le plus ingrat, le plus traître, le plus décevant de tous les moyens de communication. Elle offre un public qui ne s'offre pas. Loin d'être porté par elle, le message doit s'imposer contre elle. Il doit émerger d'un flot diluvien, se singulariser, se différencier pour exister en tant que tel.

Pour le monde politique, la communication télévisée, loin d'être une solution de facilité, est une épreuve de vérité. Loin de réduire l'importance du message, elle l'augmente. A tous les partis, elle lance un véritable défi. Lequel saura le premier générer un véritable flux d'information ? Celui-là pourra espérer en tirer un certain profit. Mais les autres, en dépit de leurs porte-parole télégéniques, encourent bien des déceptions. Qu'ils soient en état d'abuser de l'antenne ou réduits à la portion congrue, ils attendront longtemps encore les dividendes de leur éloquence.

Pour indispensable qu'elle soit, l'information ne garantit pourtant pas à tous les coups la communication. Surprenant, le message doit toujours l'être pour atteindre son récepteur ; encore faut-il qu'il soit « concernant », qu'il ait un sens fort pour le public. Autre condition bien difficile à remplir.

CHAPITRE VI

LE DISCOURS ET LES FAITS

Quand bien même nos hommes politiques se mettraient en frais pour pimenter de quelque information leurs messages, quand bien même ils s'efforceraient d'apporter un rien d'animation à leur représentation, serions-nous pour autant attentifs, intéressés, convaincus ? Je ne le pense pas. L'information ne commence à être effective que si elle répond aux interrogations des téléspectateurs. Pour notre classe politique, c'est le deuxième défi : parler le langage des faits et des hommes.

Il ne serait pas honnête de prétendre que la classe politique ne fait pas d'efforts pour mettre en spectacle la vie politique. Elle a même un goût prononcé pour un certain mélodrame déclamatoire. Si les Persans de Montesquieu existaient encore, ils pourraient croire que nous sommes toujours à la veille d'une guerre civile : l'inflation du verbalisme politique est galopante. Mais les Français connaissent fort bien la règle du jeu ; à l'occasion, ils en sont même assez friands — précisément, ils n'y voient qu'un jeu. Innombrables sont les sondages montrant qu'ils n'ont guère plus confiance dans les uns que dans les autres pour les tirer d'embarras. Il s'agit d'un sport national : la joute politique. Eux-mêmes le pratiquent volontiers.

De Normale Sup' aux comptoirs des bistrots, la France est peuplée de rhéteurs qui reconstruisent le monde à coups de raisonnements définitifs, d'apophtegmes imparables pour se retrouver le cul par terre au terme de la démonstration, comme le Sganarelle de Molière. Qu'importe ! le discoureur français dispose d'un droit presque illimité à l'erreur, pourvu qu'il conduise son propos avec la superbe et la faconde nécessaires. C'est un rituel de communication, mêlant le besoin latin d'expression et l'exigence cartésienne de raison, qui tient autant du concours d'éloquence que du débat politique. On apprécie les « numéros » à leur juste valeur, c'est-à-dire au niveau du spectacle. On ne croit plus ce que disent les autres et c'est tout juste si l'on attache foi à ses propres idées. La politique théâtrale prend ainsi sa place naturelle dans la télévision de distraction et non de communication.

Toute notre vie politique est marquée par cette manie idéologico-rhétoricienne, à laquelle les Français sont tant attachés, mais qui correspond si peu à leurs préoccupations réelles. C'est que notre pudeur la vide de sa substance naturelle : la lutte pour le pouvoir.

Cette ambition n'a rien de médiocre ou de coupable. Mais, en France, elle ne peut s'afficher. Le pouvoir, comme l'argent, est un désir inavouable. Le candidat qui se présenterait à ses électeurs en disant simplement : « Je veux être élu car j'ai envie de commander et je m'estime plus qualifié pour cela que mes adversaires » serait considéré comme un malotru et n'aurait aucune chance de succès. A supposer même qu'il accompagne cette déclaration de quelques propositions concrètes, il resterait suspect et ne rallierait guère de suffrages.

Le corps électoral doit être courtisé comme une femme du monde. Au lieu d'annoncer tout de go son ultime désir, il faut procéder à de subtiles manœuvres d'approche, lancées de très loin. « Aimez-vous Brahms ? » et l'on parle musique, peinture, politique ou cinéma, on visite une exposition, on applaudit le dernier spectacle à la mode, puis, comme une conséquence secondaire mais inévitable de cet itinéraire sur la carte du Tendre, on en vient au fait.

Le politicien ne sollicite pas les suffrages pour lui-même, mais pour ses idées. Il échange avec ses adversaires des horions intellectuels : valeurs fondamentales, exigences de justice, respect de l'individu, idéaux de progrès. Les électeurs seraient fort déçus si le débat s'abaissait au niveau des problèmes concrets et des solutions pratiques. Ces campagnes-là sont bonnes pour des candidats américains indiscernables sur le plan idéologique. Au reste, l'observateur français qualifie toujours de « médiocre » la course à la Maison-Blanche.

C'est ainsi que fut ressentie la compétition entre MM. Pompidou et Poher. En revanche, le duel Giscard-Mitterrand fut superbe.

Deux France étaient en lice, à l'opposé l'une de l'autre. « La France que vous nous proposez... », disait l'un. « Votre projet de société... », répondait l'autre. Indiscutablement le tournoi fut de qualité. Quant à savoir en quoi il répondait aux problèmes de l'heure... il eût fallu être un exégète expert pour retrouver dans ces passes d'armes l'écho des bouleversements qui ébranlaient le monde. Qu'importe, les Français assistaient donc à un spectacle, le jugeaient en tant que tel, mais savaient que la réalité était fort éloignée de ces dissertations philosophiques.

Toutes les élections ne permettent pas d'élever ainsi le débat. Difficile de discourir sur l'avenir du monde lorsqu'on brigue la mairie d'une petite ville. Il faut alors trouver des thèmes dramatisants. Lors des élections législatives de 1978, la classe politique choisit les nationalisations. Combat purement rituel dont les partenaires respectèrent scrupuleusement les règles. La majorité feignit de croire qu'une nationalisation de plus ferait basculer la France dans le collectivisme. Quelque innocent aurait pu se demander pourquoi la frontière entre deux mondes passait exactement au point de développement atteint par le secteur public en 1978, en quoi la nationalisation des Pompes funèbres — que nul ne proposa — nous aurait fait changer de civilisation. La question ne fut pas posée. A quoi bon ? Les électeurs tenaient cette convention pour nécessaire à la clarté du débat. C'était affaire de dramaturgie, non de dossiers.

Une seconde frontière apparut bientôt au sein de la gauche. Le Parti socialiste pouvait aller jusqu'à x nationalisations, une de plus précipiterait la France dans le totalitarisme. En revanche, une de moins interdirait tout progrès social. Pour des raisons inverses, les communistes mettaient à ce niveau la séparation entre capitalisme rétrograde et socialisme avancé.

Il suffit de regarder le monde dans sa diversité pour constater que l'ampleur des nationalisations n'a rien à voir avec la justice sociale. Dans certains pays le secteur public est plus étendu que chez nous, mais les inégalités sont plus grandes, dans d'autres c'est le contraire. Il était donc absurde, dans la tourmente qui s'annonçait, de ramener le débat politique au problème des nationalisations. Mais le sujet était bon pour le spectacle.

La partie terminée, les nationalisations furent laissées pour compte. Comme une pièce usée par une saison dè succès. Les Français, qui n'avaient jamais attendu grand-chose de ces transmissions de pouvoir entre managers et technocrates, se désintéressèrent de la question. Et la majorité, qui pratique depuis vingt ans la nationalisation clandestine, étendit le plus naturellement du monde le contrôle de l'État à la sidérurgie. Les élections passées, les nationalisations n'étaient plus qu'un moyen de gestion parmi d'autres.

Dans les mois qui suivirent cette grande bataille, les partis se trouvèrent déroutés. Ils n'avaient plus de pièce à jouer. Un temps, ils crurent pouvoir s'affronter sur le thème de l'armée. Quelques affaires de peu d'importance permirent aux uns de dénoncer la subversion, aux autres de condamner la répression dans les casernes. Nos troufions allaient-ils servir de pions sur l'échiquier politique ? Décidément, le thème n'était pas fameux et fut rapidement abandonné.

L'Europe non plus n'était pas un bon sujet de rhétorique et cette erreur de scénario gâcha toute la campagne européenne. Ah ! si MM. Lecanuet, Mauroy, Servan-Schreiber et Defferre avaient pu défendre l'Europe fédérale et supranationale face à l'Europe ectoplasmique et moribonde de MM. Debré, Marchais et Chirac, nous aurions assisté à de beaux duels. A nouveau, on nous aurait opposé deux France antipodales : l'une dissolvant l'Europe et l'autre s'y dissolvant. Mais l'ombre paralysante de De Gaulle — tellement plus grand mort que vivant — ne permettait pas aux adversaires de se placer en position de combat. Ils devaient tous rester dans l'ombre du Commandeur. Mêlée confuse entre des partenaires qui ne parvenaient plus à « trouver la distance ». Accrochages et coups bas, les joueurs devaient tirer en touche, sur la télévision, pour se dégager.

A nouveau les Français ne furent pas particulièrement bouleversés par cette bagarre. Ni le lyrisme de Michel Debré, ni les bons propos de Simone Veil ne purent faire prendre l'euro-mayonnaise. Chacun savait que l'Europe resterait ce qu'elle ne cesse de devenir : une alliance difficile entre des partenaires condamnés à vivre ensemble.

Constatant cela, je n'en impute pas la responsabilité aux seuls hommes politiques. Ils sont généralement de qualité et, à tout prendre, sans doute plus cultivés, plus travailleurs, plus compétents et moins démagogues que leurs collègues étrangers. Mais ils doivent jouer le jeu à la française. N'oublions pas que, si le créateur peut toujours ignorer les réactions populaires, le politicien, lui, ne le peut jamais. Ici, l'indice d'écoute se mesure au dépouillement des votes. Il est sans appel.

Or l'expérience prouve que les Français, tout en étalant le plus grand scepticisme face au discours politique, sanctionnent impitoyablement ceux qui prétendent en ignorer les règles. Il faut avoir la stature d'un de Gaulle pour violer le corps électoral. L'homme politique ordinaire, s'il prétend être élu, doit respecter les tabous, utiliser les formules consacrées, éviter les sujets délicats, flatter les corporations, se référer aux schémas habituels. Le peuple joue alors un rôle de « pousse-au-crime ». Trop sensible au rituel politique, il incite la classe politicienne à dépasser les bornes de la perversion démagogique.

L'analogie est troublante entre politique et télévision. Dans les deux cas, il existe un lien direct avec le peuple. Lien nécessaire, obligatoire et contraignant en politique, lien plus discret, moins visible, mais tout aussi réel pour la télévision. A cause de cette rétroaction, l'émetteur tend à refléter le récepteur. Il peut ajouter sa propre création, sa propre réflexion, mais il doit rester accordé à son auditoire, faute de quoi il en vient rapidement à prêcher dans le désert. La classe politique n'est pas obligée de construire des châteaux en Espagne et de promettre la lune, la télévision n'est pas condamnée à diffuser que de sinistres rigolades. Mais, dans les deux cas, il faut composer avec une exigence minimale, afin de ne pas dépasser le seuil de refus au-delà duquel l'émission n'est pas regardée, le candidat n'est pas élu. Il ne se passe alors plus rien.

On ne peut donc mettre la télévision ou la classe politique en accusation, indépendamment de ce que sont les Français et de ce qu'ils veulent. La faute consiste à flatter les travers culturels, à ne rien faire pour les corriger ; l'erreur serait de les ignorer et de ne leur faire aucune concession. Mais, précisément, le jeu politique actuel accentue les tendances « pathos-logiques » de notre société. Les « combats des chefs » en offrent un exemple saisissant.

M. Rocard voudrait remplacer M. Mitterrand comme grand leader socialiste, et M. Chirac voudrait de même supplanter M. Giscard d'Estaing chez les conservateurs. Rien que de très naturel. Qu'un champion en titre ait un challenger, c'est là un signe de santé. Pourquoi faut-il qu'on nous embobine cette compétition dans d'incroyables raisonnements doctrinaux ?

Michel Rocard ayant plaidé pour un certain réalisme économique afin de se démarquer du mitterrandisme, le premier secrétaire a fait un brusque mouvement à gauche. Ouf ! les revoilà à distance idéologique convenable pour mener le combat rhétorique. De même que les Français doivent choisir entre la France de Mitterrand et celle de Giscard, les militants doivent se prononcer entre le socialisme de Mitterrand et celui de Rocard. Alternatives toujours cruciales, choix historiques !

Au hasard des alliances et de leurs renversements, les hommes politiques prennent telle ou telle position idéologique, M. Defferre pourra se retrouver proche du marxisme intégriste après avoir incarné la social-démocratie et M. Rocard, l'ancien P.S.U. intransigeant, plaidera pour un socialisme raisonnable. Il n'y a que les imbéciles qui ne changent pas, c'est bien connu. Mais il est fâcheux que ces évolutions doctrinales suivent si parfaitement les méandres de la lutte pour le pouvoir.

Ici encore les Français ne sont pas dupes. Si l'on demandait à l'homme de la rue d'expliquer le différend idéologique Rocard-Mitterrand, il serait sans doute bien en peine de répondre et se contenterait de dire que l'un veut prendre la place de l'autre. D'autant que le challenger doit résister à la manœuvre du champion. Ce dernier tend à accentuer les différences jusqu'à rejeter son adversaire hors de la famille socialiste. L'autre, bien au fait de la tactique, pèse chacune de ses interventions pour ne jamais sortir du cercle magique. On en vient à épiloguer sur le moindre qualificatif pour bâtir des procès d'intention. A partir de ce qu'ils n'ont pas dit, il faut prouver que Mitterrand veut inféoder le P.S. au P.C. et que Rocard veut rallier, avec armes et bagages, le camp giscardien. Subtils jeux de langage, discours de l'un sur le discours de l'autre, interprétations et réfutations d'interprétations. Qu'importe le prix d'un baril de pétrole ! Les Français doivent se passionner pour les ententes, les mésententes, les malentendus et les sous-entendus. Bonheur de l'exégèse politicienne !

La démonstration serait rigoureusement la même dans le camp majoritaire. La règle du jeu oblige Chirac à prendre un maximum de distance doctrinale d'avec Giscard, et ce dernier à réduire l'écart. Les Français, qui n'ont guère vu de différence fondamentale entre les gouvernements Chirac et Barre, n'y entendent rien. « Vous bradez l'indépendance nationale ! » « Nous restons fidèles à la politique étrangère du général de Gaulle. » Et l'on se jette à la tête des subtilités de protocole, des détails de procédure, des variations de formules.

Même irréalisme dans le débat économique : Chirac doit absolument proposer une autre politique, faute de quoi il ne serait plus légitimé dans ses ambitions personnelles. Un jour il demande la relance par la consommation, un jour par l'investissement. Barre se faisant le champion des équilibres économiques — sans pouvoir les maintenir — reste dans la stricte orthodoxie gaullienne. Du coup, les chiraquiens demandent un assouplissement du rigorisme économique. « Laissons la France user de son crédit pour s'endetter, acceptons un certain déficit extérieur », etc. Peu de chances que le public voie la manœuvre. Il n'aurait pas davantage remarqué le ralliement des européanophiles, notamment des ex-M.R.P., à l'Europe minimale de la tradition gaulliste. Lecanuet soutenant un président qui se déclare hostile à une Europe véritablement supranationale, cela peut surprendre, mais quoi, il ne faut surtout pas laisser Chirac prendre du champ sur le plan doctrinal.

La réalité n'a pas grand-chose à faire dans ce genre de disputes. On peut vous bâtir une campagne électorale sur l'Europe sans parler de sa défense, de sa démographie ou de ses approvisionnements énergétiques. Que voulez-vous, le thème de concours retenu était « l'indépendance nationale », on en oubliait le reste. La menace pétrolière, la sclérose corporatiste, le risque de crise mondiale ou les pièges de la concurrence étrangère n'inspirèrent pas davantage les campagnes de 1974 et 1978. Ce n'est pas le fait du hasard.

Les vrais problèmes sont terriblement contraignants. Si l'on s'englue dans la réalité, la marge de manœuvres devient étroite et rend difficile le jeu des alternatives antipodales. Bref, il faut parler dans le concret et non dans l'abstrait, se colleter avec des faits au lieu d'échanger des idées. Par comparaison, un problème artificiel présente les plus grandes commodités, il se prête à toutes les démonstrations, à toutes les variations. Voilà pourquoi on ne peut chasser l'artificiel de la politique française sans qu'il revienne au grand galop.

La classe politique française utilise les doctrines pour se préserver des faits. C'est ainsi que les belles idées justifient les abus de la droite et les échecs de la gauche.

Cette dernière a fait du primat doctrinal un véritable postulat : il n'est de progrès social que celui qui découle d'une analyse théorique. De ce principe absolu, la gauche tire deux théorèmes : 1. le progrès social ne peut exister sans théorie ; 2. la théorie est une première forme de progrès social.

Cela lui permet tout à la fois de minimiser les résultats obtenus par d'autres et de masquer sa propre impuissance.

L'empirisme des sociaux-démocrates européens est évidemment condamnable. Condamnation définitive chez les communistes, teintée d'une certaine indulgence chez les socialistes. Ces derniers siègent aux côtés des sociaux-démocrates dans l'Internationale socialiste et ne nient pas certains progrès réalisés dans des pays comme la Suède, la Hollande, l'Autriche, etc. Toutefois, ils jugent sévèrement « l'absence d'une stratégie de rupture définitive avec le capitalisme ». Ainsi, les acquis sociaux-démocrates sont gravement entachés d'insuffisance doctrinale. Idéologiquement, capitalisme et socialisme appartiennent à deux catégories bien délimitées. Le progrès consiste à passer de l'une à l'autre. C'est ce qu'indiquent tous les poteaux indicateurs du « sens de l'histoire ». En idéologues conséquents, les socialistes français préparent le basculement d'un système dans l'autre. Ce qui peut se réaliser en dehors d'une telle perspective leur paraît médiocrement opportuniste.

Qu'en vertu de cette doctrine si parfaitement rationnelle, la condition ouvrière se soit beaucoup moins améliorée chez nous que dans les pays sociaux-démocrates, cela ne gêne en rien nos doctrinaires. Qu'importe le retard dans les faits, puisque la doctrine, elle, est en avance ! L'idée ne vient pas qu'il vaut mieux progresser sans trop de théorie que théoriser sans trop de progrès. Le socialisme, c'est bien connu, se juge aux intentions et non sur pièces. Grâce à son avance théorique, le socialisme français dépassera d'un seul coup d'un seul, Suédois, Danois, Autrichiens, Hollandais et autres en matière de réalisations sociales. L'échéance est incertaine, mais la victoire s'annonce totale.

Et l'électeur français doit écouter ses politiciens disserter sur la « rupture » et la « transition », sans rien voir changer. Au reste, les conquêtes sociales « réalisées par » ou « arrachées à » la droite sont passées sous silence : partis et syndicats de gauche ne reconnaissent jamais dans le discours public les améliorations, insuffisantes mais constantes, de l'état social en France. Qui lirait les déclarations et proclamations du P.C., du P.S., de la C.G.T. ou de la C.F.D.T. depuis trente ans devrait en déduire que le niveau de vie des travailleurs français est aujourd'hui inférieur à ce qu'il était au lendemain de la guerre. Les progressions de salaire sont toujours présentées comme un simple rattrapage de l'inflation. Le blocage idéologique interdit d'accepter simplement les faits.

Entre socialistes français, le qualificatif de social-démocrate est presque une injure. Chacun se défend bien haut d'une telle perversion. N'est-ce pas incroyable ? Le socialisme en France n'a pas apporté aux petits salariés la moitié des satisfactions qu'ils connaissent dans les pays sociaux-démocrates : à qui la faute ? On en discutera longtemps. Or ces gens, loin de manifester une certaine humilité vis-à-vis de leurs collègues plus efficaces, affichent une suffisance admirable : les idéologues socialistes français semblent toujours faire la leçon à tous les socialistes du monde.

Le réalisme est un alibi de la droite, tout le monde sait ça. Le discours socialiste — et à plus forte raison communiste — développe son propre terrorisme afin de s'imposer comme seule vérité. Un jour que Georges Marchais se trouvait à la télévision face à cinq journalistes, il eut le toupet de lancer : « Je vous mets au défi de me citer un seul pays ayant accompli des progrès dans la voie du socialisme sans avoir procédé à un important programme de nationalisations. » Ses interlocuteurs, assommés par l'autorité péremptoire de leur invité, ne répliquèrent pas. Il est juste de dire que si le socialisme se définit par le seul critère de l'appropriation publique des moyens de production, la démonstration de Marchais est une simple tautologie. Si, par contre, on le mesure aux progrès de la justice et de la solidarité, il est manifeste que bon nombre de pays sociaux-démocrates ont progressé dans cette voie sans passer par les nationalisations. Mais qui prendrait, en France, le risque de défendre ces « insuffisants doctrinaux » ?

En réalité, la primauté de l'idéologie a freiné l'évolution sociale en France. Empêtrée dans son doctrinalisme, la gauche politique et syndicale s'est trouvée à demi paralysée. De ce fait, l'ouvrier français est, en valeur relative, l'un des plus maltraités d'Europe. Il a été largement payé de mots pendant que ses collègues étrangers l'étaient d'avantages bien réels.

Tout le mouvement syndical porte la marque de cette impuissance. Du fait qu'une augmentation de salaire, une amélioration du travail, une diminution des horaires, une participation à la gestion ne peuvent se revendiquer que dans certaines perspectives idéologiques, le voilà éclaté en centrales rivales. Le travailleur français, conscient de cet irréalisme, n'est guère pressé de se syndiquer et les syndicats, jamais sûrs de leurs forces, utilisent la grève de façon aberrante. De par sa nature même, cette arme doit être de dissuasion et non d'emploi, elle doit être assez crédible pour constituer un moyen de pression efficace au seul niveau de la menace. C'est bien ainsi qu'elle fonctionne dans les pays sociaux-démocrates. Le syndicat, sûr de sa puissance et de ses troupes, arrache bien souvent des avantages sans faire cesser le travail. C'est alors son triomphe puisque les travailleurs ont remporté la victoire sans avoir eu à se priver de leur salaire.

En France, au contraire, la grève vise à prouver la « combativité des travailleurs », et son succès se mesure au nombre des grévistes. Qu'elle débouche ou non sur des résultats concrets finit par sembler secondaire. Au reste, certains mouvements sont lancés sur des objectifs si vastes qu'ils constituent une simple démonstration. Ce n'est pas une attaque, rien qu'une fantasia. Comment pourrait-il en être autrement, quand les états-majors syndicaux se croient obligés de faire passer l'idéologie avant la tactique ? Comment une action syndicale déclenchée dans de telles conditions pourrait-elle déboucher sur de grands succès ?

Il est donc faux de prétendre que la rhétorique de la gauche soit progressiste : elle est au contraire profondément conservatrice. Peu importent les mots et les intentions. L'arbre se juge à ses fruits. En France, ils sont secs. C'est pourquoi le discours de la gauche ne passe plus. Le téléspectateur se rend compte que cette phraséologie est à la fois la cause et l'alibi de sa défaite.

La bourgeoisie, elle, a tiré parti de ce blocage doctrinal. Alors qu'une action réaliste aurait depuis longtemps érodé ses privilèges, la titanesque bataille que l'on prépare pour demain lui permet de camper sur ses positions. « Elle ne perd rien pour attendre ! » Peut-être. Mais, en attendant, elle a beaucoup gagné. Maintien des injustices, des avantages, de l'autoritarisme, consolidation de la caste possédante : le résultat n'est pas si mauvais pour la « droite la plus bête du monde ».

Quelques grandes corporations ont pu tirer leur épingle du jeu : personnel des entreprises publiques, secteur bancaire, ouvriers du livre, salariés de quelques grandes sociétés modernes. Ce sont là des exceptions : pour l'immense masse des salariés payés au S.M.I.C., encore soumis à une discipline du XIXe siècle, le bilan est médiocre.

Qui plus est, la bourgeoisie conservatrice a fort bien su utiliser la rhétorique à son profit. Elle aussi s'est donné un discours artificiel, cherchant moins à bâtir des utopies qu'à masquer des réalités : il est vrai que le libéralisme offre l'efficacité économique en contrepartie de la contrainte sociale. Mais encore faudrait-il jouer honnêtement le jeu de la sélection naturelle, qui devrait s'étendre à tous les agents économiques : non seulement aux salariés qui risquent le licenciement et le chômage, mais également aux dirigeants, qui ne sont pas toujours sélectionnés pour leur mérite, ni sanctionnés par la faillite. Bref, un « vrai » capitalisme imposerait à tous, salariés et patrons, l'insécurité concurrentielle.

Dans la réalité, on voit s'étendre un système de castes et de privilèges au détriment des authentiques entrepreneurs et des véritables managers. En contradiction avec les principes méritocratiques dont elle se réclame, la bourgeoisie cultive l'héritage pour assurer sa reproduction au fil des générations : les héritiers succèdent aux pionniers. Ce capitalisme dégénéré perd désormais son efficacité tout en aggravant ses injustices.

Bien souvent, le « patron » tend à devenir un « planqué du capitalisme ». Au lieu de vivre sur des bénéfices toujours aléatoires, et donc justifiés par l'insécurité, il s'octroie, ainsi qu'à sa famille, de confortables salaires et d'invérifiables « frais professionnels », il dissocie sa fortune privée du risque commercial, s'efforçant ainsi de cumuler les avantages de l'entrepreneur et ceux du salarié. Et l'on arrive à cette situation malsaine du capitalisme à la française, dans laquelle les patrons peuvent prospérer sur le dos d'entreprises déficitaires.

Encore faut-il se réjouir lorsque le capitalisme français cherche fortune dans la production — et non dans l'entremise, voire la spéculation. De tels profits peuvent se réaliser sur le simple changement de valeur d'un bien ou le simple contrôle d'un poste d'échange, que les producteurs font aujourd'hui figure de héros. Le capitalisme français est celui des rentiers de situation, des spéculateurs fonciers, des intermédiaires de distribution, des affairistes.

Tout cela est masqué par un discours mystificateur sur le droit de propriété. Chaque fois que l'on tente, bien timidement, de s'attaquer à ces perversions en limitant l'héritage, municipalisant les sols, organisant les circuits, nationalisant l'exploitation de la forêt, récupérant les plus-values foncières, la droite ameute le petit propriétaire qui, dans le cœur des Français, ne sommeille jamais.

Toute la haute industrie a échappé aux dures lois du capitalisme. Elle est colonisée par les technocrates venus des cabinets ministériels, des états-majors et services de l'administration. Au mépris des lois, ces hauts fonctionnaires parasitent les grandes entreprises publiques et privées. Ainsi naît une nouvelle race de managers, qui ne risquent pas un sou de leur argent personnel, qui n'ont pas à faire leurs preuves « sur le tas » et se réservent, en cas d'échec, la possibilité de « retourner dans leur corps d'origine ». Ces faux patrons, qui s'imposent par leurs influences politiques plus que par leurs compétences de gestionnaires, qui exercent l'autorité sans assumer le moindre risque, se versent des salaires et avantages qui, eu égard aux maigres profits de leurs entreprises, correspondraient à d'énormes paquets d'actions. Telle est la réalité du capitalisme pur et dur qu'on prétend justifier aux yeux des salariés et que la crise salutaire commence tout juste à régénérer.

Et que dire de la symbiose malsaine entre fonds publics et trésorerie des entreprises ? Par ses commandes, ses crédits de recherche, ses prêts bonifiés ou ses subventions plus ou moins déguisées, l'État soutient des industries qui finissent ainsi par cumuler les avantages du capitalisme et ceux du socialisme. Ainsi arrive-t-on à cette aberration de la crise sidérurgique. Les Français découvrent tout à coup que la plus grande faillite de notre histoire peut se produire sans qu'il existe de faillis. Merveille du capitalisme à la française ! A tout le moins avait-on vu, dans l'affaire Boussac, un propriétaire perdre sa fortune dans le naufrage de son empire. Rien de tel avec les maîtres des forges : ils ont pu laisser une ardoise se chiffrant en dizaines de milliards sans qu'un procès public vienne établir clairement les responsabilités et faire rendre aux propriétaires — pas seulement aux petits porteurs d'actions — l'argent gagné à la tête des entreprises.

Est-ce là le discours crédible que la droite espère faire passer par le canal de la télévision ? Croit-on faire admettre l'économie de marché alors que tant de faits contraires en démentent les prémisses ? L'entreprise est aussi vaine que celle des gens de gauche prônant une idéologie qui ne se retrouve ni dans l'expérience française ni dans les exemples étrangers. La réalité vécue montre aux téléspectateurs que les discours de l'élite politique, économique ou syndicale ne sont que des mots, sans rapport avec les faits. Malheureusement, tout se passe comme si l'appartenance à ces différentes instances de pouvoir stérilisait la pensée et la condamnait à ce plat conformisme.

Et que dire de la gigantesque imposture qui a consisté à tant dénoncer les violations des droits de l'homme par l'U.R.S.S. sans jamais condamner la collusion américaine avec tous les fascismes d'Amérique latine !

Le discours s'est à ce point fossilisé que la moindre vétille devient événement. Nos journaux font des titres en caractères gras lorsque le président de la République cite le nom de M. Edmond Maire, lorsque tel ou tel leader accepte ou refuse une invitation à l'Élysée, lorsque M. Jacques Chirac colore d'une nuance légèrement différente ses habituelles critiques, lorsque M. Georges Séguy parle d'une « explication franche » et non d'un « dialogue de sourds ». Comment le peuple français pourrait-il se passionner pour de telles futilités ? Ne sait-il pas qu'un tsunami économique peut à tout moment balayer notre fragile prospérité, qu'il faut vite, très vite, fonder notre société sur des bases plus solides que cette glace incertaine, craquant sous les lames des patineurs en fuite ? Comme la télévision serait plus efficace si nos hommes politiques abandonnaient leur rhétorique usée pour parler le langage de la réalité !

Aujourd'hui l'information politique ne passe plus. Selon un sondage Public S.A. publié par *le Figaro*, 54 % des Français jugent incompréhensible le langage des hommes politiques (proportion qui monte aux deux tiers chez les ouvriers), 62 % jugent ce langage « dépassé » et 79 % considèrent que les discours politiques ne tiennent pas suffisamment compte de leurs préoccupations. Là encore, il faut interpréter ces réponses. Rien ne prouve que ces mêmes Français ne repousseraient pas l'homme politique qui leur tiendrait le simple et dérangeant langage des faits.

Quoi qu'il en soit, la vie politique tend à devenir une liturgie ponctuée par les mêmes sermons : une messe éternellement célébrée selon le rite de Pie V. Il est vrai que les Français sont accoutumés à ce ronron politicien, qui ne les perturbe pas et distrait certains. Il est également vrai que la classe politique, loin de s'opposer à ce travers national, ne fait que le renforcer, la complaisance répondant à la routine. Juste retour des choses, les téléspectateurs, conscients d'avoir été abusés par les prétentions doctrinales, tendent à ne plus voir que des intrigues politiciennes dans les plus estimables débats d'idées. Ils sont plus impénétrables que jamais. C'est la grande défiance — antiparlementarisme, antidoctrinalisme, apolitisme — qui submerge aujourd'hui les jeunes générations. En serait-on là si l'on s'était abstenu de tels dévergondages rhétoriques ?

N'est-il pas tristement significatif qu'aucun courant nouveau ne puisse naître dans les partis politiques ? Écologisme, « consumerisme », féminisme, régionalisme : tout ce qui transforme la conscience collective est extérieur au débat politique. Les partis s'efforcent — de façon comique ou pitoyable — de récupérer ces mouvements. Ils ne pensent plus, donc ils suivent. Toujours à la recherche du prochain thème à la mode qu'ils tentent d'attraper faute de l'inventer.

Dans une féroce analyse du discours politique, Jacques Julliard[1], dénonçant cette stérilisation de la pensée politique, pose brutalement la question : « La politique rend-elle idiot ? » « Dans aucune autre branche de l'activité humaine, constate-t-il, [...] on ne pourrait tolérer que toutes les décisions reposent sur un tel tissu de vérités approximatives ou partielles, de contrevérités cyniques, de mépris de la mémoire collective, une telle caricature du débat intellectuel. » Le plus frappant, c'est que Julliard adresse ces critiques à sa propre famille politique, au Parti socialiste. On voit bien que la même volée de bois vert pourrait être administrée aux autres formations.

Comme il le montre justement, ce n'est pas une affaire d'individus, mais de système : les intelligences ne manquent pas dans le personnel politique, mais elles ne peuvent s'exprimer. « Quel rapport, par exemple, entre les ouvrages d'Attali et sa contribution à la politique économique du P.S. ? » s'interroge-t-il. « Comment un homme comme Jacques Delors, dont l'imagination sociale est une des toutes premières de ce pays, peut-il être littéralement stérilisé dès qu'il est absorbé par la mécanique d'une organisation, d'une logique partisane ? »

Comment croire après cela que les Français vont se laisser violer par la télévision politique ? Ils ont depuis longtemps compris la règle du jeu. Eux aussi mettent des étiquettes stéréotypées sur les batailles politiciennes, ils connaissent les scénarios, les règles. Impossible de les tromper, impossible de les entourlouper. La prestation d'un leader ressemble à un jeu d'*Intervilles*. Pendant son parcours balisé, préparé, il devra réussir à décrocher cinq ou six cocardes : « Progrès social », « Indépendance nationale », « Démocratie », « Réduction des inégalités », pour fleurir son discours et planter cinq ou six banderilles : « Inégalités », « Goulag », « Politique d'abandon », « Défense des monopoles », « Démagogie », « Incohérence », sur les fesses de son adversaire. Le vainqueur est celui qui a ramassé le plus de cocardes en ayant évité un maximum de banderilles. C'est un jeu qui peut encore plaire, mais ce n'est qu'un jeu.

Il devient alors dérisoire de prêter à la télévision un pouvoir magique et Julliard peut dénoncer « cette tendance à vouloir tout expliquer, et d'abord ses propres déconvenues, par la toute-puis-

---

1. *Esprit,* septembre-octobre 1979.

sance des media à la solde du pouvoir, agents de propagation de l'idéologie dominante... Il faut tenir les savantes " explications " des phénomènes politiques par les media comme de dangereuses âneries », conclut-il.

Telle est donc l'extrême dégénérescence du discours politique, et pourtant... Ce curieux pays de France, qui cultive l'immobilisme des mots, qui fossilise la parole publique, qui ressasse les formules propitiatoires, les excommunications majeures et les appels incantatoires, change dans ses profondeurs. La réalité se transforme sous le décor gelé des discours.

Chacun sait que la crise impose un nouveau type de rapports sociaux conférant à la collectivité plus de souplesse, plus d'adaptabilité et plus de résistance. De fait, on voit s'en instaurer dans des secteurs qui échappent à l'emprise paralysante des grandes corporations. Dans un certain nombre d'entreprises, l'éventail des rémunérations tend à se réduire, la concertation à s'étendre, l'autoritarisme à diminuer. Les directions prennent en compte la sécurité de l'emploi et les salariés reconnaissent les contraintes économiques. Bref, les conditions sont créées d'un premier dialogue, d'une timide concertation. Ces évolutions peuvent se faire, mais à une seule condition : n'en point parler. Dans le langage public, on en est toujours à l'affrontement permanent, à l'opposition exploiteurs-exploités, à l'interdiction de tout dialogue. Mais, dans le secret de l'entreprise, pour autant que l'affaire ne filtre pas à l'extérieur, on s'efforce d'éviter la politique du pire, de concilier les intérêts, de changer les conditions de travail, d'amortir les conflits. Tout est possible, aussi longtemps que le discours est préservé. Si d'aventure la presse rend publique cette « mésentente cordiale », il faut briser là, démentir hautement et remettre les faits en accord avec les mots.

Il en va de même dans de nombreuses villes. Sans doute la coexistence n'est-elle pas toujours simple entre familles politiques opposées, mais on voit bien des bourgeois reconnaître en privé que leur maire communiste est un excellent administrateur, on voit bien des préfets collaborer sans arrière-pensées avec des municipalités de gauche. Cela n'empêchera pas les oppositions d'être toujours aussi extrêmes et définitives dès qu'on se retrouve sur le forum.

La plupart des hommes politiques tiennent un langage fort réaliste sitôt que les micros sont coupés. Ils admettent ce qu'ils ont récusé publiquement un instant plus tôt. Double langage permanent, qui ne surprend plus personne. Rien n'est plus plaisant que de voir les adversaires d'un face-à-face télévisé discuter entre eux dans le studio une fois les projecteurs éteints. Une conversation naturelle remplace le dialogue de sourds. Certes, les positions ne se rejoignent pas, mais la communication redevient possible, les barrières doctrinales sont abaissées. C'est ainsi que l'on voit dans les couloirs du Palais de Justice des avocats deviser sereinement quelques instants après s'être invectivés dans le prétoire. Passant de la parole publique à la parole privée, on laisse au vestiaire les grands mots, les formules fracassantes, les anathèmes rituels, les slogans à l'emporte-pièce. On cause. Tout simplement.

En public, on ne cause pas ; on polémique. A partir de principes et de préjugés, on construit une démonstration qui puisse déboucher sur cette bonne vision manichéenne en noir et blanc. Dès lors que la division est doctrinale, il faut que l'adversaire échoue, que son action soit intégralement mauvaise. C'est la guerre de religion qui exclut les intermédiaires entre croyants et infidèles. Hommes et politiques doivent se situer idéologiquement, et s'évaluer de même au terme d'analyses théoriques. La gauche, plus marquée doctrinalement que la droite, est particulièrement victime de ce travers. Il est frappant de relire après coup les commentaires que suscita l'aventure gaullienne entre 1958 et 1969. Combien d'auteurs ne prouvèrent-ils pas, au terme de ces dissertations, que le général de Gaulle allait instaurer un régime autoritaire, qu'il ne ferait jamais la paix en Algérie, que la constitution de 1958 — et surtout sa présidentialisation en 1962 — préparait une fascisation de la France, etc. Il serait cruel de ressortir ces analyses politico-journalistiques, qui avaient le seul tort de se situer tout entières dans le discours théorique au lieu de considérer ce fait non réductible aux concepts doctrinaux : la personnalité du général de Gaulle.

Tout aussi théoriques furent les jugements portés sur les différents pays du tiers monde. Il fallait à toute force les catégoriser en fonction de nos systèmes. Le F.L.N. livrerait l'Algérie au communisme soviétique, nous expliquaient les tenants de l'Algérie française ; la Guinée de Sékou Touré était un grand État socialiste, pensaient les gens de gauche. Taiwan-Formose, en dépit des progrès économiques et sociaux, ne pouvait être qu'une dictature rétrograde pour nos doctrinaires de gauche et le chah d'Iran devenait un souverain moderne et civilisateur pour nos gens de droite. Inutile d'aller voir sur place ce qui se passait, la théorie, seule, suffisait pour trancher.

Cette république des rhéteurs perd peu à peu ses citoyens. Elle sait encore les mobiliser le temps d'une élection avec ses mélodrames idéologiques, mais elle est incapable de les retenir dans la vie politique « ordinaire ». Pour les syndicats comme pour les partis, la grande débandade des militants est commencée. Un mal honteux que les appareils s'efforcent de masquer. C'est pourtant un secret de polichinelle. Depuis plusieurs années, les désertions l'emportent sur les adhésions. Mais du P.C. à l'U.D.F. et de la C.G.T. à la C.G.C., tous ces organismes-passoires préfèrent dissimuler le phénomène au moyen de silences pudiques ou de chiffres bidons plutôt que de remettre en cause le train-train sécrété par toute bureaucratie.

Ainsi se dirige-t-on vers une campagne présidentielle, en 1981, dont on peut déjà, comble d'horreur, prévoir dès aujourd'hui les débats et les coups bas qui devront faire notre régal. Et tout sera ainsi : par tradition autant que par routine. Des militants viendront encore coller des affiches ou remplir des salles. Un pourcentage appréciable de spectateurs se fera un devoir de suivre les émissions électorales. Mais on peut gager que le cœur n'y sera pas.

Après cette énième édition d'une campagne bien de chez nous, la dépolitisation s'accentuera. Ni jeunes ni vieux, ni cadres ni ouvriers ne participeront à la vie politique ; par centaines de milliers, des citoyens passeront du scepticisme à l'indifférence. Peut-être faudra-t-il en arriver là pour que soient réunies les conditions du renouveau, auquel on ne peut cesser de croire, que l'on ne peut s'empêcher d'espérer.

Mais quel parti, quel leader osera rompre avec cette rhétorique et parler aux Français comme on parle à ses amis, comme on se parle à soi ? Je l'imagine, ce téméraire, disant tout haut ce que l'on pense tout bas : que tous ceux qui se plaignent ne sont pas également malheureux, que nul Français ne peut être dispensé d'efforts, que nul bouc émissaire ne paiera pour nos fautes, que nulle politique ne fera disparaître la crise, que la discipline, la rigueur et le travail pourront seuls nous sortir d'affaire, que l'exigence de justice sociale n'épargnera personne. Je l'imagine surtout, proposant des mesures concrètes, cohérentes, désagréables, sans nulle considération idéologique ou doctrinale, inspirées par le seul souci des faits et des chiffres.

Il est à craindre que les Français, plus soucieux de la réalité de leurs désirs, refusent un tel discours. Pourtant, n'a-t-on pas vu en

1978, la gauche perdre une victoire à portée de la main à cause d'un excès de démagogie et d'un manque de rigueur ? En définitive l'accumulation des promesses incompatibles et intenables a effrayé plus d'électeurs qu'elle n'en a séduit. La leçon vaut d'être méditée. Qui sait si, en temps de crise, la démagogie politicienne n'est pas plus inquiétante que rassurante ?

L'expérience du réalisme vaudrait donc d'être tentée. Mais elle ne peut l'être que par un groupe marginal alors qu'elle devrait venir de l'intérieur même des partis, et c'est là toute la difficulté. Comme dirait M. de La Palice, tout ce qui n'est pas récupéré est perdu. Malheureusement, les appareils en place sont totalement conservateurs. Ils choisissent les hommes au terme d'un système de sélection et de formation qui ne laisse guère de chances au changement. Lorsque l'individu peut enfin s'emparer du levier, il n'est pas ou plus en état de l'utiliser. C'est pourquoi des situations de crise sont nécessaires pour provoquer la déstabilisation et faire place à un renouveau. Entre une situation mondiale qui se tendra jusqu'à la rupture et une vie politique française qui se figera jusqu'à susciter le rejet, il existe des possibilités réelles de voir une évolution se dessiner... à terme.

Les responsables politiques, économiques ou syndicaux peuvent expliquer sinon justifier la mauvaise qualité de leurs discours par leur engagement dans l'action. Leur parole se juge à l'efficacité. Avant tout, un politicien ou un manager est comptable de ce qu'il fait, non de ce qu'il dit. En attendant, la télévision se trouve appauvrie par la médiocrité du discours politique. Mais comment en serait-il autrement ? N'est-elle pas le forum électronique des sociétés modernes ? Et quelle peut être la qualité d'une retransmission lorsque la pièce est mauvaise ?

Cet « État-spectacle », si souvent critiqué, devrait former le jugement et, par là même, devenir une école de réalisme et de démocratie. Les choses étant en France ce qu'elles ne devraient pas être, cette fonction est aujourd'hui fort mal remplie. Ainsi la télévision subit-elle en contrecoup tous les errements, toutes les perversions de notre vie publique.

Il faut aux commentateurs politiques bien du talent pour exploiter les « petites phrases » prononcées pendant le week-end par nos politiciens ! Messieurs de la politique, faites-nous une bonne actualité, et nous pourrons faire une bonne information télévisée. Délivrez-nous de vos discours stéréotypés, et la télévision parlera clair et fort. Mais n'attendez pas de la télédiffusion qu'elle donne au discours politique la force qu'il n'a pas. Si la politique n'intéresse plus les citoyens, elle n'intéressera pas davantage les téléspectateurs.

Le dévergondage des débats publics n'aurait pas de conséquences trop graves si l'élite intellectuelle, profitant de ce qu'elle n'a pas à redouter d'échéances électorales ou comptables, faisait contrepoids. Hélas, ces têtes pensantes accentuent ces défauts plus qu'elles ne les corrigent. Ce sont elles, bien souvent, qui font passer les mots et les idées pour des faits, les raisonnements pour des enquêtes et les approbations pour des preuves : elles pervertissent leur propre réflexion dans les outrances d'un discours démagogique et mystificateur.

Pour la télévision, déjà trahie par le débat public, c'est l'ultime avanie. Là encore, elle n'est qu'une interprète : si l'écran réfléchit, c'est en renvoyant une image, non en inventant des idées. Ainsi les gens de télévision ne sauraient-ils parler juste dans un monde qui pense faux.

Je ne suis pas plus qualifié pour juger du travail intellectuel proprement dit que de la création artistique. Je ne prétends donc pas évaluer la production des philosophes, physiciens, ethnologues, sociologues, économistes... à l'intérieur de leurs disciplines. Il s'agit là d'un savoir spécialisé qui n'est pas directement transmis au public. Aux dires des autorités compétentes, les Français tiennent une place honorable — encore que variable selon les domaines — dans la recherche mondiale. Mais la classe intellectuelle intervient également dans le débat public, soit en prenant position sur des problèmes d'actualité, soit en répercutant ses théories à travers les media, jusqu'à ce qu'elles deviennent des « idées à la mode » qui influencent la conscience collective. Ainsi Jean-Paul Sartre était-il tout à la fois le philosophe de *l'Être et le Néant,* de *la Critique de la raison dialectique* et d'autres œuvres peu accessibles, et l'homme engagé qui siégeait au « tribunal Russell », vendait *la Cause du Peuple,* défendait les accusés du « Réseau Jeanson » ou lançait des formules « grand public » : « Il ne faut pas désespérer Billancourt », « l'Enfer, c'est les autres », « un anticommuniste est un chien », « le marxisme est l'indépassable philosophie de notre temps ».

D'une façon générale, l'influence idéologique de l'élite pensante a-t-elle été bénéfique ou bien dommageable pour la société française ? Doit-on regretter qu'elle ne s'exerce pas davantage à la télévision ?

Impossible de répondre brutalement par *oui* ou *non*. Mieux vaut chercher à savoir ce que l'intelligentsia en pense elle-même. Elle traverse aujourd'hui une phase de « déprime idéologique », traduisant un profond désarroi. Le mea culpa masochiste, le lamento désenchanté abondent. Au soir de sa vie Jean-Paul Sartre déclarait que « l'Etat actuel réduit au plus bas l'influence de l'intellectuel ». La revue *Esprit* affiche sur son numéro de septembre-octobre 1979 : « Quand échouent les politiques qu'on croyait miraculeuses et une raison qui prétendait dire l'avenir, en face d'une modernité qui nous met à l'épreuve, QUE PENSER ? QUE DIRE ? QU'IMAGINER ? » Dans *le Monde,* une philosophe, Élisabeth Guilbert-Sledziewski, dénonce l'actuel concert de « déplorations » : « ... un continuel *O Tempora ! O mores !* qui est, certes, la chose la plus banale du monde, mais qui se drape dans le manteau moiré d'une obsession politique qui ne fait pas de politique, d'un regret des idéaux qui vomit les idéaux, d'une morgue qui exècre les pouvoirs. » Dans ce même quotidien, Alfred Grosser se rit de cette « morosité idéologique » : « Comme c'est triste ! Les belles, les bonnes, les réconfortantes idéologies s'évanouissent ! [...] Un peu partout, à l'extrême gauche, chez les communistes, chez les socialistes, chez les catholiques de tous bords, c'est la nostalgie de la bonne explication simple, de la clé qui ouvre toutes les portes... »

D'où vient cet universelle mélancolie ? La réponse ne fait aucun doute : des erreurs. Au cours des décennies écoulées, les intellectuels français se sont entichés de grands systèmes idéologiques qui se sont révélés faux. Stalinisme, maoïsme, teilhardisme, lacanisme, illichisme, aucun n'a résisté à l'épreuve du temps ou des faits. Toutes nos générations se sont fourvoyées, en sorte qu'elles se reconnaissent à leurs erreurs communes comme on identifie les couches géologiques à leurs fossiles. Les maîtres penseurs octogénaires d'aujourd'hui furent maurrassiens, les sexagénaires staliniens, les quadragénaires maoïstes et les plus jeunes écolo-autonomistes.

C'est certainement *le Nouvel Observateur* qui traduit le plus fidèlement cette crise de l'idéologie française. *L'Obs'* est devenu une institution, où règnent ce brio qui fascine et irrite, ce bouillonnement d'idées qui séduit et subjugue, cette maîtrise du style et de la rhétorique qui impose les modes. C'est là qu'on peut le mieux prendre le pouls de l'intelligentsia.

Voici par exemple le numéro du 29 octobre au 4 novembre 1979. Il ne s'annonce pas comme un « spécial idéologie ». On y trouve tout d'abord un article de Claude Roy, « le Berceau des mensonges », où sont mises en accusation les causes de tant d'erreurs : « L'ignorance de la réalité et l'aveuglement sont les deux mamelles de la pensée moderne. » Incriminant « une prodigieuse indifférence à la réalité, l'habitude de " penser " d'abord, et d'observer et vérifier ensuite », il estime qu' « on a été d'étonnements en stupeurs et de stupeurs en gueules de bois parce qu'on avait trop souvent trouvé avant de chercher, répondu avant d'interroger et prévu avant d'avoir vu ». Il y a quelques années, un tel réquisitoire aurait été taxé d'anti-intellectualisme primaire. Aujourd'hui, il est presque banal. Témoin, la « fiction » de Guy Sitbon, quelques pages plus loin.

Avec son humour au vitriol, Sitbon fait dialoguer deux intellectuels. Voici les questions de l'interviewer : « A cette époque vous étiez communiste, c'est bien ça ? Ensuite vous avez quitté le parti, n'est-ce pas ? Quelques années plus tard, vous avez été maoïste ? Ensuite, vous avez de nouveau changé, vous avez été tiersmondiste ? Ensuite, vous êtes devenu autogestionnaire, anti-hiérarchique et quoi encore ? » Je vous laisse deviner les réponses, qui, toutes, conduisent à la conclusion : « Il faut faire la révolution. » Le piquant de l'affaire, c'est que ces questions sont, à peu près, celles que Catherine David pose à Roger Garaudy dans la longue interview qui constitue le document de la fin de ce numéro. Mais nous ne sommes pas quittes envers ces mémoires douloureuses. On présente encore, à la rubrique télévision, un grand portrait d'Aragon (autre stalinien, mal repenti celui-là).

C'est que les illusions se sont effondrées et qu'il faut sans cesse monter au filet pour dénoncer les impostures idéologiques. Un article condamne les verdicts de Prague, un autre ceux de Pékin, un troisième les ratés du « modèle suédois ». Grands dieux, à qui se raccrocher ! Certainement pas aux « maîtres ». Jean-Paul Enthoven exécute Jacques Lacan en deux pages et demie. Hier, c'eût été un crime de lèse-majesté. Aujourd'hui, une simple mise à jour. Au gourou qui faisait se pâmer nos précieuses, on préfère — immense progrès — un neurophysiologiste, Michel Jouvet, auquel on consacre quatre pages. C'est le basculement de l'idéologie fumeuse à la rigueur scientifique : « Ce que je reproche à la psychanalyse, dit-il, surtout dans sa version freudienne, c'est de s'ériger en dogme. Rien à voir avec la démarche des neurophysiologistes, qui remettent sans cesse leurs théories en question par l'expérimentation. » Un propos qui fait écho aux conclusions de Claude Roy, demandant que les intellectuels prennent le temps de se taire et d'observer la réalité.

Un long dossier, *l'Algérie, vingt-cinq ans après,* permet à des intellectuels d'évoquer le passé sans rougir et, même, avec une légitime fierté. Il est vrai que Claude Bourdet, Jean Daniel, Alain Savary, Jérôme Lindon, Pierre Vidal-Naquet et tant d'autres ne se trompèrent pas en cette circonstance et firent même preuve d'un réel courage.

« L'ère des errements » est-elle définitivement close ? Comme on voudrait le croire ! Mais on trouve également un article de Michel Bosquet consacré à l' « absolutisme technocratique ». Il s'agit de défendre l'autonomie individuelle contre l'emprise oppressive et normalisatrice de la société. La raison de ce papier ? L'alcootest, tout simplement : « Son introduction a fait de quinze millions de citoyens des suspects que, même en l'absence de toute infraction et de tout élément de présomption, la police est habilitée à soumettre à des contrôles physiques. »

Chaque année, les ivrognes au volant tuent plusieurs milliers de Français, en mutilent quelques dizaines de milliers d'autres, victimes sobres et innocentes dont le seul tort fut de croiser leur route. En l'absence d'un radar éthylique qui détecterait à distance les conducteurs en état d'ébriété, force est de recourir à l'alcootest. Des automobilistes doivent donc « souffler dans le ballon », ce qui, en termes idéologiques, se traduit par : « Subir un contrôle physique. » Cette atteinte aux droits de l'homme — le droit en question étant celui d'écraser ses semblables et non celui de ne pas être écrasé — vient après deux autres, également dénoncées : le port obligatoire de la ceinture de sécurité et l'allumage des codes en ville qui permettent à Bosquet de conclure : « L'État du libéralisme avancé fait le contraire de ce qu'il dit et met en place un absolutisme technocratique. »

Tout le drame de l'idéologie française se trouve résumé en un seul numéro. Et ce drame tient à l'absence de garde-fou. Alors que l'hypothèse scientifique est réfutable, la théorie idéologique ne peut être que discutée. Il manque toujours la sanction de l'expérience. A défaut de ce contrôle externe, il faudrait redoubler de rigueur interne. Or c'est le contraire qui se produit. Cette pensée, non asservie aux faits, tend naturellement à s'épanouir en pure construction intellectuelle. Et, bien souvent, la valeur des systèmes idéologiques se mesure à la qualité du discours, plutôt qu'à la pertinence des conclusions : c'est alors que l'on bascule dans l'idéomanie.

Il y a peu, un philosophe à la mode disait d'un confrère qu'il n'aime pas : « Et d'abord, il n'est pas des nôtres, il n'était pas maoïste en 1968. » N'est-ce pas admirable ! Nul, pas même en Chine, n'ose plus revendiquer le maoïsme. Voilà pourtant qu'il devient une marque de distinction, presque une décoration, pour nos anciens combattants du Petit Livre Rouge.

L'erreur n'est plus disqualifiante : elle est formatrice et pourrait même passer pour un gage d'honnêteté, l'aveuglement attestant la sincérité de l'engagement. S'en être libéré est une preuve de lucidité que ne pourra jamais donner celui qui ne s'est pas trompé. Ainsi le discours sur l'erreur succède à l'erreur du discours. Toujours théorique. Car ils ne sont pas nombreux à suivre les sages préceptes de Claude Roy.

Ceux qui résistent au conformisme de l'époque restent éternellement suspects. Pour avoir refusé de jouer les « compagnons de route », Albert Camus fut considéré pendant vingt ans comme un « auteur pour classes terminales » que sa médiocrité philosophique avait préservé de l'erreur. C'est qu'il faut discréditer ces faux frères dont la clairvoyance condamne l'engouement collectif.

L'idéologie finit par s'apparenter curieusement — et dangereusement — à l'art. Rien n'est plus naturel pour un artiste que d'avoir eu différents styles, participé à de nombreuses écoles. Nous avons ainsi des périodes fauve, cubiste, grise, surréaliste, expressionniste chez un même peintre. De même trouvons-nous un Sartre crypto-communiste à côté d'un Sartre maoïste, un Garaudy stalinien à côté d'un Garaudy écolo-spiritualiste, un Glucksmann mao à côté d'un Glucksmann défendant les droits de l'homme, etc.

L'analogie n'est pas fortuite : elle traduit le fait que la pensée est davantage conçue comme un exercice de rhétorique que comme une appréhension du réel. Malheureusement, les intellectuels ne jouent pas aux échecs, les pions qu'ils manient sont les faits. Et les idées, les conclusions qu'ils en tirent influencent profondément leurs contemporains.

Il n'y a pas plus juste, pas plus intelligent que l'erreur à la française. Elle se fonde toujours sur une interrogation essentielle et sur une idée forte. Quand les marxistes veulent maîtriser le système économique pour donner un sens au progrès, ils ont raison ; comme les maoïstes, qui refusaient la dictature élitiste de la compétence, comme les antipsychiatres, qui dénoncent les méthodes expéditives par lesquelles nous excluons les « fous », comme les marcusiens, qui insistent sur l'aliénation de l'homme par la consommation marchande.

Malheureusement, cet amour forcené de l'abstraction et de la systématisation, cette volonté de bâtir les théories les plus ambitieuses sur les données les plus fragiles conduisent à débiter des sottises sur les plus raisonnables prémisses. C'est une véritable malédiction qu'en tressant de l'une à l'autre un enchaînement subtil et brillant, on passe si facilement d'une vérité de départ à une erreur d'arrivée. Ainsi sont mises hors jeu des idées-forces qui seraient essentielles à la compréhension de notre époque. Le public n'en voit qu'une version simplifiée et caricaturée par les media, discours totalement irréaliste qui accentue le conformisme du moment ou contribue à creuser davantage le fossé qui sépare la classe intellectuelle et le peuple.

Nous arrivons aujourd'hui à une période de transition. Les grandes utopies sociales paraissent définitivement mortes et, par ailleurs, on constate que la classe intellectuelle tend à suivre son cœur plutôt que sa raison — ce qui, étrangement, la situe dans sa meilleure tradition. En effet, elle doit ses plus grands titres de gloire à des batailles concrètes. De l'affaire Calas à l'affaire Dreyfus, les exemples ne manquent pas : l'indignation est souvent meilleure conseillère que l'abstraction, et l'on risque moins de se tromper en se battant pour les disparus d'Argentine qu'en étudiant la voie cubaine vers le socialisme.

Les mécanismes pervers n'ont pas disparu pour autant, et leurs effets, s'appliquant à de nouveaux domaines, se révèlent tout aussi redoutables. Voilà que l'idéomanie, s'emparant d'idées neuves et fécondes, risque de les gâcher avant même qu'elles aient servi.

Première idée : *la revendication d'autonomie.* L'État tend naturellement à tout organiser, tout réglementer, tout normaliser, à laisser le moins de pouvoir et d'initiative possible aux individus et aux communautés de base. C'est une tendance dangereuse : il faut, au contraire, viser la plus petite dimension, limiter au strict nécessaire l'organisation à grande échelle. De cette règle de bon sens, on va faire un principe transcendant : l'individu est spontanément bon et l'intervention étatique intrinsèquement perverse. Ainsi dénonce-t-on, pêle-mêle, les vaccinations obligatoires, la ceinture de sécurité, les règlements administratifs, le monopole de la télévision, l'organisation de l'enseignement... Anarcho-poujadisme qui ne peut que flatter l'individualisme rouspéteur des Français.

L'idée juste devient alors fausse, car elle néglige la revendication de sécurité. Plus les Français grognent contre l'État et plus ils en appellent à sa tutelle. Impossible de l'accorder sans renforcer l'organisation collective. Une société de large autonomie individuelle est nécessairement dure. C'est pourquoi l'anti-étatisme est ordinairement de droite, alors que l'étatisme est de gauche. Nos idéologues posent en postulat la bonté naturelle de l'homme et des relations sociales spontanées, à petite échelle, pour faire naître cette chimère : une société mi de droite, mi de gauche, à la fois libertaire et solidaire.

Deuxième idée : *l'autogestion.* Il est absurde que les mêmes hommes soient majeurs en tant que citoyens et mineurs en tant que travailleurs. S'ils peuvent prendre en main la gestion de leur cité, ils peuvent également participer à celle de leur entreprise. Rapidement les idéologues vont faire dégénérer cette idée, en prétendant cumuler les avantages de la nationalisation et de l'autogestion. La première solution apporte la sécurité — l'État-patron ne fait pas faillite, ne licencie pas —, la seconde l'autonomie — les travailleurs sont collectivement maîtres de la gestion. Si l'on prétend offrir à la fois la sécurité de la nationalisation et l'autonomie de l'autogestion, il y a gros à parier que l'entreprise, libérée de toute contrainte, deviendra un monstre déficitaire, sous-productif et corporatisé, qui vivra à la charge de la société. L'autogestion implique la responsabilité collective et le risque concurrentiel. Si le personnel gère mal l'entreprise, il la mettra en faillite et se retrouvera au chômage. A l'inverse, la nationalisation implique le maintien d'un pouvoir hiérarchique. Bref, les travailleurs, en dehors du système capitaliste, ont le choix entre la sécurité dans l'autorité ou le risque dans l'autonomie. L'idéologue préférera construire une entreprise théoriquement plus séduisante mais, hélas, non viable.

Troisième idée : *l'informatique et les libertés.* Que le développement des ordinateurs puisse donner des tentations à l'État, qui le nierait ? Qu'il faille mettre en place des barrières pour protéger le citoyen, qui le conteste ? Fort de ces constatations de bon sens, l'idéologue prend son vol et dénonce avec la même véhémence tous les fichiers : pédagogiques, médicaux, sociaux, professionnels. L'État ne doit pas détenir d'informations sur les particuliers, l'individu ne doit jamais se laisser mettre en cartes. Notre société serait coupable de vouloir s'informer sur ses membres. Sottise, on connaît des sociétés qui ne manifestent pas une telle curiosité ; l'armée, par exemple, ne veut rien savoir des soldats : au propre comme au figuré, elle uniformise les hommes. L'entreprise capitaliste, de même, veut des travailleurs interchangeables. D'autres, au contraire, « savent tout » sans avoir besoin de fichiers : ce sont les petites communautés villageoises où tout le monde est « transparent » et qui imposent un conformisme étouffant. Ainsi nos sociétés sans informations sont-elles soit inhumaines, soit normalisantes.

Entre les deux, il y a la société policière — que l'on veut éviter —, mais également la société humaniste — que l'on voudrait promouvoir. Dans cette dernière, l'individu est toujours traité comme une personne, jamais comme un numéro. Or c'est l'information qui personnalise, c'est la fiche qui vous sort de l'anonymat. L'administration devient monstrueuse quand elle applique une norme générale sans considération pour le cas d'espèce. Mais comment pourrait-elle personnaliser son intervention sans être informée sur l'individu ? Et, tant qu'à s'informer, pourquoi ne pas utiliser des méthodes plus modernes qu'une paperasserie kafkaïenne ? Une fois de plus, on amalgame des revendications inconciliables parce qu'excessives pour fabriquer un discours abstrait, sans rapport avec la réalité. On ne peut combiner les exigences contraires d'une société solidaire, juste, simple, conviviale et complètement « désinformée ».

Quatrième idée : *l'énergie atomique*. L'accusation antinucléaire est de rigueur. Ses arguments ne manquent pas de force : si l'humanité ne parvient pas à limiter très rapidement le développement de l'énergie atomique, elle risque de perdre le contrôle d'un système devenu gigantesque et lourd de dangers. Les nucléophobes, insistant sur cet aspect des choses, se gardent bien d'en souligner la contrepartie : les économies d'énergie. Celles qu'il faudrait réaliser pour faire progressivement diminuer la part du nucléaire sont sans commune mesure avec l'effort actuellement entrepris. Non seulement il faudrait renouveler tout le parc de machines, de véhicules et de logements, mais également changer notre mode de vie.

Bien rude effort. Si l'on réduit le programme nucléaire sans avoir, au préalable, réduit la consommation énergétique, on prend le risque d'une rupture catastrophique qui déboucherait, au mieux, sur une épouvantable crise, au pis, sur une guerre. Il ne s'agit donc pas de se mobiliser contre les centrales, ce qui est facile, mais contre la consommation, ce qui l'est moins. Or, que dit un Roger Garaudy, dans son *Appel aux vivants ?* « Le gaspillage auquel il faut mettre fin n'est pas affaire individuelle. Ce qu'il s'agit de combattre, c'est le gaspillage institutionnel au niveau non de la consommation, mais de la production d'énergie que constituent le tout-électrique et le tout-nucléaire[1]. » Qui ne renoncerait au nucléaire si, comme le laisse entendre notre démagogue, il ne concernait que des mécanismes de production situés très loin en amont, et non les conditions de vie des particuliers ? La réalité étant tout autre, la critique du nucléaire perd toute crédibilité.

Cinquième idée : *l'énergie solaire.* Tôt ou tard — le plus tôt sera le mieux — le soleil est appelé à devenir une importante source d'énergie. Mais les « héliologues » accablent l'énergie solaire de tant de vertus, oublient si bien ses imperfections qu'ils en font un dangereux mirage : je rappelle qu'un groupe de chercheurs, ardents défenseurs du solaire, le Groupe de Bellevue, a calculé qu'en mobilisant toutes ses forces sur ce seul objectif, la France ne pourrait vivre sur le soleil et les énergies renouvelables qu'en... 2060. Qu'importe ! Cela n'empêche pas de dire qu'au lieu de faire du nucléaire, on ferait mieux de faire du solaire.

Sur ce thème de l'énergie, on s'est empressé de construire toute une cathédrale idéologique. De même que les marxistes structuraient la société autour des rapports de production, les écologistes prétendent qu'elle s'organise autour de son système énergétique. Merveille de la symbiose technico-politique, la société nucléaire serait entièrement centralisée et policière, la société solaire toute décentralisée et conviviale. Nos idéologues tiennent enfin leur utopie : l'empire du soleil sera le paradis de l'autonomie. Fariboles. Pour que le coût de l'énergie solaire devienne acceptable, il faudra organiser à très grande échelle la production de machines : panneaux, pompes à chaleur, systèmes de stockage, miroirs, photopiles. Ainsi l'industrie solaire se révélera-t-elle aussi conviviale que... l'industrie automobile, dans laquelle la « production » des kilomètres est bien individuelle — comme celle des kilowatts-heure avec l'énergie solaire —, mais où la production des véhicules

---

1. Roger Garaudy, *Appel aux vivants,* Le Seuil, 1979.

est centralisée. Une fois de plus, une juste cause se trouve desservie par de mauvais avocats.

Au cours des dernières décennies, l'idéomanie fut essentiellement le fait de la gauche. Pour deux raisons. L'une, générale : c'est que la droite se soucie davantage de faits que de théorie, de présent que de futur, et de gestion que de transformation. L'autre, conjoncturelle : c'est que, pour prix de sa compromission avec le régime de Vichy, la droite se vit pratiquement interdite de pensée — ce qui ne l'empêcha pas de détenir continûment le pouvoir. Le monopole intellectuel de la gauche ne fut pas étranger à la dégénérescence de sa réflexion.

Mais tout change depuis quelques années : à nouveau l'idéologie de la droite s'affiche en tant que telle... et manifeste tous les caractères idéomaniaques français : ainsi, Pierre Chaunu, dénonçant très justement les dangers que l'effondrement démographique fait courir à la France et à l'Occident, intègre son propos dans une vaste synthèse historico-globalisante qui mêle les grandes valeurs de l'Occident chrétien, le complot du malthusianisme anglo-saxon et dix autres démonstrations tout aussi spectaculaires...

Il en va de même avec la « nouvelle droite » et ses prétentions à fonder l'ordre social sur des bases bioscientifiques. Là encore, nos doctrinaires s'attaquent à un vrai problème : la place des inégalités dans les sociétés. Tout le monde s'accorde à vouloir les réduire, mais on sait que la recherche forcenée de l'égalitarisme peut déboucher au mieux sur la bureaucratisation, au pis sur le totalitarisme sanguinaire. Il reste aujourd'hui à définir une règle du jeu telle que les inégalités traduisent la diversité et non l'injustice : ce n'est pas facile. Mais je doute que les considérations sur la hiérarchie dans les sociétés animales, les controverses sur l'inné et l'acquis, les polémiques sur les aptitudes des races et le rôle des élites nous aident beaucoup à l'élaborer. Inutile d'insister sur le ridicule de la grande querelle qui souleva nos rhéteurs à ce propos.

Si l'on pervertit les idées neuves, on se garde bien, en revanche, de reconsidérer certains schémas traditionnels. Ainsi l'on raisonne toujours sur une société française dualiste, avec des travailleurs d'un côté, des exploiteurs de l'autre et la lutte des (deux) classes au milieu. Ce modèle présente une certaine analogie avec la France du XIXe siècle. Mais quel rapport a-t-il avec celle d'aujourd'hui ? Non que l'exploitation ait disparu, mais elle ne se pratique plus de cette manière simpliste. En réalité, la France contemporaine est constituée de multiples groupes, cimentés par leurs intérêts propres.

C'est le corporatisme généralisé, à l'échelle des professions, des régions, des entreprises, d'autant plus paralysant qu'il est occulté. Les Français ne veulent pas reconnaître leur corporatisme et les corporations ne veulent pas avouer leurs conflits. On brode indéfiniment sur le canevas prolétariat-bourgeoisie, au lieu d'étudier les antagonismes modernes : actifs-retraités, travailleurs-chômeurs, citadins-agriculteurs, secteur public-secteur privé, producteurs-commerçants, fonctionnaires-administrés, salariés-non-salariés, etc. On confond encore le territoire avec une carte vieille d'un siècle et nul — sauf peut-être Michel Crozier — ne dénonce l'exacerbation des intérêts particuliers.

Tout au contraire, l'ignorance du phénomène corporatiste permet de s'apitoyer indistinctement sur toutes les situations et de visser le terme « légitime » à toute revendication. C'est ainsi que l'*Humanité* et *Libération,* deux journaux fortement imprégnés d'idéologie, défendent de la même façon les ouvriers d'Alsthom, qui s'efforce d'arracher un treizième mois de salaire à un patronat rétrograde, et les employés des grandes banques, qui revendiquent un quinzième ou seizième mois face à des directions plus qu'accommodantes. Le comble fut atteint avec l'histoire de la vignette des motos. Il fallait lire les articles de la gauche et de l'extrême gauche soutenant les misérables propriétaires de 900 cm^3. C'était pathétique !

Le plus grave est peut-être l'altération du langage qu'entraîne cette idéomanie. Par le biais de ces constructions intellectuelles à connotations morale et affective, les mots deviennent des idéoverbes à forte valeur symbolique, qui imposent une vision particulière des choses qu'ils signifient. Notre langue est désormais enkystée de ces mots-paravents qui bloquent toute réflexion : « propriété », « révolution », « travailleurs », « profits »...

Les uns, comme « monde libre », « agriculteurs », « travailleurs », « exploités », sont des « mots-chapiteaux » qui abritent et amalgament les situations les plus diverses. D'autres servent d'amulette dans la discussion : « ouvrier », « raciste », « censure », « égalité », « flic ». D'autres enfin survivent, alors que la réalité qu'ils sont censés recouvrir est morte depuis longtemps ! Au début des années 60, « paupérisation » ou « Algérie française » faisaient toujours recette et Jean-Paul Sartre attendra 1979 pour découvrir que « prolétariat » ne rend peut-être plus compte de la condition salariée en France.

Il serait facile de montrer que tous les penseurs ne cèdent pas à ces travers : nombreux sont ceux qui gardent la tête froide et se montrent lucides. Ma critique ne porte certes pas sur le travail intellectuel en France, mais sur ce que j'appellerai l' « idéologie grand public », celle qui m'intéresse pour le sujet que je traite — idéologie dont sont solidairement responsables les émetteurs et les transmetteurs, les penseurs et les media.

Cette production « grand public » me paraît affligée de cinq péchés majeurs : la théorisation, l'outrance, la dénonciation, la démagogie et la scolastique.

— *La théorisation.* Elle consiste à sélectionner les faits en fonction des développements théoriques qu'ils permettent, et non de leur importance réelle. Cette pensée met systématiquement l'accent sur certains aspects de la réalité et en néglige d'autres : on commentera plus volontiers les accidents du travail que ceux de la route, l'art d'avant-garde que les œuvres à succès, les inégalités des revenus que les privilèges, les « expériences révolutionnaires » que les réalisations socio-démocrates, les promesses de l'autogestion que l'aménagement du temps de travail, les dangers des radiations que ceux de l'alcool, la condition de l'homosexuel que celle de la prostituée, la querelle universitaire que la formation permanente... Sur le plan international, on analyse interminablement la « révolution des œillets » portugaise et ses vaines querelles sur le socialisme, mais on ne remarque guère le miracle espagnol d'un pays condamné au fascisme ou à la guerre civile, et qui évolue pacifiquement vers la démocratie. Ah ! si Juan Carlos dissertait sur la « voie espagnole vers le socialisme »...

— *L'outrance.* L'idéologue ressemble à ces personnages de Molière, dépeints dans son *Tartuffe :*

> *Et la plus noble chose, ils la gâtent souvent*
> *Pour la vouloir outrer et pousser trop avant.*

Quels que soient l'idée ou le fait de départ, la démonstration rebondit de proche en proche, esquivant les obstacles, échappant au réel, toujours guidée par l'esprit de système qui conduit aux plus extrêmes conséquences. On ne tient compte ni des limites, ni des contradictions, ni des conséquences, ni des effets pervers, ni des nuances. C'est l'idée unique que l'on enfourche, en une dévastatrice chevauchée. Et l'on passe d'une critique de la consommation à une bergerie dans les Cévennes, d'une recherche de l'expression personnelle à la négation de la compétence, d'un dépassement de l'économie classique à l'ignorance de toute contrainte économique. De la raison à l'absurde.

— *La dénonciation.* L'idéologue doit s'opposer au pouvoir quand il est de gauche, aux idées nouvelles quand il est de droite. C'est la marque de son originalité. Bien qu'une originalité partagée par tout un milieu s'appelle un conformisme, celle-ci est hautement revendiquée. En général, on dénonce des monstres mythologiques : « l'État », « le pouvoir », « la société », boucs émissaires de tous les individus. J'ai lu dans un journal — j'ai malheureusement oublié lequel — une superbe démonstration à propos des handicapés. L'auteur constatait que leur nombre augmente proportionnellement aux accidents de la route. Très juste. Il notait encore que ces accidents étaient surtout provoqués par les excès de vitesse. Fort bien. Venait alors la conclusion : « Pourquoi les automobilistes conduisent-ils si vite ? Parce que dans notre société, les gens sont à ce point exploités qu'ils n'ont plus le temps de vivre et doivent toujours se presser. » Il n'est pas de sujet qui ne se prête à ce genre de retournement.

— *La démagogie.* C'est la conséquence directe du précédent péché contre l'esprit. L'idéologue va conduire son raisonnement de manière à ménager systématiquement son lecteur. Il l'innocentera en tout, ne lui imputera aucune responsabilité et le mettra toujours en position de victime impuissante. Lorsque Ivan Illich aborde le problème de la santé dans sa *Némésis médicale,* il convainc son lecteur qu'il est victime de troubles iatrogènes, c'est-à-dire provoqués par la médecine moderne. Mais l'auteur se garde bien de dire que l'individu lui-même est responsable des principaux facteurs pathogènes modernes : absence d'exercice physique, excès alimentaires, etc., et que la meilleure façon de ne pas subir les effets pervers de la médecine est encore de mener une vie saine, qui rende inutile le recours à la thérapeutique. Au reste, la société n'a jamais pu compter sur les idéologues pour lutter contre la sédentarité, la suralimentation, les accidents de la route, l'alcool et le tabac, fléaux qui doivent tuer plus de cent mille Français par an. Quand le public achète un de leurs essais, il y découvre, à coup sûr, les pièges dont il est victime, non les fautes dont il se rend coupable.

— *La scolastique,* enfin. L'idéologue détient des passe-partout intellectuels avec lesquels il prétend ouvrir toutes les portes et qui possèdent la délicate efficacité d'une cartouche de dynamite dans la serrure. D'une question à l'autre, il apporte toujours le même type d'explication : pour le marxiste, c'est toujours la lutte des classes qui doit rendre compte de nos échecs sportifs, aussi bien que de la mode du rock ; pour le psychanalyste idéologue — heureusement il existe aussi des psychanalystes thérapeutes —, l'inconscient se manifeste par le refus des centrales nucléaires ou dans la crise universitaire ; et ainsi de suite. Tout étant démontrable sur le plan théorique, ces brillantes dissertations sont appelées à rejoindre la Querelle des universaux dans l'histoire de la pensée. Sur le plan concret, elles ne débouchent sur rien. Mais, comme on sait, l'essentiel est de dire pourquoi la fille est muette, non de lui rendre la parole.

Tous ces errements ne sont le fait que d'une infime minorité d'intellectuels. Les autres poursuivent un travail rigoureux et ne tombent pas dans ces pièges. Malheureusement, ce sont ces idéologies « grand public » qui parviennent à l'ensemble des Français, et l'autorité des vrais chercheurs ne réussit jamais à les contrecarrer. Récemment, des psychiatres et des psychanalystes, spécialisés dans les problèmes de l'enfance, évoquaient devant moi l' « image du père » et l' « image de la mère » dans les troubles des jeunes enfants. Ils semblaient admettre le besoin inné dans l'esprit humain d'une présence maternelle féminine et d'une présence paternelle masculine. Ils me confirmèrent qu'à leurs yeux, et en fonction de leurs observations, il n'y avait là-dessus aucun doute. Je leur fis remarquer qu'il était fort à la mode de présenter l'organisation familiale comme une pure invention culturelle. Ne convenait-il pas de dénoncer ces sottises ? Ils se contentèrent de me répondre : « A quoi bon, tout le monde sait que c'est idiot. » Simple échappatoire. Ces scientifiques, comme des milliers d'autres, ne se soucient pas de combattre les excès idéologiques. Et c'est pourquoi le public n'entend jamais qu'un son de cloche, celui de la cloche fêlée.

Dans nos sociétés, la fonction idéologique semble avoir pris la place de la fonction sacerdotale. Traditionnel ou moderne, l'homme est toujours demandeur de la consolation d'un discours symbolique, qui l'aide à supporter l'insatisfaction de sa condition. Naturellement porteur d'un certain nombre de questions sur la justice, le sens de la vie, la recherche du bonheur, etc., il ressent douloureusement l'impossibilité d'y répondre. C'est pourquoi toute société, religieuse ou non, propose un discours visant précisément à fournir ces réponses lénifiantes. Cette pensée trouve son origine dans l'homme et se construit sur ses structures mentales. La réalité n'est plus qu'un prétexte à interprétations symboliques et non une donnée qui s'impose à la réflexion. Tout devient possible : un homme peut n'être pas un homme, la mort peut n'être pas la mort, la souffrance peut devenir un bien...

La vraie pensée moderne procède en sens inverse. Elle prétend rendre compte de la réalité en partant de celle-là, indépendamment de toute attente humaine. Elle se veut avant tout objective. Son aboutissement, c'est la méthode scientifique qui poursuit son projet, sans nulle considération pour les conséquences de ses découvertes. Les chercheurs qui s'interrogent sur l'origine de la vie ou de l'univers ne se soucient pas des implications philosophiques ou religieuses de leurs découvertes. Ils ne savent pas ce qu'ils trouveront, mais il faudra bien s'en accommoder. Et que dire des travaux en cours sur le cerveau...

De fait, les progrès de la science ont mis à mal les notions de normal et d'anormal, de bien et de mal, de vie et de mort, d'animal et d'humain, d'animé et d'inanimé qui servaient de support naturel aux représentations humaines. Mais le recul de la pensée religieuse et symbolique n'a pas fait diminuer le besoin d'un discours apaisant. C'est alors que l'idéologue occupe le terrain laissé vide après le départ des prêtres. Plus ou moins consciemment, il se transforme en prophète, produisant les messages qu'attend son public. Mais n'est pas prophète qui veut. Il lui manque l'autorité du sacré pour cautionner son discours. Faute de mieux, il fera appel à celle de la raison, voire de la science. L'apparente rigueur du raisonnement, une démonstration scientifique bien caricaturée doivent faire impression, gagner l'adhésion et même la croyance. La caution est évidemment usurpée, puisque l'idéologue raisonne à contre-méthode : au lieu de partir des faits pour aboutir à une conclusion, il les utilise pour prouver ses a priori.

Le primat du discours découle naturellement de cette situation. Les idéologues produisent des théories consolatrices tandis que d'autres : technocrates, managers, médecins, ingénieurs, s'occupent à régler les affaires. Naturellement, ce discours, contradictoire dans son principe même, résiste mal à l'épreuve du temps. C'est ce qui explique le renouvellement périodique des idéologies. Elles suivent un cycle de mode, et ne parviennent à s'imposer que lorsqu'elles se trouvent correspondre à une attente de la conscience collective. L'idéologie « grand public » est donc une pensée fondamentalement conformiste, produite en fonction d'un public donné.

Le plus surprenant est que les philosophes ont le sentiment que cette idéologie de consommation est un pur produit médiologique. Ils en viennent à dénoncer dans l'information des media toutes les perversités que l'on trouve en germe non point dans le travail des chercheurs mais, bien souvent, dans le discours intellectuel. La meilleure illustration de cet aveuglement se trouve dans le rapport de Régis Debray aux Etats généraux de la philosophie.

« Les mass media, estime-t-il, entraînent nécessairement une régression des formes discursives, une décomposition des procédures analytiques inhérentes à la pensée critique, l'abandon progressif d'un certain nombre de contraintes propres à l'effort philosophique telles que la démonstration, la définition ou l'interprétation. [...] Force est bien de céder à la tentation du prophétisme et du pathos, de la systématisation abusive et de l'allusion dramatique en guise d'argumentation. Le frisson existentiel et l'amalgame émotif ont toujours été plus gratifiants que l'apprentissage des techniques de discernement... » Autre reproche : « La communication sans réciprocité [...], sans retour [ce qui ne l'empêche pas, quelques lignes plus haut, de dénoncer la subordination de la pensée aux sondages !], le remplacement de l'énoncé par le message [...] et la valeur du message [...] indexée sur l'étendue de la réception. »

Cette critique me paraît convenir parfaitement à l'idéologie de consommation née dans une certaine intelligentsia et relayée par les media. Mais Debray y voit au contraire la marque d'une pensée produite par la télévision, ayant pour fonction politique « le renforcement de la famille et de l'idéologie individualiste et familialiste » et conduisant à « l'homogénéisation », à « la dépolitisation » et à la « déculturation ». Propos intéressants dans la mesure où ils ne traduisent pas seulement l'opinion d'un intellectuel, mais, plus largement, celui de la classe intellectuelle. Celle-ci veut se persuader que les media électroniques propagent systématiquement une « idéologie dominante », idéologie conservatrice bien entendu, alors que la vraie — la sienne — est systématiquement censurée.

La réalité est toute différente. En premier lieu, c'est la force d'inertie bien plus que la force de persuasion qui soutient un conservatisme dont les avocats déclarés sont fort rares. D'autre part, si la production idéologique de l'intelligentsia n'a influencé que modérément la communication télévisée, elle a pu, en revanche, s'exprimer pleinement dans la communication pédagogique : des centaines de milliers de jeunes ont été soumis aux nouvelles idéologies, devenues ici, à leur tour, dominantes. Lorsqu'on voit le jugement qu'a posteriori les intellectuels eux-mêmes portent sur ces idées, on peut s'interroger sur le profit d'une telle formation. Combien d'étudiants n'ont-ils pas été conduits à partager les erreurs que leurs professeurs répandaient avec une générosité sans bornes.

Élargissons encore notre propos. Sans doute est-il anormal que la pensée contemporaine ne soit pas plus fréquemment répercutée par les media électroniques. J'en suis d'accord, mais est-ce regrettable ? Faut-il déplorer que le grand public n'ait pas été soumis directement à des sermons qui, rétrospectivement, se révèlent truffés d'erreurs ? Parlons brutalement : les conseils du professeur Jacques Lacan auraient-ils été plus sages que ceux de Ménie Grégoire, les analyses de Louis Althusser préférables aux éditoriaux de Jean-François Kahn, les avis d'Ivan Illich meilleurs que les chroniques de Jean Boissonnat ? Je me demande qui pourrait encore sérieusement le soutenir.

Sinistre constatation ! Car n'est-ce pas le rôle de notre intelligentsia d'inspirer la communication sociale ? N'est-il pas scandaleux que son absurde idéomanie n'ait laissé à la télévision d'autre choix qu'entre la poursuite de vaines chimères et l'adoption d'un plat conformisme ?

Plutôt que de s'en prendre à la télévision supposée coupable de tous les maux, il serait temps que l'élite intellectuelle fasse sa vraie révolution, qu'elle se débarrasse de son idéomanie et qu'elle propose une pensée régénérée. Aujourd'hui, elle n'a guère fait que reconnaître les erreurs anciennes. C'est bien, c'est trop peu. Il faut éliminer les méthodes qui conduisent à de nouvelles erreurs sur de nouveaux sujets.

La télévision ne saurait se couper de la classe intellectuelle. Il est donc indispensable que celle-ci dépasse son travail technique pour s'engager dans une véritable communication à destination du grand public. Au cours des trente dernières années, ce n'est pas la philosophie qui a souffert de la télévision, mais la télévision qui a été appauvrie par la perversion idéologique. Plus que jamais, elle a besoin des intellectuels. Pas des idéomaniaques.

CHAPITRE VII

CONVAINCRE LES CONVAINCUS

La richesse d'information du message télévisé suffit-elle pour que le téléspectateur soit impressionné, telle une plaque photographique ? Certains le pensent ou le donnent à croire. Au mythe de l'écran magique s'ajoute alors celui du magicien : pour peu que le maître de la télévision suive certaines règles, le « médium » exercera son « massage » sur les esprits, et le téléviseur possédera la redoutable efficacité de la lampe à bronzer. Par bonheur, la réalité est un peu plus compliquée.

En disant des choses intéressantes, on fait simplement passer la réception télévisée du mode distractif au mode communicatif. C'est déjà beaucoup. Mais là s'arrête le rôle de l'émetteur et commence celui du récepteur, éternel oublié de la communication. Or le téléspectateur, loin d'être passif, docile, se révèle inobjectif, sélectif, critique. Bien souvent, je m'entends dire : « Les gens croient tout ce qu'on dit, du moment qu'on l'a dit à la télévision. Cela suffit pour devenir parole d'évangile. » C'est typiquement le commentaire de « gens intelligents » sur la « sottise des masses », révélant un parfait racisme antipopulaire. Mais regardons au contraire, de plus près, ce qu'il en est de l'inobjectivité fondamentale du téléspectateur.

Il y a une bonne dizaine d'années, les Soviétiques butaient sur des difficultés d'électronique dans leurs programmes spatiaux interplanétaires. Les sondes atteignaient bien leurs objectifs, mais elles tombaient en panne. Exposant ces expériences et ces échecs, j'avais expliqué la force de l'astronautique soviétique dans certains domaines, sa faiblesse dans d'autres. Cette intervention me valut un courrier d'une belle abondance. Les uns me disaient en substance : « Votre anticommunisme de commande vous incite à dénigrer les réalisations de l'U.R.S.S. », les autres lançaient l'accusation inverse : « Vous et vos maîtres gaullistes vous croyez toujours obligés d'insister sur les faiblesses américaines. C'est de l'anti-américanisme primaire. » Pour m'épargner de longues justifications, je fis photocopier ces lettres et adressai aux uns les missives des autres et réciproquement.

Je pourrais citer de nombreuses expériences semblables. Elles prouvent qu'à partir d'une même émission, tout le monde ne reçoit pas le même message. Le cerveau du téléspectateur ne fonctionne pas comme une bande magnétique sur laquelle le programme s'enregistre fidèlement. C'est une machine à traiter l'information, qui reçoit des images, des paroles, mais les sélectionne. Chacun refait à son gré l'émission dans sa tête.

Les téléspectateurs n'aiment pas admettre ce genre d'évidence. « Je ne suis pas complètement cinglé. Je sais tout de même ce que j'ai vu et entendu », protestent-ils. Réaction spontanée qui revient à placer le magnétoscope au-dessus de l'homme. Car c'est bien une caractéristique de l'esprit humain de recréer le réel. Il n'y a rien là que de très normal : une recréation exagérée devient pathologique, mais une attitude spontanément et continûment détachée de tout ne serait pas moins anormale. Il est parfaitement naturel que le message interagisse avec notre propre sensibilité, notre mémoire vivante, chargée de souvenirs, de significations, d'affectivité, de préjugés ! Loin d'être un simple enregistrement, la réception par le cerveau est une réaction complexe.

De nombreuses expériences montrent que l'esprit humain est un véritable filtre. Non pas seulement un *sélecteur,* qui choisit entre les journaux, les émissions, pour prendre ce qui lui convient : mais aussi un *déformateur,* qui intervient à l'intérieur même du message, en cours de réception, pour en modifier le sens. L'auditeur sera attentif à certains passages, indifférent à d'autres et, au total, ne retiendra que des « morceaux choisis ». Seul un effort d'attention particulièrement soutenu permet d'enregistrer la totalité des informations, car l'écoute ordinaire est, très souvent, intermittente.

Le récepteur ne se rend pas compte qu'il censure le message. Il ne se dit pas : « Je ne veux pas entendre cela », mais de fait, il ne l'entend pas ou, du moins, ne le retient pas. Redoutable pouvoir de l'inconscient qui permet à l'individu de ne pas se voir agir, alors qu'il conduit une action parfaitement dirigée. Pas plus qu'ailleurs, il n'agit ici de façon aléatoire. Ce n'est pas « par hasard » que tel passage a été oublié alors que l'importance de tel autre a été exagérée. Cette recréation du message qui, à la limite, en changera complètement le sens se fait selon une logique bien déterminée.

On perçoit ce qui arrange, on censure ce qui dérange. Autrement dit, le téléspectateur cherche toujours dans la communication une confirmation et n'hésite généralement pas à donner un coup de pouce — inconscient bien sûr — pour la trouver. Sa perception sélective favorise systématiquement les informations confirmantes et pénalise les informations infirmantes. L'homme recherche l'information : l'improbable, le surprenant, l'inattendu. Mais si le message devient dérangeant, de véritables « anticorps psychologiques » sont lancés contre lui pour le rendre inoffensif. C'est dire qu'un message « objectif » pourra conforter les uns et les autres dans des opinions contraires, qu'il faudra une énorme « pression informative » pour faire recevoir un message qui va à l'encontre des convictions. C'est ce que constate Jean Cazeneuve : « Si les mass media, quoi qu'on fasse, ont pour effet principal de confirmer la masse dans ses opinions préalables, c'est parce que leur public a une propension naturelle à chercher ses informations là où il a des chances de trouver celles qui vont dans le sens de ses idées et croyances, c'est aussi parce qu'il n'ouvre ses yeux et ses oreilles qu'à ce qui lui plaît et ne perçoit bien que cela, c'est enfin parce qu'il oublie vite les choses qui ne s'intègrent pas bien dans son système de convictions et retient, au contraire, ce qui lui convient[1]. »

La communication, c'est le passage réussi du message émis au message reçu. Pour la juger, il ne suffit pas de s'en tenir à la diffusion, pas même à la réception objective que mesure l'indice d'écoute, il faut aller jusqu'à la réception subjective. Déformant une fois de plus la formule à succès d'Édouard Herriot, je dirai que « la communication, c'est ce qui reste lorsque le message est oublié ». Cette réalité psychologique s'appréhende plus difficilement que le « temps de parole », mais il serait vain d'évaluer le « pouvoir de la télévision » sans aller enquêter jusqu'à ce stade ultime. Cela reviendrait à communiquer avec des téléviseurs et non avec des téléspectateurs.

L'inobjectivité ne traduisant pas seulement la distraction, mais bien le refus, ne sera pas la même pour toutes les émissions ni pour

---

1. Jean Cazeneuve, *les Pouvoirs de la télévision*, Idées, Gallimard.

tous les spectateurs. Si le récepteur n'est pas du tout concerné par le sujet traité : mœurs des abeilles, vie de Napoléon ou fabrication des automobiles, il ne cherchera pas à se défendre contre l'information. Ses défauts d'attention seront aléatoires et ne déformeront pas nécessairement le sens de l'émission. En revanche, que l'on aborde un thème « brûlant » comme la peine de mort, la libéralisation de l'avortement ou l'énergie nucléaire, chacun met en place son système de défenses pour protéger ses convictions. Nous écoutons passionnément ceux qui pensent comme nous, et ne prêtons qu'une oreille distraite à ceux qui contredisent nos opinions. Pourtant, nous pourrions apprendre plus de choses de ces derniers ; or tout se passe comme si nous ne voulions apprendre que ce que nous savons déjà.

Il y a dix ans, toute émission sur la pilule contraceptive se dédoublait à la réception. D'un côté, les catholiques intégristes ne retenaient que les arguments défavorables : si l'un des intervenants contestait le lien entre pilule et cancer, la négation était oubliée. De l'autre, les militantes féministes guettaient les arguments favorables et ne remarquaient guère les mises en garde contre une utilisation abusive et sans contrôle. La même émission permettait aux uns d'affirmer : « La pilule est cancérigène, ils l'ont dit hier soir à la télé », et aux autres de rétorquer : « La pilule ne présente aucun danger, ils l'ont dit hier soir à la télé. » Il est clair que des Américaines n'auraient pas tiré d'un tel débat les mêmes enseignements que des Italiennes, et que des Françaises de 1960 n'auraient pas réagi comme celles de 1980.

La première déformation s'opère dans la sélection des programmes. Spontanément, chacun retient les émissions susceptibles de confirmer sa vision du monde et évite les autres. C'est le juif qui regarde l'émission sur l'antisémitisme, pas le raciste ; le communiste qui regarde le programme du P.C.F., pas l'anticommuniste ; le bon conducteur qui écoute les conseils de la Sécurité routière, pas le chauffard. Jean Cazeneuve, dans *les Pouvoirs de la télévision,* cite l'exemple suivant, qui a fait l'objet d'une étude précise : dans la presse — et par conséquent à la télévision —, les fumeurs ne lisent pas et, probablement, ne « voient » pas les articles sur les dangers du tabac. A l'inverse, le lecteur non fumeur est attiré par ce message qui prouve sa sagesse et dénonce la folie des autres. Par ce seul effet de sélection, on passe d'une programmation neutre à une programmation partisane.

On le voit bien dans le cas de la presse écrite. Chaque kiosque est globalement objectif. Si vous lisiez tout ce qu'il contient, vous auriez une information complète et équilibrée. Mais chaque lecteur n'achète que les journaux de son bord. Il se fabrique pour son compte personnel une presse fondamentalement inobjective en ne lisant que *Libération* et *Charlie-Hebdo,* que *l'Humanité* et *le Canard enchaîné,* que *le Monde* et *l'Observateur,* que *l'Aurore* et *Minute.* Ainsi la source objective éclate en milliers de ruisseaux inobjectifs.

La déformation du message a d'ailleurs été observée dans de nombreuses enquêtes américaines. Pour reprendre l'exemple du tabac, on a constaté qu'une émission visant à démontrer le lien entre tabac et cancer avait été perçue de façon entièrement différente par les fumeurs et les non-fumeurs. 72 % des premiers n'avaient même pas compris l'objet de l'émission, alors que 54 % des seconds avaient parfaitement reçu le message. Autre exemple : la télévision américaine, voulant combattre les préjugés raciaux, avait présenté les diverses communautés de New York. Sous un jour favorable, bien sûr. Une analyse d'écoute révéla que ces émissions avaient été surtout regardées par les membres des groupes ethniques concernés. Qui plus est, beaucoup de New-Yorkais avaient découvert à cette occasion que les mœurs de ces groupes, des Portoricains notamment, étaient très particulières, ce qui les avait renforcés dans leurs préjugés racistes. Ils n'avaient évidemment pas retenu ce qui avait trait à l'intégration de ces communautés dans la société américaine.

Jean Cazeneuve cite encore l'exemple de la télévision anglaise qui avait diffusé une émission destinée à inciter les Anglais à passer leurs vacances en France. Il leur fut dit, en particulier, qu'il suffisait de connaître quelques mots de français pour se débrouiller au cours d'un séjour touristique. Curieusement, beaucoup de téléspectateurs ne retinrent que ce dernier détail. N'ayant jusque-là jamais prêté attention aux difficultés linguistiques, ils en conclurent qu'ils auraient du mal à se faire comprendre en France et furent dissuadés de visiter notre pays.

Voilà le suprême paradoxe de la communication télévisée. Sa « puissance » n'aurait de sens que si elle s'exerçait sur les « questions brûlantes ». Or sur « de tels sujets », le téléspectateur a déjà une opinion faite et la défendra au moyen des mécanismes précédemment décrits. Ce sera tant mieux si on veut la renforcer et tant pis si on veut la combattre. On arrive ainsi à un véritable blocage de la communication dès que l'on touche à l'essentiel ou au passionnel.

Le nucléaire fournit l'exemple type de cette situation. Une enquête *Télérama*-Louis-Harris de 1979 révèle que 65 % des Français pensent que le journal télévisé ne dit pas toute la vérité en ce domaine. 13 % seulement s'estiment complètement informés. Score particulièrement mauvais car, dans la même enquête, 46 % des téléspectateurs estiment que toutes les opinions peuvent s'exprimer sur TF 1 alors que 30 % seulement pensent que TF 1 favorise les thèses gouvernementales. Et situation d'autant plus déplaisante que j'ai une certaine part de responsabilité sur ce chapitre. Mais, n'étant pas un homme politique, je n'ai pas à utiliser les sondages quand ils sont favorables et à les contester dans le cas contraire. Il existe, c'est un fait, une véritable crise de confiance en qui concerne le nucléaire.

Il serait ridicule de prétendre que mes collègues et moi faisons parfaitement notre travail et que l'inobjectivité du public est seule cause de son insatisfaction. A mes yeux, ces chiffres prouvent que l'information est mal faite, puisqu'elle ne passe pas. Toutefois, je ne pense pas qu'elle soit plus défaillante sur ce point que sur d'autres. Quel que soit le sujet traité, j'ai toujours fait mon métier de la même manière. Ni mieux, ni plus mal. Si le résultat est plus mauvais ici, c'est que le nucléaire pose des problèmes particuliers que ni la télévision en général ni moi-même n'avons encore résolus.

Le 17 octobre 1969, un incident se produit pendant le chargement de la centrale nucléaire de Saint-Laurent-des-Eaux. Le souffle de gaz carbonique ne suffit pas à évacuer la chaleur dégagée dans le cœur de la pile. Cinq cartouches de combustible fondent. Cinquante et un kilos d'uranium en fusion se répandent dans le réacteur. L'accident est, à sa façon, tout aussi grave que celui qui surviendra dix années plus tard à Three Mile Island. Il passe quasiment inaperçu. La faute en est et à la presse et à la télévision, qui n'en parlent pas, dira-t-on. Sans doute. Mais il faut préciser que même aux alentours de la centrale, on n'enregistre ni émotion ni protestations. Imagine-t-on les réactions du public si un tel accident survenait aujourd'hui ? Croit-on que la télévision pourrait le passer sous silence ou le minimiser ? Que les téléspectateurs n'y prête-raient qu'une attention distraite ? Pourtant la situation n'a guère changé au cours de ces dix ans. Les risques liés à l'utilisation de l'énergie nucléaire étaient parfaitement connus à l'époque et nul depuis lors n'a été tué par une centrale (ce qui pourrait rassurer l'opinion). D'où vient que le même événement, qui n'intéressait pas le public en 1969 lorsqu'il se produisait en France, tienne aujourd'hui les téléspectateurs en haleine alors qu'il survient à dix mille kilomètres de chez nous ? Une seule explication : la réception a changé.

Que l'énergie nucléaire fasse peur, c'est une évidence. Elle réunit deux très anciennes frayeurs : la menace indétectable, la puissance irrépressible. Face aux périls, nos sens constituent un réseau d'alarme. Il convient d'y ajouter la douleur, en sorte que toute agression doit en principe nous être signalée d'une façon ou d'une autre. L'ennemi qui trompe ce système de surveillance est le plus dangereux. C'est le « sort », le « maléfice », le « filtre magique », l'« envoûtement », voire le poison. La radioactivité revêt précisément ce caractère fatal. Non seulement elle ne peut être détectée par nos sens mais, de plus, elle attaque sans que la douleur nous avertisse de l'agression.

A côté de ce péril radioactif, voilà le deuxième risque : celui de la puissance nucléaire. Depuis Hiroshima, tout le monde sait qu'elle est irrépressible et laisse l'homme totalement désarmé. Défier les dieux, les diables et les dragons des légendes était plus facile que de prétendre résister à une explosion atomique.

Ainsi l'énergie nucléaire a-t-elle fait passer de l'imaginaire au réel toutes les frayeurs ancestrales de l'humanité. Comment se fait-il qu'elle ait pu se développer dans l'indifférence de l'opinion ? C'est que ce sentiment de peur fut longtemps dominé par le triomphalisme technique. Pendant les années 50-60, notre conscience collective baignait dans un climat de confiance et d'optimisme. Il paraissait évident que le dragon nucléaire serait maîtrisé par ces mêmes techniciens qui construisaient des « cerveaux électroniques » et partaient à la conquête du ciel. Le public, ne craignant ni la crise énergétique, ni le péril radioactif, ne se sentait pas directement concerné par le sujet. Comme, en outre, les installations nucléaires ne sont pas particulièrement plaisantes à regarder et que la physique atomique est assez rébarbative, les téléspectateurs ne recherchaient aucune communication sur ce sujet. Bien au contraire. Les journalistes se battaient les flancs pour en parler sans faire fuir le public.

La conscience collective a basculé dans les années 70. Elle a viré de l'optimisme au pessimisme. En ce qui concerne la technique, un excès de méfiance a remplacé un excès de confiance. Du coup, la caution des techniciens n'a plus été suffisante pour conjurer la peur du nucléaire. Dira-t-on que la télévision a joué un rôle dans ce renversement ? Ni dans un sens, ni dans un autre. Les propos tenus sur l'énergie nucléaire n'ont pas beaucoup changé. Mais ils ne sont plus reçus de la même façon, car la sensibilité des Français a été radicalement modifiée par des canaux extratélévisuels qui constituent le premier réseau de communication sociale, mais dont nul aujourd'hui ne connaît précisément la nature et les mécanismes. De ce fait, l'écoute est passée d'une confiance proche de la crédulité à une méfiance proche de l'hostilité. Au cœur de chacun la peur, désormais souveraine, impose le sentiment que tout cela risque de mal finir. Face à un spectateur ainsi prévenu, le message qui conforte les craintes l'emportera toujours sur celui qui prétend les dissiper. Une longue démonstration sur la sécurité nucléaire se heurte au scepticisme apeuré, tandis qu'une brève évocation de la mort radioactive suffit à éveiller de sourdes angoisses.

Une même émission sur l'énergie nucléaire diffusée à dix années d'intervalle aurait, la seconde fois, complètement changé de sens à la réception. Le défenseur du nucléaire, dont les propos s'imposaient hier avec l'autorité de la technique, ne sera plus qu'un « officiel » venu rassurer les populations. A l'inverse, l'écologiste antinucléaire, qui faisait figure de personnage un peu folklorique, deviendra le porte-parole des gens prudents et sensés. Les arguments du premier seront à peine entendus, ceux du second parleront directement aux consciences.

Le malaise est d'autant plus grand qu'on ne retrouve pas ici les grands clivages politiques traditionnels. Les nuances qui peuvent distinguer les politiques nucléaires des grands partis échappent complètement au public. Pour lui, la « bande des quatre » est pronucléaire. Or, le courant antinucléaire regroupe près de la moitié de l'opinion. Le système représentatif, tel qu'il peut être incarné par le jeu des partis, se trouve donc pris en défaut. Ce décalage entre les discussions des Français et les débats de leurs partis donne le sentiment que les dés sont pipés, que les adversaires de l'atome ne peuvent s'exprimer. La méfiance vis-à-vis de l'information télévisée en est aggravée.

Là encore, j'ai entendu bien des ministres m'expliquer que les Français rallieraient massivement le camp des pronucléaires si on utilisait la télévision pour leur expliquer les choses. Une fois de plus, ces gens ne doutaient pas que l'émission reçue soit la même que l'émission diffusée. Estimant leur dossier excellent, ils en déduisaient que la télévision le rendrait convaincant. Mais, à supposer même que les bons, que les meilleurs arguments soient toujours en faveur de l'énergie nucléaire, cela ne changerait pas grand-chose à l'arrivée. Si même on orientait délibérément l'information dans un sens favorable à l'atome, l'opinion des téléspectateurs n'évoluerait guère. Pourquoi ?

Tout d'abord, et j'en reviens à ma constatation première, parce que la télévision est vécue comme source de distraction : non de communication ou même d'information. Par conséquent, le public aura une réaction de retrait. Sur un tel sujet, il estime n'avoir rien à découvrir que de désagréable. Son jugement est à peu près fait : l'énergie nucléaire est un mal sans doute inévitable. A partir de là, elle fait partie des mauvais côtés de la vie que le spectacle télévisé doit faire oublier. Naïveté donc de penser que les Français vont se réjouir de pouvoir enfin tout comprendre sur l'énergie nucléaire. Seuls suivront l'émission les spectateurs fortement motivés, ceux qui ont déjà une opinion arrêtée — généralement négative : la réception risque fort d'être excessivement critique ou inobjective. En revanche, la grande masse de la population qui hésite encore entre la crainte et la nécessité, celle précisément que nos gouvernants voudraient et pourraient convaincre, celle-là va fuir vers d'autres chaînes.

L'expérience l'a d'ailleurs démontré. Il y a cinq ans, le réalisateur Claude Ostenberger avait fait une émission consacrée à l'énergie nucléaire : *Les atomes vous veulent-ils du bien ?* La parole était largement donnée aux adversaires du nucléaire, de sorte que les autorités, de l'E.D.F. au gouvernement, s'en émurent. Des modifications furent exigées, une polémique s'ensuivit, puis la bobine atterrit au fond d'un placard. La presse s'empara de l'affaire, dénonça la censure, réclama la diffusion. Ce genre de remous constitue ordinairement une fort bonne promotion... pour autant que l'œuvre finisse par être programmée. Précisément, les responsables de la deuxième chaîne décidèrent en fin de compte de diffuser le film ; de plus, ils l'accrochèrent à la meilleure locomotive de la télévision : *les Dossiers de l'écran,* à 20 h 30. Les téléspectateurs français allaient enfin entendre pro- et anti-nucléaires s'expliquer. Résultat : 7 % d'écoute. L'un des plus mauvais scores de toute la série. Le grand public ne voulait pas qu'on l'ennuie encore avec cette histoire.

Une semblable expérience fut faite par le maire de Middletown, localité sur le territoire de laquelle est construite la centrale de Three Mile Island. Trois mois avant l'accident, il avait organisé une séance d'information sur l'énergie nucléaire, à la demande des « environnementalistes » locaux. Aucun habitant ne fit l'effort de se déplacer pour écouter les différents experts venus renseigner la population.

Le public ne se résigne donc à s'informer que s'il se sent directement concerné, s'il y est, en quelque sorte, acculé. C'est le cas des populations vivant à proximité d'un futur site nucléaire. Lors de l'enquête d'utilité publique, les gens feront des efforts. C'est alors que des émissions diffusées régionalement seraient sans doute les bienvenues.

Toutefois, on aurait tort de croire que le refus de l'information télévisée implique que les gens n'ont pas d'opinion ou qu'ils ne peuvent en changer. Nous avons vu que les dispositions d'esprit s'étaient modifiées entre 1960 et 1970, et il risque d'en aller de même entre les années 70 et 80 : là encore, la télévision n'y aura été pour rien. L'ayatollah Khomeyni aura été le grand « manipulateur » de l'opinion. En relançant la crise énergétique, il a plus fait pour l'énergie nucléaire que tous les prêches ministériels.

Depuis que les Français ont réellement peur de manquer de pétrole dans les années à venir, ils reconnaissent, sans joie, la nécessité de recourir à l'énergie atomique. Si la confiance en la technique a longtemps conjuré la crainte de la radioactivité, la peur de la pénurie risque aujourd'hui de jouer le même rôle. A nouveau, une partie de l'opinion tendra à minimiser les arguments défavorables, afin de n'avoir pas à remettre en cause cette idée commode : « Grâce au nucléaire, nous pourrons échapper au chantage de l'O.P.E.P. » S'il se produisait une véritable crise pétrolière — et pour autant qu'il ne survienne pas d'accident nucléaire grave —, nos Cassandre écologistes feraient figure de gêneurs et d'importuns. A la ville comme à l'écran.

A la veille de la grande manifestation de Creys-Maleville, j'avais préparé un petit film sur les réacteurs surrégénérateurs de type Superphénix. Le film est prêt une demi-heure avant la diffusion, des confrères le regardent avec moi. Ils s'exclament : « C'est vraiment terrifiant ! Ça flanque la trouille ! » Ce n'était pas l'impression que je voulais donner : je m'étais efforcé d'insister à part égale sur les dangers potentiels et sur les systèmes de sécurité et précautions exceptionnels. En dépit de mon intention, le message ultime était que le danger l'emportait sur la sécurité et non l'inverse. Il était trop tard pour modifier mon film, qui fut donc diffusé dans cette version sans que j'en fusse particulièrement satisfait. Or, le lendemain, je fus appelé au téléphone par un physicien, membre d'un comité hostile au programme nucléaire, qui me reprochait d'avoir voulu rassurer les Français en montrant que le danger était complètement maîtrisé...

De même, après l'accident de Harrisburg, j'eus l'occasion d'interviewer M. Raymond Barre sur les problèmes de l'énergie atomique. Je lui posai — sans complaisance, me semble-t-il — les questions qui inquiétaient les Français : « Comment se fait-il qu'après avoir répété pendant trente ans que la radioactivité ne peut s'échapper d'une centrale atomique, on ait été sur le point d'évacuer un million de personnes ? Pourquoi trouve-t-on toujours les milliards pour les installations nucléaires et jamais pour les économies d'énergie ? », etc.

Dans le courrier que me valut cette intervention, plusieurs lettres disaient à peu près ceci : « A travers votre façon d'interviewer le Premier ministre, on a bien deviné que vous êtes hostile à l'énergie nucléaire, mais, évidemment, vous ne pouvez pas le dire. A la télévision, on vous a ordonné de rassurer les populations ! » Sans doute aurait-il fallu que je saisisse le Premier ministre par le revers pour devenir crédible. En tout cas, paradoxalement, le fait de l'interroger sans ménagement avait renforcé certains téléspectateurs dans l'idée que ma langue était serve !

Bref, hormis les rares cas où le grand public cherche à s'informer parce qu'il est directement concerné, l'information est bloquée entre l'indifférence des uns et les certitudes des autres. Si les adversaires du nucléaire avaient pu massivement utiliser la télévision et jouer en permanence de la peur atomique, ils auraient un peu augmenté le pourcentage de Français favorables à leur cause. Mais, encore une fois, la télévision n'aurait rien créé, elle n'aurait fait qu'amplifier le conformisme des années 70 qui allait naturellement dans ce sens. De même, les partisans de l'énergie atomique marqueraient sans doute des points dans les prochaines années s'ils monopolisaient le petit écran pour accroître la peur de la crise pétrolière. Dans un cas comme dans l'autre, c'est l'attitude du téléspectateur qui rend effective l'influence du message télévisé.

On peut faire la même démonstration avec la plupart des sujets passionnels. L'astrologie, par exemple. Ses adeptes veulent y croire. Cette croyance leur apporte une certaine consolation, un réconfort. Dès lors, il n'y a aucune chance qu'ils reçoivent objectivement une information anti-astrologique. Au cours d'une émission en direct, je fus opposé à une dame astrologue. Je démontrai péremptoirement qu'il ne s'agissait ni d'une science, ni d'une sagesse, ni d'un art, mais d'une superstition, d'un commerce et d'une démission de l'individu. Je sortis du plateau persuadé que mes arguments avaient réduit en miettes le plaidoyer de mon interlocutrice. C'est alors que l'assistante de l'émission me demanda discrètement si je ne voulais pas un rendez-vous avec l'astrologue pour qu'elle établisse mon thème astral. Étant elle-même passionnée par ses planètes, maisons, décans et ascendants, elle n'avait pas attaché la moindre importance à mon argumentation. L'estime qu'elle me portait la conduisait à supposer que je ne pensais pas ce que je disais et que, comme elle, je croyais à l'astrologie. Des millions d'auditeurs réagirent sans doute de même. Mon discours de parfait rationaliste n'avait pénétré dans aucune des oreilles que je voulais atteindre. Au reste, ma conversation avec l'assistante se termina sur cet argument-massue : « Vous êtes contre l'astrologie parce que vous savez bien que c'est vrai et que cela vous fait peur ! » Que répondre à cela ? Croit-on que le chiffre d'affaires de l'astrologie diminuerait sensiblement si l'Union rationaliste disposait d'une émission hebdomadaire ?

La querelle de l'avortement a fourni un autre exemple de la force de l'opinion face au message télévisé. Toute la France traditionnelle eut le sentiment que la civilisation s'effondrerait si l'on cessait de jeter en prison les femmes qui se font avorter. Pourtant, en dépit de ces protestations, un puissant courant d'opinion se manifesta en faveur d'une libéralisation. Comment expliquer cette inconduite de la fille aînée de l'Église ? Par la télévision bien sûr. C'est l'explication que fournit un homme comme Pierre Chaunu. Son jugement est intéressant à un double titre. D'une part, il émane d'un grand historien, rompu aux disciplines scientifiques les plus rigoureuses, d'un homme qui devrait observer la réalité avec « objectivité » ; d'autre part, il reflète assez fidèlement, me semble-t-il, l'opinion de très nombreux catholiques français. Voici donc sa relation des événements :

« Depuis dix ans, dit-il, une campagne bien orchestrée est conduite en Europe et aux États-Unis en faveur de la libéralisation de l'avortement. La France, longtemps rétive, a été touchée en 1971-72. Au départ, l'opinion publique s'est révélée, par sondage, hostile à 80 %. En un an, l'opinion a été renversée par le conditionnement sans faille de tous les moyens de communication

[...]. Les partisans de l'avortement libre avaient recueilli 200 signatures médicales (dont une moitié d'étudiants en médecine), les partisans du respect de la vie, 18 000. 12 500 maires et conseillers généraux (le tiers) apportaient leur appui en novembre 1973. Au total 52 000 médecins, juristes, professeurs d'université, infirmières et sages-femmes. La conférence de presse des mandataires des 12 500 maires et conseillers généraux reçut 30 secondes d'antenne, lors des informations de 20 heures. Les 200 médecins et étudiants avorteurs avaient, à eux seuls, obtenu plusieurs heures de diffusion diverse, 12 mois plus tôt. En gros, en temps d'antenne, le rapport entre partisans de l'avortement et partisans du respect de la vie a été de l'ordre de 100 à 1... Rarement au cours de l'histoire de l'information, une telle malhonnêteté a été commise [1]. »

C'est une fois de plus le mythe de l'écran magique qui triomphe. La masse des Français n'est qu'une pâte informe que les maîtres de la télévision façonnent à volonté. Il serait vain de réfuter l'énormité du « rapport de 100 à 1 ». Tous les téléspectateurs qui ont conservé un semblant d'objectivité sur cette question savent ce qu'ils doivent en penser. Si le professeur Jérôme Lejeune est devenu une vedette des media, il ne le doit pas, et c'est bien dommage, à ses travaux sur le mongolisme, mais à ses innombrables imprécations, répercutées par la presse et la radiotélévision. Pourtant les membres de Laissez-les vivre n'ont retenu de l'information télévisée que les prestations « scandaleuses » des libéraux. On trouverait de même des protestations émanant du M.L.F. ou du M.L.A.C. contre la « censure persistante » dont ils — elles — ont souffert. Le partisan trouve toujours interminables les interventions de ses adversaires. Inutile de comptabiliser les minutes, son horloge tourne à vitesse variable.

Toutefois, il ne fait pas de doute que les Français et, surtout les Françaises, furent beaucoup plus réceptifs aux arguments des libéraux qu'à ceux des répressifs. C'est ce qui donna à ces derniers le sentiment que le combat était truqué. En réalité, une fois de plus, la réception n'était pas neutre.

Depuis un demi-siècle, la France vivait un divorce réel. D'un côté, une loi répressive, de type fasciste, interdisait non seulement l'avortement mais, même, toute discussion sur le sujet et, de l'autre, des centaines de milliers de Françaises se faisaient avorter chaque année. Une telle contradiction entre le discours et les faits

---

1. Pierre Chaunu, *De l'histoire à la prospective*, Robert Laffont, 1975.

ne peut se maintenir indéfiniment. Elle est génératrice de tensions et conduit à de brusques renversements.

De fait, les premiers qui, au risque de la prison, prirent position pour la libéralisation de l'avortement firent scandale. Dans le débat public, ils apportèrent un maximum d'informations. Or celles-ci répondaient à une attente. Les femmes étaient, certes, profondément concernées par cette question. Mais, en outre, elles sentaient confusément le caractère anormal, anachronique et malsain de la situation. Tout naturellement, le message fut reçu.

Au contraire, les adversaires de l'avortement ne faisaient que répéter les arguments entendus depuis un demi-siècle pour justifier l'ordre moral autoritaire. Ils ne furent pas écoutés. Les Françaises voulaient sortir de l'avortement clandestin, coupable et dangereux, et elles n'avaient pas besoin de la télévision pour ressentir ce désir au plus profond d'elles-mêmes. Ce refus de l'ordre ancien qui n'osait s'affirmer se nourrissait d'expériences personnelles, de conversations quotidiennes, des drames familiers.

La télévision révéla, simplement, que l'affaire pouvait passer du plan privé sur le plan public. C'est ce qu'attendaient de nombreux Français et Françaises, qui prêtèrent une oreille complaisante à la nouvelle parole et rejetèrent l'ancienne. Si l'on considère leur degré d'influence sur le public, il n'y avait pas d'équivalence entre une minute de Mme Halimi et une du docteur Lejeune. Dieu sait pourtant que ce dernier ne recula devant aucun argument pour convaincre ses auditeurs ! Il n'hésita pas à opérer un véritable « détournement d'autorité scientifique » en voulant faire croire que « la science » assimilait l'œuf fécondé à un enfant, ce qui lui permettait d'appeler « infanticide » une interruption de grossesse. Mais toutes ces manœuvres furent vaines, les Françaises n'entendant que ce qu'elles voulaient entendre.

Comment la télévision peut-elle conforter en même temps communistes et giscardiens, catholiques et athées, industriels et écologistes dans leurs opinions ? Cela ne s'explique que par les mécanismes de la perception sélective. L'émetteur a beau acheminer les mêmes programmes sur tous les récepteurs, chacun n'en retiendra pas moins son propre message, dont il tirera sa propre leçon.

A cet égard, l'image même n'a sans doute pas la force qu'on lui prête. Des chars soviétiques en Afghanistan n'ont pas la même signification selon qu'on imagine en face un peuple en armes luttant contre l'envahisseur ou des féodaux s'efforçant, avec l'aide des

Américains, de maintenir leur oppression sur le peuple. Entre le char des oppresseurs et le char des libérateurs, la différence est dans la tête du spectateur.

On dit que les images de la guerre du Vietnam présentées par la télévision américaine ont puissamment contribué à retourner l'opinion contre cette guerre. Mais il est probable qu'elles ont surtout servi de prétexte à une lassitude qui, en tout état de cause, était inévitable. L'Américain n'avait pas besoin d'images pour savoir que la guerre était ruineuse, cruelle, coûteuse, interminable et qu'il fallait s'en dégager au plus vite. Les Français, qui eurent beaucoup moins l'occasion de voir à la télévision la guerre d'Algérie, en arrivèrent à la même conclusion au bout de quelques années. Je ne vois pas comment, dans les deux cas, une propagande télévisée aurait pu s'opposer à la montée de ce sentiment. Les gens, dans un pays de libre information, n'ont pas besoin de voir pour savoir. Ils parlent entre eux, ils connaissent des jeunes qui sont là-bas et qui meurent, ils se lassent des communiqués de victoire qui ne débouchent jamais sur la paix. Seule une dictature totalitaire, une censure totale et un régime policier peuvent retarder cette évolution des esprits.

A travers ces différents exemples, on mesure bien la subjectivité du téléspectateur qui ne voit que ce qui l'arrange et ne se laisse convaincre que par ce dont il est déjà secrètement convaincu. La conclusion qui s'impose, et qui rejoint celle de nombreux sociologues, est que la télévision amplifie les conformismes. A un moment donné, dans une société donnée, elle orchestre les idées, les comportements, les fantasmes collectifs. Ainsi, l'homme des media peut produire une impression de grande puissance s'il rame dans le sens du courant. En revanche, sa faiblesse apparaîtra aussitôt qu'il voudra aller en sens inverse. Cela ne signifie pas qu'il sera totalement désarmé. Il lui reste alors la possibilité de révéler, d'accélérer, d'amplifier ou de dévier, faute de pouvoir créer. Bref de tout dire et tout risquer en sachant qu'il ne fera bouger les choses que s'il trouve un courant souterrain.

L'opinion évolue sans cesse. Par ses voies propres et mystérieuses. Sans que l'on sache bien pourquoi : les esprits changent et les maîtres de la télévision ne semblent guider la troupe que du moment où ils la suivent. Car cette troupe est tout sauf un troupeau, elle suit sa route et ne se laisse pas détourner par les bateleurs de la parade électronique.

L'incapacité où nous sommes de prévoir les évolutions des mentalités prouve que nous ne comprenons rien aux mécanismes complexes qui les gouvernent. On peut toujours démontrer a posteriori que la prise de conscience écologique, l'apaisement de la jeunesse et le réveil de l'Islam étaient inévitables. Mais ce sont là des explications terriblement académiques. En réalité, tout un faisceau de causes est en jeu et leur complexité donne au peuple une sorte d'autonomie, d'insaisissabilité, qui déconcerte toujours les élites. Tout serait tellement plus simple si la conscience collective se pilotait depuis un émetteur de télévision ! A la longue, il faudra pourtant se faire une raison : le peuple ne se laisse pas manœuvrer aussi facilement.

Les hommes, dit-on parfois, ne séduisent jamais que les femmes qui les ont préalablement choisis. Il en va de même pour le téléspectateur, qui n'adhère jamais qu'à sa propre opinion. Mais, comme cet état de conscience collective est très mystérieux, on tend à l'oublier pour ne considérer que la phase de séduction et, faute de mieux, on l'explique par la télévision. C'est ainsi que le bon résultat de Jean Lecanuet aux élections présidentielles de 1965 fut attribué à son apparence télégénique. A écouter les commentateurs, une telle opération n'eût pas été possible sans le pouvoir des media électroniques. C'est oublier qu'une décennie plus tôt, un certain Pierre Poujade avait réussi une percée autrement plus surprenante, sans être en rien aidé par une télévision encore embryonnaire. En réalité, les Français ont toujours ressenti, face au phénomène gaulliste, une tentation centriste. Ils l'ont manifestée avec Lecanuet, mais également avec Jean-Jacques Servan-Schreiber au moment de Nancy, avec Alain Poher en 1969 et, enfin, avec Valéry Giscard d'Estaing. Rien de surprenant à ce qu'ils aient manifesté ce sentiment lors d'un premier tour qui permettait d'envoyer au Général un avertissement sans frais. Rien ne prouve qu'on n'aurait pas enregistré un mouvement de ce type en l'absence de télévision. Après tout, le général Boulanger n'avait pas eu besoin d'envoyer son ectoplasme électronique à tous les Français pour se retrouver au bord du plébiscite.

Face aux « grosses têtes » de la télé, le peuple n'en fait encore qu'à sa tête. Quand il se laisse convaincre, c'est qu'il était convaincu et quand il ne veut pas savoir, il sait toujours ne pas entendre. La télévision apparaît magique à ceux-là qui rêvent d'en être les magiciens. A persévérer dans cette croyance, ils ne pourront que rater tous leurs tours... et ce sera fort bien ainsi.

CHAPITRE VIII

DES PRESSIONS ET DES PASSIONS

La télévision française dit-elle la vérité ? Question lancinante, toujours d'actualité. On ne saurait l'esquiver en opposant l'inobjectivité de la réception à celle de l'émission. Bien que la télévision soit généralement regardée sur le mode distractif, elle n'en constitue pas moins le premier canal d'information. C'est dire que tout ce qui concerne la « vérité télévisée » constitue une grande affaire nationale. C'est d'autant plus vrai que la France politisée voit dans le journal télévisé le souverain magnétiseur de l'opinion, la source même du pouvoir : c'est pourquoi, dans le malaise de la télévision, les journaux jouent le rôle d'abcès de fixation.

Mais il ne faut pas oublier que les Français, dans leur majorité, sont satisfaits de la presse télévisée. De cette constatation, chacun tire les conséquences qu'il veut. Les maîtres de la télévision diront : « La télévision respecte la vérité puisque le public lui fait confiance. Toutes les criailleries du petit monde politique ne peuvent rien contre cette approbation du peuple souverain. » C'est bien commode, trop commode sans doute. Et les censeurs ne manqueront pas de faire remarquer que l'accord du public repose peut-être sur un abus de confiance : force est de constater que la presse télévisuelle jouit d'un « facteur de crédibilité » aussi efficace qu'immérité et dangereux. C'est ce que révèlent les sondages, notamment celui réalisé en 1979 par Louis-Harris pour *Télérama*.

A la question : « Si, à propos d'une même nouvelle, vous entendez dire des choses assez différentes par la radio, par la télévision et par votre journal quotidien, à qui ferez-vous le plus confiance ? », 25 % répondent : « Au quotidien », 18 % : « A la radio », et 30 % : « A la télé. » Cette crédibilité supérieure des journaux télévisés se retrouve d'une enquête à l'autre. Il serait absurde de l'attribuer au mérite particulier des journalistes. Bien au contraire. Elle provient de l'apparence non journalistique que revêt parfois la presse télévisée. C'est un point capital.

Dans la presse écrite ou parlée, le public sait qu'un journaliste s'interpose entre la réalité et lui, qu'on lui communique une information « traitée » et non des faits « bruts ». Un problème de confiance se trouve nettement posé. Si l'on croit en l'objectivité du message, c'est que l'on croit en l'honnêteté du messager. A chacun de rester vigilant, mais le jeu est clair. Il n'en va pas de même avec l'information télévisée.

Dans le même sondage, un résultat était tout à fait éclairant. La question dont il s'agit était :

Quand vous regardez la télévision, avez-vous l'impression de mieux comprendre le problème du chômage :

— grâce aux commentaires des journalistes spécialisés ...   24 %
— grâce aux interviews des leaders syndicaux et politiques.   18 %
— grâce à des reportages dans des familles de chômeurs..   39 %
— sans opinion..   23 %

Cette préférence pour l' « information par l'image » traduit un sentiment bien dangereux. Aussi longtemps que le journaliste ou le syndicaliste parle du chômage, le téléspectateur se dit : « Oui, ça, c'est ce qu'il dit. » Il reste sur la défensive par rapport au message transmis. Tout change dès l'instant où le présentateur annonce : « Nous avons voulu vous montrer ce qu'est la réalité du chômage pour ceux qui la vivent. Regardez, à vous de juger. » Le public, ainsi prévenu, adopte un tout autre comportement. Lorsqu'il va voir apparaître sur l'écran la femme du chômeur parlant de son désespoir, il aura l'illusion d'être en contact direct avec la réalité. Fini le petit jeu de la méfiance ou du soupçon, entretenu par l'interposition du journaliste. Désormais on peut juger sur pièces, se faire sa propre opinion. Un minimum d'habileté dans le reportage télévisé peut donner le sentiment d'un effacement complet de l'informateur.

Est-il besoin de dire qu'il s'agit là d'une imposture pure et simple ? L'image ne donne aucune certitude quant à la restitution fidèle de l'événement. On traite l'information — donc on peut éventuellement la trahir — avec une caméra tout comme avec un stylo. Non seulement deux reporters ne ramènent pas les mêmes images d'une même situation, mais deux monteurs n'en donneront pas non plus le même film. Pourtant, si les uns et les autres connaissent bien leur métier, toutes les visions paraîtront également « vraies », directes, non médiatisées. Rien n'est aussi aisé que de montrer les choses « comme si vous y étiez », tout en imposant son propre regard !

Certes, le spectateur ne se laisse pas berner facilement. Mais il n'en reste pas moins que toute presse télévisée semble plus proche de la réalité que les autres sources d'information, plus objective en quelque sorte. Pour des gens qui connaissent ce piège, l'image est cause permanente de méfiance. Or celle-ci se trouve accentuée, dans le cas de la télévision française, par le fait que l'information télévisée, loin d'afficher un parti pris, se présente comme « neutre ». Son statut de service public sert de caution à l'image. N'est-ce pas la situation idéale pour commettre un abus de confiance ? Ainsi la France politisée préfère-t-elle pécher par excès de méfiance, plutôt que de céder au piège de la crédulité. Elle fait à l'information télévisée un procès constant et, somme toute, légitime.

Je voudrais montrer ici que ce conflit traduit une réalité sociologique ; qu'à ce titre, il ne saurait disparaître par la grâce d'une quelconque réforme. Tout ce qu'on pourrait faire, c'est sortir du système en adoptant un authentique pluralisme de la presse télévisée, comme il existe un pluralisme — d'ailleurs fort insuffisant — de la presse écrite. En revanche, prétendre réconcilier les Français — notamment l'élite politisée — autour d'une vérité unique et objective de la télévision est une chimère. Elle supposerait un consensus de base qui n'existe pas dans notre société.

Notre « vérité télévisée » n'est qu'une nouvelle illustration du « mal français », de ce génie particulier qui nous fait plaquer des institutions unificatrices sur des réalités conflictuelles. Bref, un nouvel exemple de notre merveilleux art de mal vivre ensemble. Une fois de plus, le malentendu a été institutionnalisé, il est devenu une structure d' « incommunication » dont notre vie politique ne peut plus se passer.

Cette prétention à l'objectivité, renforcée par l'impact de l'image, crée donc un malaise permanent. Pourquoi cela ? Pour le comprendre, il faut un instant faire un parallèle avec la presse écrite. Rares sont les journaux qui se déclareront ouvertement « inobjectifs », mais, peu ou prou, chacun est engagé. C'est évident pour la presse d'opinion. Qui demande à *l'Humanité,*

Libération, Minute ou *le Canard enchaîné* d'être objectifs ? L'expression même perd son sens lorsqu'elle se réfère à une presse qui affiche clairement ses options politiques. On pourrait dénoncer une véritable altération des faits, mais non une interprétation jugée tendancieuse. Il en va de même, quoique moins ouvertement, pour des organes de presse qui donnent la priorité à l'information sur l'engagement politique. On ne saurait reprocher à *l'Aurore* ses positions conservatrices, au *Monde* sa sensibilité de gauche, au *Matin* ses thèses socialisantes, au *Parisien libéré* ses préférences de droite. Chacun a son éclairage bien connu et, si l'un d'eux ne vous convient pas, il vous suffit d'acheter un autre journal. A quoi donc servirait le pluralisme si toute la presse était « objective » ? Ainsi la déontologie journalistique porte sur la matérialité des faits, non sur les commentaires. Et l'on fait coïncider sans difficulté les divisions de l'opinion et celles de la presse.

Tout change dès lors que l'on affiche le label « objectif ». D'un côté, on y gagne une crédibilité supplémentaire. Tout lecteur raisonnablement critique applique une sorte de « coefficient correcteur » lorsqu'il lit un journal engagé. Même le sympathisant n'est pas dupe. Seul le militant croit trouver « la vérité » dans la presse de son parti. Par opposition, un organe d'information dégagé de toutes attaches partisanes inspire une plus grande confiance. Les dépêches de l'Agence France-Presse auront, en principe, plus de crédit que les articles de journaux.

Tel devrait être le cas de l'information télévisée. Il lui faut respecter un strict équilibre entre toutes les tendances, ne jamais favoriser une opinion au détriment des autres, ne jamais se laisser influencer ; faire preuve d'une souveraine indépendance et d'une absolue impartialité. Et cela tout en proposant un véritable journal, c'est-à-dire en dépassant la simple relation des faits pour ajouter explications et commentaires sans lesquels il n'est pas d'information complète.

Or la presse télévisée, cumulant le poids de l'image et de l'objectivité, acquiert une puissance qui, jointe au mythe de l' « écran magique », ne peut que susciter l'inquiétude et l'animosité. Il lui faut sans cesse justifier sa prétention à l'objectivité : présentation, style, commentaires, choix des sujets, importance relative des nouvelles, tout devient matière à procès, puisque tout doit être objectif. Le label se mérite à chaque seconde, pour chaque détail.

Ainsi, au moment même où l'information télévisée reçoit l'amulette magique de l'objectivité, elle se retrouve dans le box des accusés. A perpétuité. Car toute information est contestable en termes d'objectivité. Quoi que l'on dise, il se trouvera toujours quelqu'un pour soutenir, très légitimement, que son point de vue a été délibérément ignoré, qu'on a valorisé une position plutôt qu'une autre.

Par conséquent, incapable de juger les faits, le public va juger les hommes. On estimera que l'information est objective si l'informateur s'exprime en toute liberté : c'est l'indépendance des journalistes qui devient le critère de la vérité. Dès lors, il ne s'agit plus de vérifier la conformité d'un message avec la réalité, mais de s'assurer que le messager s'exprime en son âme et conscience, à l'abri de toutes les contraintes extérieures. Schématiquement on posera l'égalité : objectivité = absence de pressions. C'est alors que le piège se referme, pour deux raisons :
— L'absence de pressions est improuvable,
— L'absence de pressions ne prouve rien.

Il me paraît aussi outrancier de soutenir que l'exécutif n'a jamais exercé de pressions sur la télévision que de ramener l'information télévisée à une officine de propagande gouvernementale. La réalité — insatisfaisante, je le souligne — est infiniment plus complexe.

Le réquisitoire traditionnel est dressé par l'opposition (la gauche ou le R.P.R. aujourd'hui). Il est bien connu : le gouvernement actuel contrôle la télévision par le choix des hommes, les pressions diverses, la censure et l'autocensure. De ce fait, le message télévisé se trouve déformé et trompe les Français. Conclusion : changeons de dirigeants et la télévision, redevenue source de vérité, sera un instrument de communication, non de division.

Cette argumentation implique en réalité quatre postulats :
— La « vérité télévisée » dépend de l'émission, pas de la réception ;
— La société française est prête à recevoir la « vérité télévisée » ;
— Le pouvoir exécutif est la seule source de pressions ;
— En changeant ses titulaires, on ferait disparaître les pressions.

Ces postulats admis, l'affaire devient purement politicienne : que cinq cent mille voix changent de camp aux prochaines élections et elle sera réglée. Cette analyse est évidemment simpliste. Il est vrai que l'indépendance de la télévision par rapport au pouvoir exécutif fut mal assurée au cours des trente dernières années et qu'on peut espérer bien des progrès. Mais l'affaire est loin de se réduire à ce schéma manichéen. Elle implique toute notre société, ses structures, ses mentalités, ses traditions et c'est se condamner à ne rien comprendre que de la ramener aux seuls jeux du pouvoir.

Les rapports de l'exécutif et de la télévision n'ont cessé d'alimenter la chronique politique ; chacun, selon sa position, y allant de sa plaidoirie ou de son réquisitoire. Rien ne me paraît plus touchant que de voir Michel Poniatowski jurer, la main sur le cœur, qu'il n'est jamais intervenu dans le choix des responsables, Raymond Barre soutenir devant le Parlement qu'il ne fait que céder aux invitations pressantes des chaînes, Georges Marchais annoncer régulièrement — à la télévision ! — qu'il est interdit d'antenne, François Mitterrand expliquer ce qu'il ferait s'il était, de nouveau, maître de l'information, Jacques Chirac s'inquiéter du « fascisme rampant » qu'annonce la prise en main de la télévision et Valéry Giscard d'Estaing octroyer un brevet d'indépendance aux responsables — par lui nommés — des différentes chaînes.

Une télévision objective doit être totalement indépendante du pouvoir exécutif, c'est-à-dire n'en subir aucune pression. Beau principe. Mais que donne-t-il dans la réalité ?

J'ai entendu, en privé, des responsables politiques se vanter d'avoir brisé le « repaire de gauchistes » qu'était devenue l'équipe de Pierre Desgraupes, j'ai également entendu un ministre fort important s'irriter de n'avoir pu, en cinq ans, disposer d'une émission télévisée pour exposer les problèmes de son département ministériel.

Une intervention gouvernementale pourrait prendre la forme d'un acte identifiable : une note écrite donnant des instructions ou adressant des blâmes où, plus brutalement, la censure d'une émission, la prise de sanctions contre un journaliste. Voilà le flagrant délit, le cas exemplaire ; mais, également, l'exception. Il fut un temps sans doute, il y a belle lurette, où les ministres envoyaient des ordres écrits à la télévision. Nous n'en sommes plus là. Désormais les pressions, si pressions il y a, doivent être verbales. Et l'opposition est toujours bien en peine d'apporter des preuves matérielles. Mais la minceur du dossier ne prouve en rien l'innocence de l'accusé. Il est un peu facile de dire : « Les pressions n'existent pas, la preuve c'est que vous ne pouvez pas les prouver. » A partir de là, on pénètre dans un monde pirandellien. A chacun sa vérité.

Premier fait, indiscutable : le gouvernement est la source du pouvoir à la télévision, c'est lui qui en désigne les directeurs. Dès lors, dira-t-on, la cause est entendue. Le choix des hommes dispense de tout autre contrôle. Le mode de désignation faisant entrer le loup dans la bergerie, on ne peut plus parler d'objectivité.

Avec mes camarades grévistes de Mai 68, j'avais espéré rompre les liens incestueux qui unissent la télévision et le pouvoir exécutif. C'était la moindre illusion des utopiades de Mai. C'était encore trop sans doute. Je continue de penser que le choix des dirigeants ne devrait pas relever du seul gouvernement : une réforme de ce mode de désignation constituerait un pas dans la bonne direction. Mais rien qu'un pas.

Le sénateur Jean Cluzel a fait la tournée des télévisions européennes. Dans *Télémanie*[1], il décrit l'extrême diversité des solutions retenues, sans qu'on puisse en tirer d'enseignement général. Il est significatif que les responsables de la B.B.C. soient nommés par le gouvernement britannique. Cela n'empêche pas l'information télévisée d'avoir une excellente crédibilité en Grande-Bretagne.

Le contexte sociologique importe donc tout autant que le cadre juridique : dans tel milieu, en s'appuyant sur une tradition favorable, un homme désigné par le gouvernement pourrait faire preuve de la plus grande indépendance. A l'inverse, on imagine fort bien que la désignation des dirigeants par un collège élargi ne donne pas à la télévision une plus grande liberté de manœuvre : les relations entre pouvoir et télévision sont en effet quotidiennes et se situent à tous les niveaux. Le journaliste comme le directeur rencontrent constamment des gens de l'autre bord. Quoi de plus naturel puisque l'État, à travers ses ministères, ses administrations, est une source importante d'information ? Ainsi les deux mondes se connaissent, se fréquentent, s'interpénètrent.

A partir de quel moment l'homme du pouvoir fait-il pression sur celui de l'information ? Car, tout naturellement, celui qui est à la source de l'information tente d'influencer celui qui la transmet. C'est la règle absolument générale. Si le journaliste se range aux arguments de son interlocuteur, est-ce l'homme du pouvoir qui a exercé une pression trop pesante, l'homme de l'information qui a opposé une résistance trop faible, ou, tout simplement, le point de vue du premier qui était plus juste que celui du second ?

1. Jean Cluzel, *Télémanie,* éditions Plon, 1979.

Prenons un exemple concret. J'apprends qu'un ministre doit présider une manifestation et prononcer un discours. Rien d'intéressant a priori. Je suggère de ne pas « couvrir » l'événement. C'est alors que le responsable des relations publiques du ministère me téléphone et me révèle certains aspects, nouveaux pour moi, de cette opération. Ils me paraissent constituer une bonne information : je vais donc proposer que l'on traite ce sujet. L'affaire peut se résumer de la façon suivante : je ne veux pas parler de quelque chose et, sur un coup de téléphone ministériel, je change d'avis. C'est la pression type. Pourtant, de tels revirements me sont arrivés dix fois dans ma carrière sans que j'aie jamais eu le sentiment d'aliéner mon indépendance. Comment puis-je prouver que je me suis décidé librement, en toute conscience professionnelle ? Et si ce n'était pas le cas, ne feindrais-je pas encore d'avoir cédé à la persuasion et non à la contrainte ?

Si je dis que le pétrole n'est pas étranger aux difficultés économiques de la France, les communistes m'accuseront de réciter le credo barriste et de céder aux pressions de Matignon. Rien ne permet de démontrer que c'est là ma propre conviction et que l'analyse communiste ne me semble pas correspondre aux faits. Si j'entreprenais d'expliquer en quoi les thèses de *l'Humanité* me paraissent inexactes, je serais accusé de pratiquer un anticommunisme de commande. Sans disculpation possible. A supposer même que l'on daigne croire en ma bonne foi et en ma totale indépendance, il restera vrai que le choix d'un journaliste tel que moi revient à orienter l'information dans un certain sens. Si on avait choisi un confrère communiste, il présenterait les choses tout autrement. On l'accuserait alors d'obéir aux directives du P.C..., ce qui serait aussi faux.

N'oublions pas non plus toutes les ressources du contrôle à l'avancement, qui permet d'obtenir la plus grande docilité en maniant la carotte autant que le bâton ; et que dire des mécanismes d'autocensure qui, bien souvent, surprennent ceux-là mêmes qui sont censés en profiter !

On pourrait multiplier les exemples prouvant qu'un contrôle politique de l'information peut fort bien s'exercer sans recourir à des procédés grossiers et identifiables. Mais le raisonnement se retourne immédiatement : si l'intervention gouvernementale peut prendre ces formes subtiles et insaisissables, il n'existe pas de différence clairement démontrable entre une télévision sous contrôle et une télévision sans contrôle. Toute télévision, honnête ou partisane, peut donc faire l'objet des mêmes réquisitoires, lesquels sont toujours valorisants pour les procureurs. On en est réduit à se battre sur des critères comme le temps de parole accordé aux uns et aux autres, qui sont tout sauf probants.

L'objectivité étant censée se prouver par l'absence de pression qui, elle-même, ne se prouve pas et, de toute façon, ne prouve rien, on se retrouve pris dans un cercle vicieux, une situation empoisonnée. Il n'est qu'un moyen, et un seul, d'en sortir : la confiance. Faute pour les adversaires politiques de pouvoir se l'accorder mutuellement, il ne leur reste qu'à la reporter sur les journalistes. C'est à ce stade qu'un certain consensus serait indispensable : il s'agit alors, pour tous, de croire en la capacité de la presse à maintenir son indépendance. Mais aucune loi ne peut faire naître la confiance. Elle se développe si le terrain est favorable. L'est-il ?

Voyons tout d'abord la presse. Je ne referai pas l'éternelle démonstration de sa mauvaise image dans notre pays : elle n'est pas considérée comme un « quatrième pouvoir » dont l'indépendance doit être assurée à l'égal de ce qu'on fait pour les trois autres, mais comme une force gênante, usurpatrice, dont la puissance est sans cesse contestée et la liberté à tout moment menacée. Si l'on pouvait en douter, la facilité avec laquelle le pouvoir put retourner contre elle l'opinion lors de l'affaire Boulin en apporterait une preuve éclatante. Lorsque en France on déclame : « Malheur à celui par qui le scandale arrive », on pense au messager qui annonce le scandale et non à celui qui l'a provoqué.

D'une façon générale, le Français, viscéralement individualiste et méfiant vis-à-vis de la communauté, tient à conserver son quant-à-soi et se méfie d'une information qui tend à remplacer le confort de l'opacité par le risque de la transparence. Chacun aime être informé sur les autres mais redoute qu'un jour l'information ne le mette à nu.

La presse subit encore le scepticisme que suscite toute institution sociale. On se méfie de son journal comme de son percepteur, de son vendeur, de l'agent de police, du juge, des députés. Avec cette circonstance aggravante que l'homme de presse n'a pas de statut social reconnu. Il n'est pas « Monsieur le Président », « Monsieur le Docteur », « Monsieur le Juge », « Monsieur le Directeur », « Monsieur le Curé », « Monsieur le Professeur », voire « Monsieur le Riche », il n'est que journaliste. Une sorte de « hors-statut », de marginal. C'est grave, dans une société où la considération s'attache d'abord à la position.

Bref, la presse n'a pas bonne presse, et la plupart des défauts que l'on peut légitimement reprocher au journal télévisé ne font que refléter les siens.

Si l'on reprend la comparaison avec la B.B.C., on voit aussitôt la différence : dans le contexte britannique, une emprise du gouvernement sur l'information télévisée aurait été ressentie par tout le peuple comme un véritable coup de force, et le pouvoir qui aurait prétendu s'approprier la télévision aurait retourné l'opinion contre lui, bien avant d'avoir réussi à l'influencer par la voie des ondes. Il n'était donc pas besoin de multiplier les barrières juridiques ou institutionnelles.

En France, de façon non moins naturelle, la télévision s'est développée dans le giron de l'État. Le processus, bien engagé sous la IVe République, n'était limité que par l'instabilité politique, et rien n'indiquait une évolution libérale. Bien au contraire. Ainsi la B.B.C. a-t-elle reçu son indépendance en apanage naturel, alors que la télévision française naissait fille de l'État et ne pouvait espérer gagner son autonomie qu'au terme d'une rude bataille. Il est tout de même plus facile d'obtenir la confiance dans un cas que dans l'autre.

Aujourd'hui même, le décalage que l'on peut observer entre les journaux télévisés français et anglo-saxons reproduit assez fidèlement l'écart qui sépare nos presses en général et, plus largement encore, nos mentalités. J'en prendrai deux exemples : les « affaires » et les interviews.

Il est vrai que les journaux télévisés semblent singulièrement timorés dans certains cas délicats : de l'affaire Ben Barka à celle des diamants, en passant par l'affaire Aranda et quelques autres, les exemples abondent. On ne manque pas d'y voir la marque de pressions. Sans doute les responsables de la télévision ne souhaitent-ils pas taquiner les gouvernants sur des points particulièrement sensibles. Mais ne font-ils pas preuve également d'un grand conformisme « à la française » ?

Je constate tout d'abord que nos journaux ne sont généralement pas très pressés de se lancer sur les pistes découvertes. Ils se contentent bien souvent de suivre la presse spécialisée : *le Canard enchaîné* et *Minute*. Les plus hardis poursuivent l'enquête un jour ou deux, puis laissent tomber. Il est particulièrement significatif que *l'Humanité* — qui, par le réseau des militants communistes, doit savoir énormément de choses — soit très rarement à l'origine de telles histoires. Peut-on croire sérieusement que les responsables communistes n'ont jamais gardé sous le coude des dossiers embarrassants pour le pouvoir ? Et s'ils l'ont fait, est-ce seulement par répugnance idéologique ? Ou bien également par une certaine crainte de l'opinion ? Car si les Français s'amusent à lire la presse « à scandale », ils ne lui reconnaissent qu'une place très précise et limitée. A trop jouer ce jeu-là, on ne peut s'imposer en tant que grand journal d'information. S'il en était autrement, les lecteurs se précipiteraient, dans les kiosques, sur les journaux qui font preuve de la plus grande indépendance — pour ne pas dire de la plus grande impertinence.

La réaction de l'opinion a été particulièrement nette dans l'affaire des diamants. On avait pu penser qu'elle porterait un coup très dur au crédit du président, d'autant que sa position était bien faible et sa défense avait été fort mauvaise. Tous les sondages réalisés depuis lors ont infirmé les prévisions : les Français se refusent à juger la politique sur « ces histoires ».

Notons encore que, de cette réserve de la presse française, la majorité n'est pas la seule bénéficiaire. Les journaux parlés, écrits ou télévisés ne se sont pas empressés d'enquêter sur les conditions dans lesquelles Georges Marchais travaillait pour les Allemands pendant la guerre. Ils ne l'ont fait qu'avec répugnance lorsqu'un document à sensation les y obligea. On se souvient que le journaliste Jean Montaldo fit une intervention pirate au journal télévisé pour dénoncer le silence que l'on entretenait sur son ouvrage, *les Finances du Parti communiste.* Son livre suivant, *les Secrets de la banque soviétique en France,* n'eut pas plus de succès dans la presse. Manifestement, les journalistes français sentent qu'ils n'auront pas le soutien du public s'ils commencent à fourrer leur nez dans les « poubelles de l'histoire ». *L'Express,* ayant relancé à grand fracas l'affaire Marchais, ne fut pas suivi par l'opinion. Un sondage *l'Express*-Louis-Harris révéla que la publication dans la presse de documents sur le comportement personnel des hommes politiques dans le passé était condamnée par 49 % des Français et approuvée par 41 %. 17 % seulement des électeurs souhaitent connaître la situation financière des candidats à la présidence de la République.

A cette attitude, on ne manque pas d'opposer le merveilleux journalisme anglo-saxon. C'est encore une exagération. Certes, il y eut l'affaire du Watergate. Mais il y eut aussi l'assassinat de

Kennedy : quelle autre presse aurait fait preuve d'un pareil conformisme, en acceptant les invraisemblances de l'explication officielle ? C'est avec dix ans de retard par rapport au reste de la presse internationale que le sens critique est revenu aux journalistes américains. Qui plus est, dans l'affaire du Watergate, la presse prit bien garde de ne mettre en cause que le président Nixon et son entourage, sans jamais toucher aux institutions. On imagine les développements auxquels un tel scandale aurait donné lieu en France. Les commentateurs auraient accusé la Constitution de la Ve, l'indépendance de la magistrature, la corruption capitaliste, etc. La contestation aurait vite embrasé toute la société. En Amérique, au contraire, l'attaque contre les hommes a été menée au nom des institutions qui, elles, ne sont jamais critiquées. Il existe donc bien un conformisme à l'américaine, symétrique du conformisme à la française, et l'on prouverait sans doute que chaque société se donne une presse à son image, avec ses forces et ses faiblesses.

En ce qui concerne les interviews télévisées, il est également vrai qu'elles manquent souvent de mordant. Là encore, les leaders de l'opposition bénéficient d'une déférence craintive qui vaut bien celle dont jouissent les ministres. Il serait ridicule de prétendre que les journalistes s'aplatissent devant M. Barre et se redressent devant M. Marchais. Ils sont réservés dans les deux cas : cela me paraît tenir pour une large part au mauvais statut du journaliste en France. Paraissant à la télévision face à un homme politique, il sent que les téléspectateurs établissent un rapport inégalitaire entre « Monsieur le Ministre », « Monsieur le Secrétaire général » et « le journaliste ».

Concrètement, que se passe-t-il ? S'il s'agit d'une brève interview en direct, la personnalité peut toujours répondre à côté, éluder la question, sans que le journaliste ait le temps de relancer la balle. Question-réponse, c'est emballé et le spectateur est roulé. Imagine-t-on une direction de télévision disant à l'invité, après une telle prestation : « Monsieur, vous vous êtes moqué des téléspectateurs en ne répondant pas aux questions qu'on vous posait, à l'avenir nous ne vous appellerons plus » ? Il en va de même pour une interview enregistrée, quand l'interviewé n'a rien dit d'intéressant : on hésite toujours à la jeter s'il s'agit d'un personnage important.

Les choses sont sensiblement différentes dans les interviews en direct de longue durée : le journaliste a, théoriquement, la possibilité de revenir sur sa question, d'insister jusqu'à l'obtention d'une véritable réponse, ou jusqu'à ce que l'invité soit contraint de reconnaître qu'il ne peut répondre. En pratique, cela ne se fait guère. Pusillanimité des journalistes, dira-t-on ? Je pense que les choses ne sont pas forcément si simples.

Je me suis trouvé dans une telle situation en janvier 1974. Le monde était plongé en pleine crise avec la guerre du Kippour encore toute chaude, le quadruplement des prix pétroliers à peine avalé et l'embargo arabe toujours en application. C'est alors que deux ministres, le Saoudien Yamani et l'Algérien Abdessalam, entreprirent une tournée d'explications en Europe. Leur première escale fut Paris et leur première rencontre une interview télévisée en direct face à quatre journalistes. Je faisais partie du quatuor. Après m'être beaucoup cassé la tête, j'avais décidé de concentrer mes interventions sur le ministre saoudien en lui posant la question suivante : « Vous dites que l'embargo vise Israël et, par ricochet, les alliés d'Israël. Or il va peser beaucoup plus lourdement sur les Européens que sur les Américains [rappelons qu'à l'époque ceux-ci importaient relativement peu de pétrole] qui sont les seuls à soutenir militairement Israël. Et l'on sait que l'Europe n'a pas beaucoup de poids sur la politique américaine. Mais vous, Saoudiens, pouvez directement frapper l'Amérique en nationalisant les biens de l'Aramco. Pourtant vous ne le faites pas ? Alors êtes-vous davantage les alliés des Américains que les ennemis d'Israël ? »

Question vicieuse, longuement méditée, et qui devait plonger Yamani dans l'embarras. Mais le ministre saoudien connaissait parfaitement la règle du jeu. La première fois que je posai la question, il répondit par des phrases creuses qui ne visaient qu'à noyer le poisson.

Je revins à la charge un peu plus tard, en soulignant que la première réponse ne m'avait pas satisfait. Il répondit que l'Arabie avait besoin des techniciens américains pour exploiter son pétrole. L'argument ne valait rien car les gisements saoudiens sont d'exploitation très aisée et il n'aurait pas été difficile de trouver dans le monde d'autres techniciens capables de l'assurer. D'autant que les Occidentaux ne pouvaient se passer du pétrole saoudien et que l'Arabie pouvait sans dommage réduire sa production. Je fus sur le point de relancer ma question. Finalement, je n'en fis rien : le public put donc croire qu'effectivement, les Saoudiens ne pouvaient se passer des Américains pour produire leur pétrole.

Pourquoi n'ai-je pas insisté ? Peur de provoquer un incident, dans cette période de grande tension ? Peut-être. Mais, surtout, je crois avoir réagi en Français. J'ai eu confusément l'impression que le public ne comprendrait pas que je veuille ainsi m'opposer aux experts ou aux ministres, que je me mettrais dans un mauvais cas en paraissant vouloir sortir de mon rôle. Ai-je tort ou raison d'imaginer que le téléspectateur admet mal le dialogue égalitaire entre journalistes et ministres ou leaders politiques ? Je ne crois pas me tromper en pensant que la plupart de mes confrères éprouvent ce même sentiment. Il semble qu'en revenant trop à la charge, nous passerions pour « cabots », « prétentieux », « hargneux », « vindicatifs » et, finalement, ne ferions que tirer les marrons du feu pour l'invité.

En tout état de cause, les politiciens, eux, connaissent parfaitement cette réaction populaire et en jouent outrageusement. Il faut voir comme ces messieurs le prennent de haut dès que l'interviewer se montre agressif ou, simplement, insistant. Il faut les voir jouer les redresseurs d'erreurs, les professeurs de sagesse, s'efforcer de faire passer le journaliste pour un sot ou un ignorant, alors qu'eux-mêmes profèrent les pires énormités. Il ne reste plus qu'à « provoquer le clash » — ce qui n'a guère de chances d'être favorable au journaliste — ou à « s'écraser ». De ce point de vue, les gens de l'opposition manifestent une arrogance et une intolérance qui ne le cèdent en rien à celles de la majorité.

L'explication de ce « conformisme » des interviewers n'est en aucune manière une excuse. Mais je crois que la situation n'évoluera guère aussi longtemps que le journaliste se sentira placé par le public en dessous du politicien. Et cette faiblesse traditionnelle de la presse française vis-à-vis des hommes politiques complique encore la tâche de l'information télévisée.

J'en prendrai un exemple : les dissensions internes. Toute formation politique connaît des querelles intestines. Elle tend à les minimiser ou à les cacher, tandis que la presse veut en faire ses choux gras. C'est un petit jeu classique de l'information politicienne. Les journalistes ont toujours envie de dire « Elleinstein, Fitzbin ou Jeannette Vermeersch » à Marchais, « Rocard ou Mauroy » à Mitterrand, « Chaban-Delmas ou Peyrefitte » à Chirac, « Debré ou Servan-Schreiber » à Barre, « Chirac » à Giscard. On voit alors l'intéressé se renfrogner puis sortir la boutade-pirouette qu'il a préparée longtemps à l'avance.

Mais, lorsque c'est le journal télévisé qui manifeste de la curiosité, nos politiciens montent sur leurs grands chevaux et dénoncent de sombres manoeuvres. J'ai cité les réactions de

MM. Leroy et Foyer au Parlement, dénonçant la part trop belle faite aux contestataires de leurs partis respectifs. On pourrait donner mille autres exemples. La classe politique ne tolère pas que la télévision étale ses affaires de famille. Une « bonne information télévisée » croirait et ferait croire bien pieusement que tous les intellectuels du P.C. adorent M. Marchais, que l'empoignade Rocard-Mitterrand n'est qu'un débat démocratique de doctrine, que les barons du gaullisme s'effacent volontairement devant Jacques Chirac et que les députés U.D.F. se réjouissent tous les matins que Raymond Barre soit Premier ministre. Elle laisserait aux partis et à eux seuls le soin de porter leurs différends au petit écran s'ils le jugeaient nécessaire, à la date de leur choix et dans leur propre version.

Selon cette règle, il était impertinent d'évoquer les tensions Chirac-Giscard avant que n'éclate le conflit, les dissensions socialistes-communistes avant que l'Union ne vole en éclats, l'opposition Chirac-« barons » avant qu'elle ne soit publique. Impossible de faire une différence entre l'intolérance des uns et des autres. Qu'ils se réclament de la droite ou de la gauche, les partis manifestent exactement la même exaspération, font preuve de la même paranoïa. Vue depuis un état-major politique, l'objectivité est toujours insupportable. Plus encore que l'image télévisée, c'est elle qui suscite l'intolérance. Dans le monde politique français, elle apparaît toujours comme un manquement aux règles du jeu.

Raymond Barre est régulièrement attaqué par *l'Humanité, Libération, le Nouvel Observateur, le Matin...* Ces attaques ne lui font certainement pas plaisir, mais leur origine peut en limiter le désagrément, puisque ces organes de presse se situent résolument dans l'opposition : leurs critiques paraissent « normales ». Tout change lorsque le censeur se pose en observateur impartial. On passe alors de la polémique au jugement, et c'est infiniment plus désagréable. On voit pourquoi le journal télévisé, avec son « objectivité », a le don d'exaspérer. Nos ministres haussent les épaules lorsqu'ils voient M. Séguy les dénoncer à la vindicte des Français. Mais ils grincent des dents si un journaliste du J.T. reprend à son compte le dixième de ses critiques.

Encore une fois, l'irritation née de cette prétention à l' « objectivité » se retrouve dans toutes les familles politiques. Elle se traduit notamment par le comportement de plus en plus agressif des leaders politiques vis-à-vis des journalistes de télévision. Il faut absolument faire perdre à l'interviewer son statut de neutralité, le traiter en ennemi afin que le public le considère comme tel, lui dénie toute compétence, toute autorité.

Bref, un journalisme qui ne joue pas le jeu de l'engagement politique, qui, du moins, ne le joue pas ouvertement, sera toujours ressenti comme une menace par les hommes politiques. Le journal télévisé est donc condamné à être attaqué de façon permanente ; à moins que l'on n'en vienne à instituer une chaîne majoritaire et une autre, d'opposition. Il ne serait pas impossible que cette solution stupide fasse baisser de quelques degrés la fièvre politicienne vis-à-vis de la télévision !

A tout prendre, je crains qu'un gouvernement de gauche n'ait l'épiderme encore plus sensible. En effet, son idéologie implique le conflit social, contrairement à celle de l'actuelle majorité qui prétend au consensus. Toute véritable politique de justice doit se heurter à l'opposition des privilégiés. C'est, en quelque sorte, son brevet d'authenticité. Pour faire échouer l'expérience d'un gouvernement de gauche, le « mur de l'argent » se dresserait avec les lobbies bourgeois et patronaux qui s'efforceraient de saper la confiance, notamment sur le plan économique. Dans cette situation de conflit, comment ne pas ressentir toute critique, prétendument « objective », comme un coup bas des forces réactionnaires ? Plus sincère est le désir d'œuvrer pour le bien du peuple, plus forte est la tentation de récuser les censeurs. Pourtant les bonnes intentions ne font pas forcément les bonnes politiques et nul journal télévisé digne de ce nom ne peut s'interdire le jugement ni, éventuellement, la critique.

Il serait naïf de croire que cette « vérité télévisée » ne pose aucune difficulté dans les autres pays. La Grande-Bretagne, l'Amérique, l'Allemagne, la Suisse ont connu leurs crises. Mais ailleurs, elles ont été, plus ou moins bien, résolues. En France, le malaise est permanent. C'est que notre vie politique est en tout point réfractaire à l'information télévisée objective.

De tous les pays occidentaux, nous sommes le plus divisé. Ailleurs majorité et opposition entretiennent un dialogue, parviennent à des ententes tacites, des accords partiels, des neutralités sectorielles. Rien de tel en France depuis le début de la Ve République. Non seulement les adversaires politiques doivent s'opposer en tout, mais ils doivent même accentuer artificiellement leurs divergences et se créer de toutes pièces des occasions de conflit. Ainsi va la politique à la française.

Je ne vois pas comment, dans un tel climat, les frères ennemis pourraient reconnaître au journalisme télévisé un statut d'impartialité ou d'objectivité qui ne fut jamais celui de la presse. Non seulement la « vérité de la télévision » n'a pas été admise comme un terrain d'accord possible, mais elle est devenue un champ de bataille rituel. Car les partis n'allaient pas se priver d'un si beau sujet de querelle. Le plus beau de tous, en vérité, puisqu'il est tout à la fois inépuisable, insoluble et inarbitrable.

De fait, la télévision permet d'expliquer les échecs, de masquer les abus, de gêner l'adversaire. Elle tient le rôle de la belle-mère dans les ménages de Courteline. Situation classique : Monsieur et Madame ne peuvent plus se voir en peinture. La moindre contrariété fait jaillir les étincelles, allume l'incendie. Mais la matière est parfois trop mince pour alimenter le feu, c'est alors qu'on y jette la belle-mère, comme une bûche dans l'âtre : « C'est comme ta mère... — Qu'est-ce qu'elle a encore fait ma mère ? Parlons-en ! » — et c'est reparti pour une scène. Ainsi, deux adversaires qui ne trouvent pas un bon sujet d'empoignade peuvent toujours se jeter à la tête « la manipulation des grands moyens d'information par le pouvoir ».

L'accusation, justifiée ou pas, tient donc un rôle bien particulier dans les batailles politiciennes. L'attitude du R.P.R. est exemplaire : s'étant brusquement retrouvé dans une opposition dont les Français comprennent mal les raisons, il lui fallait un différend pour marquer sa différence. Comme ses prédécesseurs en opposition, il a trouvé la télévision. On peut avoir oublié la politique socialiste de l'information télévisée sous la IVe République, mais comment ne pas se souvenir que Gaston Monnerville, deuxième personnage de l'État, fut interdit d'antenne de 1962 à 1969 pour s'être opposé au souverain ? Mais qu'importent les circonstances, la télé, comme la belle-mère, peut toujours servir !

A supposer même que des progrès substantiels se réalisent, il y a peu de chances pour qu'ils fassent baisser la tension. Je me souviens qu'au temps d'*Info-Première,* qui représentait une amélioration indiscutable par rapport à la situation antérieure, les critiques de l'opposition ne diminuèrent pas de virulence. Il ne fallait surtout pas que l'information télévisée pût accroître sa crédibilité. Mais on vit se multiplier les récriminations venant de la majorité. Au total la querelle ne fit que s'envenimer. L'effort accompli ne fut reconnu qu'au moment où l'expérience se trouva brusquement interrompue. Les seules fleurs adressées à l'information télévisée sont celles des couronnes mortuaires.

Avant d'en terminer, je ferai un petit scénario : celui d'un renversement de majorité. Imaginons donc que la gauche prenne le pouvoir et qu'elle soit sincèrement résolue à laisser son entière liberté à la télévision. Elle buterait sur une première difficulté : celle des hommes. Difficile de conserver les équipes tant vilipendées, difficile aussi d'en changer sans donner le sentiment d'une brutale épuration. D'une reprise en main. (Mon petit doigt me dit que Roger Gicquel a dû poser d'insolubles problèmes aux socialistes lorsqu'ils caressaient l'espoir d'une prochaine venue au pouvoir.) Les nouveaux gouvernants devraient donner des gages, apporter des preuves, bref faire la part très belle à la critique et à l'opposition. Il y a gros à parier que cela ne suffirait pas à modérer les attaques. Quelle constance d'âme ne leur faudrait-il pas pour éviter qu'ils ne se disent : « A quoi bon laisser coloniser la télévision par la réaction si nous ne recueillons même pas les fruits de ce libéralisme ? » Scénario connu. Je souhaite me tromper, mais, pour cela, il faudrait que, dès aujourd'hui, les socialistes prennent la mesure des difficultés posées par l'information télévisée.

Parlant de pressions sur la télévision, tout le monde sous-entend : gouvernementales. Il va de soi que nulle autre force dans ce pays ne peut agir. Ni dans un sens, ni dans l'autre. Une idée reçue de plus, encore une idée fausse. Il y a quelques années, François-Henri de Virieux, journaliste à *Info-Première,* réalisa une émission, *Adieu coquelicots,* qui critiquait assez nettement les agriculteurs. Les réactions corporatistes tournèrent à la tempête. Le ministre de l'Agriculture, qui s'était félicité de l'émission en privé, la dénonça en public. Le journaliste se retrouva seul face aux organisations paysannes furieuses que l'émission n'eût pas été censurée.

J'entends par corporation tout groupe organisé pour la défense d'un intérêt particulier. La corporation peut regrouper les producteurs de betterave, les Corses, les notaires, les grands corps de l'État, les pharmaciens, les Parisiens ou le personnel d'une entreprise. A la seconde où des Français ont un intérêt en commun et qu'ils s'organisent pour le défendre, ils forment — au sens où je l'entends — une corporation.

Par nature, ces groupements sont intolérants et hostiles à la liberté d'information. Sur ce qui les concerne, évidemment. Ils n'admettent que ce qui leur est profitable, s'irritent de tout ce qui leur nuit. Les notions de vrai et de faux n'existent pas pour eux. Vérité tout ce qui est favorable, mensonge tout ce qui serait préjudiciable. Il arrive que les représentants de ces corporations en conviennent dans l'intimité, mais ils ne changeront pas d'attitude en public. C'est le jeu. Pour une corporation, admettre que tous ses membres ne sont pas des petits saints serait aussi incongru que, pour un avocat, présenter son client comme une crapule.

Afin d'imposer leur point de vue, ces groupes ne reculent devant aucun procédé. Le plus anodin est encore le déguisement. Le haillon, comme l'on sait, est de rigueur. « Pauvre comme Job et innocent comme Dreyfus », telle est la présentation standard. Plus grave est l'amalgame. Le gros exploitant de la Beauce, dont les revenus approchent ceux d'un chef d'entreprise, veut se faire appeler « agriculteur » au même titre que le petit fermier de Corrèze qui survit en dessous du S.M.I.C. Devinez pourquoi ! Les exemples abondent, de ces appellations non contrôlées sous lesquelles se rassemblent riches et pauvres. Ces derniers étant toujours mis devant. Puis viennent les pressions pures et simples : campagnes d'intimidation (on écrit « au patron » sur papier à en-tête), mesures de rétorsion (on ne vous informe plus) et attaques pures et simples (on faire courir des bruits fâcheux sur votre compétence ou votre honneur professionnels).

La lâcheté française ayant fait des corporations et de leurs représentants les intouchables de notre société, le journaliste en butte à de telles attaques ne peut compter sur aucun appui. S'il a le malheur d'être spécialisé, il est particulièrement vulnérable. Tout le milieu au contact duquel il travaille lui devient hostile. Il lui faut changer de spécialisation.

Cela explique l'incroyable complaisance de la presse française. Jamais elle ne dira aux commerçants et intermédiaires qu'ils se remplissent les poches pendant que les salariés se serrent la ceinture, aux enseignants que leurs revendications sur les vacances finissent par être indécentes, aux motards qu'il est normal de leur faire payer une vignette comme aux automobilistes, aux salariés du secteur public que la sécurité de l'emploi devrait être comptabilisée dans leur salaire, aux employés des banques et administrations qu'ils devraient travailler aux heures où le public est disponible, aux corps de métiers que leur malthusianisme interdit la promotion sociale, etc. Rien de tout cela ne peut se dire, il vaut mieux, comme dans la chanson, chanter « le chat de la voisine ».

Dans un précédent livre[1], j'ai eu l'occasion de braver l'un de ces lobbies : celui de l'alcool. Car j'estimais malhonnête d'évoquer l'alcoolisme sans dénoncer l'action souterraine des différents groupes de pression qui paralysent toute politique anti-alcoolique. J'ai vu se déchaîner contre moi l'attaque la plus violente de toute ma carrière. *L'Express,* ayant publié ce chapitre de mon ouvrage, se trouva bombardé de lettres de groupements professionnels, de laboratoires bidons à la solde des marchands d'alcool, de syndicats viticoles, de « particuliers » d'un genre très particulier. Pour mon réconfort, il vint aussi beaucoup de lettres émanant de victimes de l'alcoolisme ou de gens qui luttent contre ce fléau : les encouragements eurent plus de poids que ces misérables attaques.

Pourtant, ce n'était rien encore. Le groupe Ricard constitua un énorme dossier prétendant réfuter mes arguments. Ce texte fut imprimé et envoyé anonymement à tous les parlementaires et toutes les rédactions de France. Bien plus, Paul Ricard prit des demi-pages de publicité dans tous les grands quotidiens français — rarissimes furent ceux qui refusèrent — pour, prétendait-il, « faire le point sur l'alcoolisme ». Il s'agissait, là encore, de manipuler les faits afin de minimiser la gravité du problème. Inutile de dire que je me retrouvai seul face à ce déchaînement. Il est vrai que je n'avais pas besoin d'aide pour publier une sèche et définitive mise au point. Le vieil éthylocrate se le tint pour dit et mit un terme à sa campagne.

Je n'eus pas à souffrir de ce furieux assaut car j'ai pris le soin, depuis longtemps, d'assurer mon indépendance professionnelle en diversifiant tout à la fois mes sujets d'intérêt et mes employeurs. Mais je comprends mieux, à la lumière d'une telle expérience, pourquoi la télévision française ne s'est jamais risquée à faire une pleine émission sur le lobby de l'alcool. Ces gens comptent de puissants appuis politiques (il est toujours question au Parlement de rétablir le privilège des bouilleurs de cru), inefficaces contre le paysan du Danube que je suis, mais peut-être pas toujours contre des directions de journaux télévisés.

Les pressions directes exercées par les corporations sont rares. Mais il serait naïf d'en déduire qu'elles n'existent pas. Car il en va des pressions corporatistes comme des pressions politiques : nul ne peut les prouver. Et, de même que la plus gouvernementale des

---

1. *La France et ses mensonges.*

télévisions est celle dans laquelle le gouvernement n'a pas à intervenir, la plus « corporativiste » sera celle que les corporations n'auront pas à menacer. De fait, on ne voit pas pourquoi nos groupes de pression se manifesteraient à la télévision française. Ne savent-ils pas que rien, jamais, ne sera tenté contre eux ? Croyez-vous que l'on va dénoncer les incohérences syndicales, les privilèges corporatistes, les ambiguïtés régionalistes, les égoïsmes locaux, les avantages cachés, les fraudes tolérées, les insuffisances admises, les abus ignorés ? Allons donc ! On ne défie pas une corporation. La « vérité télévisée » ne fera jamais connaître ni les avantages de « la banque », ni les privilèges de nos technocrates, ni les détournements de subventions agricoles, ni les rentes de nos intermédiaires, ni le travail au noir de certaines professions. Rien. Sur tous ces sujets, des organismes veillent, prêts à bondir si, d'un mot, vous laissez entendre que vous n'êtes pas dupe.

La télévision est infiniment plus complaisante vis-à-vis des corporations que de la classe politique et même du gouvernement. La raison en est simple : il est valorisant de défier le pouvoir politique et dévalorisant de défier le pouvoir corporatif.

J'eus l'occasion de participer à une émission dans laquelle le président de la République s'expliquait avec les journalistes de TF 1 sur son ouvrage *Démocratie française*. Je posai mes questions comme mes confrères. Le lendemain, des amis me complimentèrent pour « leur mordant » (*sic*). Je n'avais évidemment « mordu » personne et n'eus jamais à subir de « remontrances ».

Quelques jours plus tard, je commentai au J.T. une réflexion du Premier ministre. Le personnel des Caisses d'Épargne était alors en grève et Raymond Barre avait fait allusion aux avantages considérables dont bénéficie cette catégorie de travailleurs. J'expliquai que, dans la France actuelle, la feuille de paye est loin de refléter la situation réelle de tous : seule la prise en compte des multiples avantages et inconvénients permettrait de situer les Français les uns par rapport aux autres. Un certain nombre d'exemples concrets illustraient ce propos général.

Les réactions ne se firent pas attendre. Non seulement la presse syndicale m'attaqua, ce qui était prévisible, mais certains confrères, l'air gêné, se demandèrent si mon intervention n'avait pas été télécommandée par Matignon. Maigre consolation pour mon honneur professionnel : cela semblait les surprendre !

Je savais fort bien qu'il n'y avait aucun courage à poser normalement des questions au président de la République, mais qu'en revanche il était plus délicat d'évoquer les privilèges des corporations. Or la « gratification morale » est exactement inverse. On passe pour un homme indépendant lorsqu'on ne redouble pas de déférence vis-à-vis des hommes politiques, mais on est considéré comme un valet du pouvoir lorsqu'on irrite les corporations.

Si j'en crois mon expérience personnelle, j'affirme que les tentatives de pression venant des groupes corporatifs — syndicats patronaux, associations diverses, syndicats de travailleurs, représentants de professions, etc. — sont infiniment plus nombreuses et plus insistantes que celles des instances gouvernementales ou de l'administration. C'est que le porte-parole d'un groupement est soutenu par une formidable bonne conscience. Rien à voir avec la conviction toute professionnelle de l'attaché de presse qui vous « vend » le prochain voyage de son ministre, la dernière découverte de son organisme ou le nouveau produit de sa firme. La rage de convaincre n'est plus celle du vendeur mais du militant. Elle ne s'accommode pas du scepticisme aimable des gens de presse. Toute réserve, toute critique, toute objection soulèvent l'indignation. Quiconque ne se rend pas très vite aux arguments du lobby est classé parmi les ennemis. La nuance n'est pas de mise, au service de si justes causes.

Les pressions corporatistes me paraissent plus tenaces encore que les pressions politiques. On rêve au souffle d'air frais qui passerait sur la télévision si ce tabou disparaissait. Un premier pas a été fait, au cours des dernières années, avec les mouvements de consommateurs. Le système industriel a cessé d'être au-dessus de toute critique. Des émissions sur la consommation sont apparues — je pense notamment à l'excellente *A la bonne heure* — où la liberté de parole contraste agréablement avec le discours des anciennes émissions de « vie quotidienne », d'où était bannie toute critique ou citation de produits et de marques.

Il sera difficile d'aller beaucoup plus loin, et cela pour deux raisons. La première est que dans toute la presse française, de *Libération* à *Minute,* c'est partout la même complaisance : sur ce plan, la télévision n'est en rien singulière. L'inertie est considérable et, si l'on peut espérer que sur tel ou tel point la presse télévisée adopte les normes de la presse écrite, on imagine mal que toute la profession puisse changer d'un coup. La deuxième raison est la complicité du public. Alors que les pressions politiques sont constamment dénoncées, les pressions corporatistes ne le sont jamais. De plus, chaque Français, en pratique, appartient à

plusieurs corporations et souhaite donc le maintien du statu quo...
Où serait, dans ces conditions, l'espoir de voir les choses s'améliorer ?

Il est des formules qu'il faut toujours avoir en poche, pour les sortir à la demande comme les *Ausweisse* sous l'Occupation. « Je suis contre toute forme de censure » en est une. « Les journalistes de télévision sont des journalistes comme les autres » en est une autre. N'allez pas nuancer votre propos, vous feriez aussitôt apparaître un sourire de triomphe sur les lèvres de votre interlocuteur. Ça y est, vous avez raté votre examen !

Au risque de choquer mes bons amis, je crois honnête de dire, après tout ce qui précède, que le journaliste de télévision est effectivement un journaliste comme les autres, mais qui fait son métier différemment.

L'objectivité devrait être garantie par des journalistes de toutes opinions qui traiteraient l'information selon leur intime conviction. Cela paraît tout simple, et pourtant aucune rédaction de la presse écrite ne fonctionne selon ce principe. Chaque journal possède sa couleur particulière, les articles formant un camaïeu, pas un patchwork. Il faut donc admettre soit que les journalistes se plient tous à la ligne directrice, soit qu'ils ont tous sensiblement les mêmes opinions. La vérité étant évidemment entre les deux. Il n'en reste pas moins qu'un journaliste ne travaille pas au sein d'une rédaction qui professe des opinions radicalement différentes des siennes. On rencontre très peu de militaristes au *Canard enchaîné,* de giscardiens à *Libération* ou de communistes au *Parisien libéré.* A chaque journaliste de choisir le journal qui correspond à peu près à ses tendances. Le fameux pluralisme doit, théoriquement, permettre à chacun de travailler « librement » et à chaque journal d'offrir une certaine unité.

Cette exigence d'homogénéité est une nécessité aussi bien interne qu'externe. D'une part, on voit mal cohabiter au sein d'une rédaction des hommes d'horizons politiques opposés et, d'autre part, on imagine mal un lecteur passer d'un article fascisant à un autre communisant, et ainsi de suite. Le public veut pouvoir mettre une certaine coloration sur chaque support de presse afin, précisément, de pouvoir appliquer ce fameux « coefficient correcteur » : s'il ignore complètement l'orientation de l'information qu'on lui propose, si d'une colonne à l'autre on passe de la droite à la gauche sans prévenir, il ne s'y retrouvera plus. Libre à celui qui veut avoir des avis opposés d'acheter des journaux d'opinions contraires. Au moins sait-il où il va.

Normalement, les journaux télévisés ne devraient pas jouer ce jeu-là. Traduit en termes d'indépendance des hommes, le devoir d'objectivité conduit naturellement à faire coexister des journalistes de toutes tendances, ainsi qu'à répartir équitablement les responsabilités.

Il ne s'agit pas de placer un communiste à la rubrique hippique comme alibi. On doit retrouver cette diversité aux postes clés, et chacun doit y être lui-même : c'est-à-dire ne pas faire de militantisme, mais ne pas non plus s'autocensurer.

On imagine assez bien une telle rédaction, aussi longtemps qu'elle n'englobe pas les extrêmes. Mais rien n'autorise à exclure la droite la plus dure, les communistes et les gauchistes. Diable ! On aurait donc un journal qui fonctionnerait avec un gaulliste à la politique intérieure, un socialiste comme rédacteur en chef adjoint, un communiste à la politique étrangère, un giscardien aux informations générales, un gauchiste à la justice, un radical aux affaires sociales... Les conférences de rédaction risqueraient fort de se terminer en pugilat et nul ne voudrait avaliser le travail du voisin !

Supposons même que chacun s'impose un maximum d'objectivité, on n'en arriverait pas moins à des situations inextricables. Prenons le problème le plus délicat : celui des communistes. Le P.C. se plaint constamment, et à juste titre, qu'il n'y ait pas de journalistes communistes dans les rédactions de la télévision. Son argumentation est difficilement réfutable. Imaginons donc que l'on ait au service étranger un reporter communiste et un autre R.P.R. Si l'on envoie le premier couvrir l'affaire de l'Afghanistan, il expliquera que les Soviétiques ont volé au secours du gouvernement légal afghan, traîtreusement attaqué par le Pakistan. Si l'on envoie le second, il dira que l'U.R.S.S. a refait à Kaboul le coup de Prague pour envahir et annexer l'Afghanistan à son empire. Il suffisait de lire *l'Humanité* et *le Figaro* pendant le mois de janvier 1980 pour constater qu'il n'existait aucune conciliation possible entre les deux points de vue sur l'affaire afghane. C'est obligatoirement l'une ou l'autre version. Comment va-t-on faire ? Enverra-t-on les deux journalistes traiter contradictoirement les mêmes sujets ? Demandera-t-on à l'un et à l'autre de lire sans commentaires les dépêches de l'A.F.-P. ?

On devine immédiatement la réaction effarée des téléspectateurs qui apprendraient un jour que l'Afghanistan a bénéficié de l'aide fraternelle des Russes et, le lendemain, que ce même pays agonise sous la botte soviétique. Certes, c'est ce qu'ils entendent à travers l'ensemble des déclarations des leaders politiques. Mais il s'agit là d'opinions précisément situées : le Parti communiste dit blanc, l'U.D.F. dit noir, rien que de très normal. L'information télévisée, qui ne porte pas le label d'un parti, se veut, tout au contraire, « objective ». Or une « objectivité » qui changerait, sans crier gare, de *Télé-midi* à *Télé-soir,* ne serait plus qu'une histoire de fou.

Il en irait de même pour l'affaire cambodgienne, pour l'économie, les problèmes sociaux, etc. On découvre tout à coup que le beau principe, si séduisant en théorie, est inapplicable en pratique. Un journaliste communiste expliquant que Pol Pot a été renversé par les Cambodgiens et non par les troupes vietnamiennes, que l'on peut, sans dommage pour l'économie, faire passer le S.M.I.C. à trois mille francs avec répercussions hiérarchiques, ne parle pas en termes de jugement, mais en faits. S'abstenant de donner sa propre interprétation afin de préserver l' « objectivité », il exigera très légitimement d'exposer ainsi les événements. Pour la même raison, prétendre lui imposer une autre présentation constituerait une pression. A quoi bon engager des journalistes communistes si c'est pour les bâillonner ?

De quelque façon que l'on retourne le problème, il faut reconnaître que c'est un assez joli piège. Ce n'est pas par hasard que l'on ne trouve pratiquement pas de journalistes communistes aux postes de responsabilité dans la presse écrite non communiste. En réalité, l'éventail des opinions — qui deviennent alors de véritables grilles de lecture des faits — est si étendu en France qu'on ne saurait intégrer sa totalité dans un même journal. On pourra constituer une rédaction socialo-communiste, socialo-centriste, centriste-droitière... mais sans pouvoir l'ouvrir beaucoup plus. Les communistes, tout comme les gauchistes, les écologistes, les fascisants, ont parfaitement raison de dire que la partie proprement journalistique des informations télévisées, c'est-à-dire les commentaires et non les interviews, ne reflète pas, ou du moins très peu, leurs positions. Il reste que personne, à ma connaissance, n'a trouvé de solution vraiment satisfaisante à ce casse-tête. Il est à noter que cet ostracisme dont se plaignent les communistes n'existe absolument pas au niveau des programmes où de nombreux réalisateurs parmi les plus fameux sont communistes ou proches du P.C. Il se trouve donc une difficulté particulière liée au journal télévisé.

Est-ce à dire que les communistes ne sont pas des journalistes et des Français comme les autres ? Certainement pas. Lorsqu'ils déclarent que la crise est un pur phénomène capitaliste et qu'un changement de système en ferait disparaître certaines données fondamentales, ils proposent une vision de la situation tout aussi respectable que celle du gouvernement, qui voit dans la crise une donnée de la situation mondiale qu'aucun changement de structure ne saurait modifier substantiellement. Le fait est simplement que ces deux positions sont radicalement inconciliables. Les communistes sont d'ailleurs les premiers à le proclamer lorsqu'ils repoussent le consensus appelé de tous ses vœux par le président de la République.

Que signifie cette notion de consensus, sinon un accord général sur les faits, quelle que soit la divergence sur les politiques à mener ? C'est bien sur les faits que les communistes ne sont pas d'accord avec la majorité, et c'est pourquoi ils considèrent le consensus comme un piège. Ce désaccord sur les faits est-il compatible avec la réalisation en commun d'un journal ? C'est là toute la question. La communauté nationale étant fondamentalement contradictoire, notre société, divisée sur les faits mêmes, ne peut proposer une information unique et objective, traduisant une sorte d'appréciation commune de la situation. Cette difficulté, spécifiquement française, ne se pose pas dans les pays dont l'éventail d'opinions est moins large.

Je n'ai pas de solution miracle pour la résoudre. Faut-il instaurer un pluralisme de l'information télévisée ? Tenter à tout hasard l'expérience d'un journal complètement hétérogène ? Donner des moyens spécifiques d'expression télévisée à certains courants ? On peut en discuter. Mais il est absurde de raisonner en fonction d'un modèle anglo-saxon qui n'est pas confronté à ce problème. Absurde aussi de faire la sourde oreille aux réclamations, fondamentalement légitimes, des communistes et de quelques autres courants de pensée. Ce sont pourtant des casse-tête qui ne donnent guère de migraines à la presse écrite et qui prouvent assez la spécificité du journalisme télévisé.

Il est une autre particularité qui distingue radicalement la télévision des autres supports de presse : son caractère national. Les journaux sont des affaires privées. Ils ont droit à un certain respect de leur intimité. Cela n'empêche pas la polémique de l'un à l'autre, mais chacun est maître chez soi, libre de conduire ses affaires à sa guise. Rien de tel ici. Tous les Français sont actionnaires de la télévision. Tous ont un droit de regard sur elle. Et ces millions de regards changent complètement la façon de vivre des journaux télévisés. Se faisant sur la place publique, ils ne se contentent pas de transmettre des informations : ils sont eux-mêmes source d'information. Tout ce qui se fait ou se dit dans une rédaction de télévision peut être l'objet d'attaques. C'est le fameux procès permanent, qui autorise tout le monde à intervenir sur tout au nom de l'objectivité et, plus généralement, du service public.

Conseilleurs, contrôleurs, précepteurs et procureurs se pressent autour des journaux télévisés. Ce sont les parlementaires, les journalistes, les porte-parole de l'intelligentsia, les représentants et dirigeants les plus divers. Et je ne parle pas des innombrables téléspectateurs qui, eux aussi, expriment des opinions définitives dans les conversations privées. Il existe en outre des commissions, dont j'avoue ignorer le détail, qui ont pour tâche de contrôler l'objectivité de l'information, de traquer les fautes de français ou les cas de publicité clandestine, de soupeser la qualité des programmes, etc. Il y a enfin le chœur de la presse qui, au jour le jour, retrace la chronique de la télévision. Aucun journal, bien évidemment, ne travaille dans un tel brouhaha et l'on apprécie mal, de l'extérieur, la tension continue qu'entretient cette dévorante publicité.

Ajoutons que les télédisserteurs sont tout sauf désintéressés. Notre télévision nationale, unique et « objective », provoque la crainte, la suspicion, l'envie et l'animosité, en sorte que la littérature qu'elle suscite est rarement sereine, innocente et « objective ». Chacun en parle avec sa petite idée derrière la tête, en se souciant rarement de démêler le vrai du faux dans ce damné sac d'embrouilles. C'est ainsi que le quotidien de l'information télévisée est réinterprété, recomposé, pour s'inscrire dans une histoire bien rationnelle où tout est voulu, calculé, prémédité, où le hasard et les contingences n'ont jamais leur place.

Or le journalisme, et notamment le journalisme télévisé, se fait d'abord dans la précipitation. Certes, il est des actions parfaitement délibérées et qui traduisent une volonté politique. Mais il en est également beaucoup d'autres qui se font à la hâte, de façon peu réfléchie et qui sont lourdement marquées par les circonstances. Un journal télévisé n'est pas un livre qu'on relit soigneusement avant publication : il comprend toujours une part de surprise, d'improvisation et le rédacteur en chef, en allumant son poste à 20 heures, ne sait jamais exactement ce qu'il va découvrir. En général, la diffusion du journal est suivie d'une séance critique au cours de laquelle on s'aperçoit que l'émission effectivement diffusée a trahi sur bien des points celle que l'on avait préparée. Bref, il n'existe pas, sur l'information télévisée — et ce, pour de simples raisons matérielles et techniques —, le contrôle que l'on croit. Quelle que soit la volonté d'une rédaction en chef, voire d'une direction, de tenir en main son journal, il y aura toujours un écart entre ce qui est prévu et ce qui se passe dans la réalité. Seule une télévision « à la soviétique », réduisant l'information à la lecture de communiqués officiels, n'ayant nul souci d'instantanéité, pourrait éliminer l'imprévu.

Qui ne se souvient du fameux « La France a peur ! » lancé par Roger Gicquel en ouverture du journal où l'on annonçait l'arrestation de Patrick Henry ? Dieu sait si cette formule fut commentée, interprétée, critiquée. On voulut y voir un appel au lynch parfaitement délibéré. Gicquel, adversaire résolu de la peine de mort, eut l'occasion d'expliquer qu'il regrettait d'avoir choisi cette « attaque » mais que, dans la précipitation qui précédait le journal, il n'avait pu apprécier correctement la signification qu'elle allait prendre. C'est alors que les penseurs en chambre, cessant de reprocher aux gens de télévision leur docilité, se mettent à dénoncer leur insuffisance. Pour avoir moi-même commis bien des impairs en direct, je puis affirmer que ces critiques sont très injustes et ne tiennent aucun compte de la tension propre à ce type de journalisme. C'est ainsi qu'il m'arriva un jour de présenter une ellipse à un seul foyer ! Le dessin m'avait été apporté juste avant le journal et, pensant à mille choses, je n'avais pas prêté attention à ce détail : dans le cours de mon exposé, j'ai naturellement parlé « du » foyer que j'avais sous les yeux. J'ai reçu une avalanche de lettres dénonçant mon inculture. Pourtant je crois savoir ce qu'est l'ellipse, mais, dans l'excitation du journal, j'avais pu lâcher cette bourde. Semblable mésaventure arriva à ma regrettée consœur Rosie Maurel. Journaliste médicale à la compétence reconnue de tous les professionnels, après vingt ans de métier, elle traite de contraception, lors de sa première intervention en direct au journal télévisé. Dans le feu de l'improvisation, elle se met à parler de « trompes d'Eustache » au lieu de « trompes de Fallope » ! La malheureuse fut aussitôt accablée de sarcasmes. Aucun esprit fort ne voulut admettre le lapsus et, de bien des côtés, on tenta d'imputer l'erreur à l'ignorance. Si d'aventure la même bévue avait été commise dans un de ses articles à *l'Express,* nul n'aurait douté qu'il se soit agi d'une coquille.

Autre souvenir pénible : il m'arriva, toujours en direct, de commencer une phrase qui me conduisait à parler d' « une orbite haute ». Tout à coup, je m'aperçus que je ne savais plus si on disait « un » ou « une » orbite. Incroyable mais vrai : le trou noir. Et je m'entendais parler, arrivant au mot fatidique. Haut, haute ? Au dernier moment, je m'en suis sorti en parlant d'orbite « élevée ». Jamais je n'ai trouvé autant de grâces à la discrétion de l'*e* muet. Imaginez-vous les réactions si je m'étais trompé ? « Où les prend-on, vraiment, ces journalistes ? »

Pour les puristes assis dans leurs fauteuils, l'information télévisée est un merveilleux terrain de chasse. Quel plaisir de faire la leçon à ces « vedettes » ! Là encore, je ne prétends pas que les gens de télévision, et moi tout le premier, parlent un français parfait. Simplement, il est ridicule d'attribuer systématiquement à l'inculture des erreurs commises sous l'empire du trac que l'on ressent toujours en direct.

La part du hasard, des contingences, de la précipitation est donc considérable dans l'information télévisée. Mais, quelles que soient ses conséquences, secondaires ou importantes, dans la plupart des cas elle ne sera pas reconnue comme telle par les critiques.

C'est ainsi que les « coquilles », « pépins », « maladresses », « incidents » peuvent se transformer en sombres machinations. Allez expliquer à un homme politique qu'on a renoncé à diffuser son interview parce qu'un invité s'est trop longuement expliqué en direct ? Qu'un plan montrant un congrès de la C.G.T. n'a été présenté comme un congrès de la C.F.D.T. que par suite d'une erreur d'archivage ? Que le désynchronisme qui ridiculisait tel ministre était dû à un mauvais fonctionnement de magnéto, que l'utilisation de tel ou tel qualificatif, pour être malheureuse, n'était pas forcément intentionnelle ? Il y a toutes chances pour que vos interlocuteurs ne veuillent pas vous croire et préfèrent élever une solennelle protestation.

On ne prête qu'aux riches, c'est vrai. L'information télévisée serait moins souvent reprise si elle était moins répréhensible. Mais on ne charge que les boucs émissaires, c'est également vrai. Si les critiques sont si nombreuses, si agressives, c'est aussi parce que la position de censeur est bien commode et avantageuse.

Certains parlementaires se sont fait une gloire de dénoncer la télévision. Périodiquement, ils pondent un rapport ou font une intervention qui assure leur publicité dans les gazettes. De même, certains intellectuels croient affirmer leur supériorité en accablant les informations télévisées. Là encore, il ne s'agit que de se valoriser. La presse écrite, enfin, ne peut que tirer profit des leçons qu'elle donne aux journaux télévisés. Ses réquisitoires contre la télévision sont autant de brevets qu'elle se décerne implicitement. Montrer aux lecteurs que la « vérité télévisée » est une duperie, c'est également laisser entendre que le journal, lui, ne transige pas sur l'information. Bref, il existe une prime à la critique — et je vois mal la situation se retourner, c'est-à-dire l'élite française louanger la télévision pour accroître la crédibilité de cette « vérité télévisée » qui semble lui faire concurrence.

La France est-elle donc condamnée à vivre éternellement sa « guerre de télévision » ? Sans doute, si l'on ne compte que sur notre sagesse pour trouver un *modus vivendi* plus paisible. Mais, une fois de plus, il faut miser sur l'imagination des faits quand celle des hommes est en défaut. La télévision actuelle, nous le verrons dans le dernier chapitre, ne sera pas éternelle. Elle ne constitue qu'un stade transitoire dans le développement des techniques. Sous la poussée irrépressible du progrès, les règles du jeu vont être bousculées, les cartes redistribuées. Qui sait si, dans la télévision proliférante, débordante du prochain siècle, ces problèmes, aujourd'hui insolubles, ne seront pas résolus ?

CHAPITRE IX

LE RACISME DE LA TÉLÉVISION

La télévision est raciste, c'est peut-être son plus vilain défaut. Elle réserve ses faveurs à une nouvelle espèce d'individus, l'*homo telegenicus.* Ces élus ne sont sélectionnés ni sur le savoir, ni sur le travail, ni sur le mérite, mais sur des caractères de type raciaux, c'est-à-dire l'apparence personnelle : prestance, regard, voix, forme du visage ; bref, des particularités qui semblent aussi « innées » que la couleur de la peau, la forme du nez ou l'épaisseur des lèvres. Comment admettre que la puissance souveraine — puisqu'il paraît que la télévision confère un tel pouvoir — soit dévolue selon ces critères ? Tout se passe comme s'il était apparu dans notre société une race de seigneurs, fabriquée de toutes pièces par des machines stupides.

Cet état de fait irrite profondément les élites traditionnelles. Animosité d'autant plus grande que la « célébrité » du petit écran paraît entièrement imméritée — ce qui n'est pas tout à fait faux — et semble conférer une autorité sans limite — ce qui relève de la mythologie pure. Reconnaissons bien volontiers qu'il serait proprement intolérable que nos gloires nationales soient désormais sélectionnées par un jury souverain composé de caméras imbéciles. S'il en était ainsi, il serait urgent de briser ce fatras électronique qui risquerait de fausser toutes les valeurs humaines. Heureusement, la réalité est bien différente.

Qu'il existe un certain racisme de la télévision, c'est indiscutable. Tout téléspectateur tend à juger les messagers et pas seulement les messages et, qui plus est, à les juger sur la mine. Il établit avec certains d'entre eux une sourde et secrète complicité qui, au-delà des mots et des faits, entraîne la confiance, la sympathie, la crédibilité., A l'inverse, il refuse son attention à d'autres, tout aussi dignes d'estime pourtant.

Le phénomène est bien connu au théâtre. Deux comédiens, jouant le même rôle, ne remportent pas un égal succès. Leur « présence » fera la différence. Il en va de même à la télévision. Selon que l'individu « passe » ou « ne passe pas », ses propos retiennent l'attention ou se perdent dans l'indifférence. S'agissant de cinéma ou de théâtre, le jeu reste sans conséquences. Les acteurs qui ont de la présence deviennent célèbres, les autres seront figurants. Sélection cruelle, mais non essentielle : nous sommes dans la fiction.

La télévision, au contraire, met la vie en spectacle. Ceux qui s'y expriment n'interprètent pas un rôle, ils se donnent eux-mêmes en représentation. La valeur de leur argumentation, de leur témoignage, devrait seule entrer en ligne de compte. Ce n'est pas le cas.

Sur ce fait indiscutable, la télévision se trouve mise en procès. Quoi ! L'on poursuit obstinément son œuvre pendant dix ans et, patatras ! tout est remis en question parce que le regard fuit la caméra ou que les joues accrochent mal la lumière ! Croit-on que Marcel Proust, Arthur Rimbaud, Jean Genet n'auraient pas été sifflés dans ces « crochets télévisés » où l'auteur est jugé sur une « fausse note » ? Ne dit-on pas que tel intellectuel à la mode doit l'essentiel de son succès à son visage romantique et à sa diction de comédien professionnel ? Que tel grand penseur ne se fera jamais entendre, faute d'avoir cette assurance face aux caméras ? C'est la méritocratie sombrant dans la médiacratie, la piste de cirque l'emportant sur le bureau de réflexion, le nez de Cléopâtre contre le cerveau de Newton. La dégénérescence !

Résumons l'accusation : c'est désormais la télévision, source du pouvoir, qui sélectionne l'élite en se fondant sur des critères artificiels, non significatifs, que l'on globalise sous le terme de « télégénie ». Par cette perversion, le faire-savoir l'emporte sur le savoir, le bien-dire sur le bien-penser, la, prestance sur la compétence, le paraître sur l'être. C'est une société de cabots : Léon Zitrone au pouvoir, Samuel Beckett — prix Nobel et téléphobe irréductible — au rancart. Avant d'aller noyer notre dégoût dans quinze whiskies, essayons de mesurer l'étendue du désastre.

Je sais que certains chercheurs sont pratiquement « impassables ». Si je tente de les interviewer, ils parleront de façon terne, monocorde. Bien souvent, leurs phrases, interminables, bourrées d'incidentes, émaillées de jargon spécialisé, échapperont à l'entendement du téléspectateur. Il ne reste plus qu'à « couper » les interviews : pour éviter d'en arriver là, on préfère ne pas les filmer.

Cette discrimination — que je dois pratiquer à l'occasion — me choque profondément. Elle interdit de faire connaître aux Français des hommes éminents, dont on souhaiterait que la voix soit entendue, et elle conduit à leur préférer certains autres, parfois de moindre valeur. Comme on ne résout pas la difficulté en niant les faits, il est inutile de proclamer que l'on refuse de capituler devant l'inadmissible racisme télévisuel, que l'on ouvrira l'antenne à tout le monde, sans tenir compte du facteur télégénique : cela ne signifierait rien. A moins d'éliminer systématiquement de l'écran tous ceux qui « passent bien », vous n'empêcherez pas les téléspectateurs de prêter leur attention aux uns plutôt qu'aux autres. Le responsable pourra se sentir les mains propres et la conscience tranquille, rien n'aura pourtant changé. Combien de fois ai-je vu certains intervenants écrasés par la caméra, incapables de défendre leurs thèses, tandis que d'autres, pour lesquels je n'avais pas une estime particulière, s'imposaient par leur aisance et leur autorité.

J'ai encore en mémoire une émission dont le principe était de confronter en direct une personnalité à quatre journalistes. Le débat portait sur les ressources naturelles et l'invité se trouvait être l'un des meilleurs experts français de la question. Plusieurs fois, j'avais pu m'entretenir avec lui en tête-à-tête. Il m'avait passionné, tant par l'étendue de ses connaissances que par l'originalité de son jugement et la truculence de son expression. Imaginez encore un homme d'un mètre quatre-vingts, taillé comme un chêne, dégageant une impression de force et de solidité : bref, l'invité idéal.

Dans les minutes qui précédèrent l'émission, sa nervosité m'inquiéta. Son teint même avait changé, son allure était plus raide. « C'est le trac, pensai-je, cela passera dès le début de la discussion. » Le générique se termine, je présente notre expert, les journalistes, le sujet de la discussion, et je pose la première question. Mon interlocuteur était méconnaissable : transpirant, crispé, cherchant une contenance, ne sachant que faire de ses mains. Tout de l'animal traqué. Dès la première réponse, il fut envahi par le trac et ne put jamais se ressaisir.

Pendant une heure, il subit le feu roulant des questions, comme un accusé sur la sellette, répondant à côté ou de façon confuse, ne trouvant jamais la réplique, s'embrouillant dans ses explications. Ce fut une heure longue, longue... Une émission ratée.

J'avais commis l'erreur de ne pas reconnaître à l'avance un homme de l'espèce téléphobe. Ce faisant, je lui avais rendu, ainsi qu'au public, un bien mauvais service. Je peux encore me dire aujourd'hui qu'il était l'expert le plus qualifié — ce que je pense toujours —, et que c'était bien lui qu'il fallait inviter. Mais de telles pétitions de principe ne servent qu'à masquer la réalité. En vérité, j'aurais dû trouver parmi les experts qualifiés celui qui était le plus capable de s'exprimer à la télévision et, par conséquent, d'intéresser le public. Pas nécessairement le plus compétent.

Aujourd'hui même, reparlant de cette émission, je ne me sens pas le droit de citer le nom de cet expert. Et c'est grave. Car le fait de n'être pas un excellent « télélocuteur » ne saurait mettre en cause sa compétence professionnelle. Voilà pourtant ce qu'est le racisme de la télévision.

On sait, de même, le tort que fait à Jacques Chaban-Delmas son timbre de voix trop nasillard. En quoi cela peut-il augmenter ou diminuer ses talents d'homme politique ? Mais vous n'empêcherez jamais les « télé-électeurs » de préférer le sourire d'un Kennedy aux bajoues d'un Richard Nixon.

Certains journalistes « passent » remarquablement bien, d'autres moins. On se souvient qu'Antenne 2 fit appel à Guy Thomas pour présenter le journal de 20 heures, afin de contrebalancer le « phénomène Gicquel ». S'il est un journaliste dont la valeur professionnelle n'est contestée par personne, c'est bien Guy Thomas : sens de l'information, clarté de l'exposé, rigueur de l'expression, il faisait indiscutablement « le poids » face à notre Roger national. A lire le texte de ses présentations, on doit convenir qu'il assurait une synthèse dense et percutante de l'actualité. Il devait faire jeu égal avec le champion de TF 1. Ce ne fut pas le cas : on ne m'ôtera pas de l'idée que le « racisme télévisé » joua pour une part dans cet insuccès. Guy Thomas avait, à l'écran, moins de « présence » que Roger Gicquel. Handicap difficilement surmontable.

Parmi les facteurs de cette fameuse télégénie, la voix et la diction jouent plus qu'on ne pense. Un Léon Zitrone assure à son téléspectateur un merveilleux confort d'écoute. Pas une syllabe perdue, pas une intonation fausse ; une parole assurée, un timbre riche : tout cela compte à l'écran autant qu'à la radio. A l'évidence, la beauté physique n'y a rien à voir. Pas plus chez les femmes que chez les hommes. Les « vedettes de la télévision » diffèrent beaucoup en cela de celles du cinéma.

Restent une volonté contagieuse de se faire entendre, une assurance tranquille qui sécurise le spectateur. La fougue d'un Frédéric Pottecher, le charme d'un Jean Lanzi, la sérénité d'un Joseph Pasteur... allez savoir. Cette télégénie assure une « prime d'écoute », elle crée un courant de sympathie qui renforce le poids des paroles. Or, et c'est toute l'injustice, elle n'a rien à voir avec la valeur des hommes. C'est un fait. On n'est pas nécessairement intelligent, généreux et sincère parce qu'on offre cette image de soi à la télévision.

Je serais tenté de comparer la télégénie à ce qu'on pourrait appeler la « graphogénie ». Tous les graphologues savent que nous n'avons guère de prise sur notre écriture. Certaines personnes ont un graphisme plaisant, élégant, clair. D'autres font un scribouillage abominable et illisible. Il ne viendrait à l'idée de personne de juger la valeur des individus d'après la seule esthétique ou lisibilité de leur écriture. La graphologie, pour autant qu'elle puisse tirer des conclusions solides, ne s'en tient jamais à des critères aussi simplistes.

Imaginez que vous lisiez les différents articles du *Monde* dans l'écriture même des rédacteurs. Que se passerait-il ? Vous seriez attiré par certaines écritures, agréables à regarder, faciles à déchiffrer, et vous hésiteriez à lire des gribouillis de « pattes de mouches » avec des lignes incertaines et des lettres à peine formées. Or, cette équation personnelle est gommée par l'imprimerie et vous ne jugez plus les journalistes de la presse écrite que sur la valeur de leurs articles. Telle n'est pas la situation dans la presse télévisée : l'écriture y devient alors la voix, la diction, le regard, la présence. Qualités de forme qui ne peuvent en rien faire préjuger du fond, mais qui constituent la condition nécessaire de l'écoute.

Tout cela est fort déplaisant, mais je ne vois aucun système susceptible de lever ces inégalités. Lorsque par hasard je m'entends complimenter sur une prestation télévisée, je me demande toujours si l'on est en train de juger le texte ou l'interprétation. Irritante incertitude pour la vanité professionnelle !

La télévision étant de plus en plus ressentie comme le tremplin — sinon le lieu — de la réussite, ce racisme tend à devenir insupportable. Toutefois, s'il est vrai que cette télégénie est une condition nécessaire, elle ne s'impose pas à un même degré dans tous les rôles. Pour viser la présentation du journal télévisé ou la direction du Parti communiste, il faut posséder un don exceptionnel. Inutile de vous obstiner si vous ne l'avez pas. Mais tous ceux qui sont appelés au forum électronique n'ont pas à tenir un grand premier rôle. Pour une intervention occasionnelle, il suffit de ne pas s'affoler lorsque le clap : « Interview M. Chose, une, première », donne le départ. D'expérience, j'atteste que les irrécupérables de la télévision ne constituent qu'une minorité. La plupart des individus peuvent s'exprimer très correctement — quitte à « recommencer la prise », comme nous disons.

La classe politique, qui n'a d'autre choix, a fait l'apprentissage du petit écran : désormais les grands leaders doivent être des « bêtes de télévision », et les hommes qui manquent d'impact télévisuel sont condamnés aux seconds rôles. Ils peuvent faire d'honorables carrières, mais ils ne seront pas danseurs étoiles dans le ballet politique. Certains s'imposent d'emblée, sans expérience ni entraînement préalable. Plus généralement, un minimum d'accoutumance, le respect de certaines règles, un rapide apprentissage transforment un médiocre parleur en excellent diseur. Tout le monde se souvient qu'en 1958, de Gaulle était un détestable « télélocuteur », lisant ses textes avec des accents emphatiques et des intonations artificielles. Il a dû prendre des leçons auprès de grands comédiens. L'élève a bientôt dépassé ses maîtres. Et que dire des progrès réalisés par Marchais, Chirac, Mitterrand et les autres ? Je me rappelle une discussion dans un bureau de rédacteur en chef, il y a dix ans de cela. On hésitait à inviter un jeune secrétaire d'État car « il n'était pas bon » ! Il s'agissait de Jacques Chirac. Qui lui conteste aujourd'hui une maîtrise parfaite, redoutable, déconcertante, de la télévision ?

Que, demain, l'expression personnelle fasse partie de l'enseignement, que l'on apprenne aux enfants à parler devant une caméra, et l'ostracisme de la télévision ne concernera plus qu'une toute petite minorité de handicapés. Il est significatif que le problème se pose avec beaucoup moins d'acuité dans les pays anglo-saxons, notamment en Amérique, où l'éducation prépare mieux les enfants à de tels exercices. Pour ma part, j'ai toujours été frappé de la facilité avec laquelle on recueille une interview aux États-Unis. Les gens répondent simplement, sobrement, naturellement. Le fait de s'exprimer devant une caméra ne semble pas leur poser de problème particulier, aussi la première prise est-elle généralement la bonne.

La mauvaise télégénie ne tient pas seulement à la présentation, la voix ou la diction. Le langage intervient également. La télévision condamne toute forme de jargon, toute expression de spécialiste et tout style confus ou alambiqué. Il s'agit d'abord de s'exprimer dans une langue accessible aux téléspectateurs.

Si le style est important, le contenu ne l'est pas moins. Le téléspectateur fait la différence entre le messager et le message. Il peut apprécier l'un ou l'autre séparément et reconnaît le frimeur qui n'a rien à dire. Pour qu'à l'écoute s'ajoute la crédibilité, il faut que les propos apportent une information, qu'ils répondent à une attente, que le texte, en lui-même, indépendamment de son interprétation, soit intéressant. Il ne suffit pas de bien parler, encore faut-il avoir quelque chose à dire.

Ce contenu varie selon les circonstances. Le téléspectateur n'attend pas le même message du présentateur de variétés et du commentateur de politique étrangère. Mais, dans tous les cas, il apprécie et la forme et le fond. Rien de plus faux que de n'attribuer le « phénomène Gicquel » qu'à un timbre de voix, une présence ou un regard. Ce journaliste a en propre un certain style de présentation, celui du « présentateur-spectateur » : tout se passe comme si Roger Gicquel découvrait l'actualité à mesure qu'il l'annonce. Il dit et réagit en même temps, offrant au spectateur une information et une réaction. On peut approuver ou refuser ce style : le fait est qu'il a constitué une innovation. A l'opposé, un Léon Zitrone tente de s'effacer devant l'actualité, de se limiter à la restitution des faits. Gicquel, lui, est constamment présent, avec ses indignations, ses interrogations, ses approbations : son « fidèle auditeur » n'est plus seulement intéressé par une diction ou une présence, mais par un certain message d'accompagnement.

Croit-on pour autant que le téléspectateur écoute Roger Gicquel comme le messie, qu'il tient pour avéré tout ce qui tombe de sa bouche ? Le public, lui, a plus de jugement. Il ne fait pas l'amalgame entre la sympathie qu'il ressent pour l'informateur et le crédit qu'il porte à l'information. Dans le même sondage, 47 % des personnes interrogées trouvent Roger Gicquel « sympathique », mais 15 % seulement estiment qu'il « dit la vérité ». Cela signifie clairement que l'« effet Gicquel » ne lui donne pas un chèque en blanc. Les téléspectateurs sont tout à fait capables d'être sensibles à sa personne sans être soumis à son discours : la distinction est très nette entre le jugement sur l'individu, fortement marqué par la télégénie, et le jugement sur l'information qui dépend d'un contexte beaucoup plus large. D'une façon générale, je ne sache pas qu'on ait jamais pu démontrer qu'une « vedette » de télévision avait exercé une influence durable sur l'opinion. En revanche, cela ne fait guère de doute pour les journalistes de presse écrite. Non seulement la télégénie ne donne pas automatiquement une crédibilité journalistique, mais je pense même que la télévision n'est pas un bon support pour « faire passer des messages ». C'est toujours la compétence professionnelle qui confère l'autorité, et c'est encore la presse écrite qui exerce la véritable influence. La tribune du journal télévisé n'est donc pas une bonne chaire pour convertir les fidèles.

C'est pourquoi la seule télégénie ne peut pas déplacer les voix. On le vit bien lors des élections européennes. Sur le strict plan télévisuel, Jacques Chirac fut éblouissant, Simone Veil effroyablement terne. Les téléspectateurs furent certainement sensibles à cette différence de qualité dans l' « interprétation ». Il n'empêche qu'un certain nombre d'électeurs se déporta du premier vers la seconde : « Il parle bien, mais nous ne sommes pas d'accord », durent-ils penser. Même phénomène lors de l'affaire afghane. Georges Marchais multiplie les « numéros », il est drôle, pétulant, tonitruant. Le public est ravi du spectacle. L'émission *Cartes sur table* qui lui est consacrée sur Antenne 2, en janvier 1980, atteint 18 % d'écoute. A la même heure, *l'Étranger,* filmé d'après l'œuvre de Camus, avec Marcello Mastroianni, sur TF 1 ne fait que 16 %. Un tel résultat doit beaucoup à l'exceptionnelle télégénie du personnage, mais cela n'empêche pas sa cote de popularité de diminuer dans les sondages. Il ne suffit pas de faire rire le bon peuple par télévision interposée pour faire accepter l'inacceptable.

Voilà une nouvelle raison de nous rassurer. Cette télégénie n'a rien d'un pouvoir hypnotique et n'empêche pas le téléspectateur de garder un œil critique sur le plus séduisant discoureur. S'il en était autrement, les « vedettes du petit écran » pourraient se lancer dans toutes sortes d'entreprises avec la certitude de réussir. Elles feraient de la politique, des livres, des films, des chansons, des affaires, toujours suivies par l'énorme troupeau des admirateurs. Or il n'en est rien.

Combien d'hommes de télévision ont réussi en politique ? Fort peu à ma connaissance. Dans les années 60, François Gerbeau, présentateur du journal de 20 heures, tenta sa chance à la députation. Journaliste solide, sérieux, appliqué, il souffrait du racisme télévisé. Son visage trop rond pour accrocher la lumière, ses paupières trop lourdes lui donnaient une présence incertaine. De ce fait, il n'était pas considéré par le public comme une « vedette ». En revanche, il avait entrepris, depuis un certain temps déjà, de « travailler sa circonscription », sa ville natale de Châteauroux. Son élection, obtenue difficilement, dut beaucoup à ce travail politique classique et fort peu à son image télévisuelle. Il en va de même pour un Michel Péricard, qui a labouré très longtemps son fief de Saint-Germain-en-Laye avant d'en récolter les fruits politiques.

En revanche, un journaliste aussi brillant que Maurice Séveno n'a jamais réussi sa percée politique. Pourtant, son image de marque télévisuelle était incomparablement supérieure à celle de Gerbeau et même de Péricard. Par son élégance, sa facilité, la précision et l'efficacité de ses présentations, il était devenu l'un des trois présentateurs vedettes, à l'égal de Georges de Caunes et Léon Zitrone. Mais les électeurs de Dieppe ne furent pas sensibles à l'honneur d'être représentés au Parlement par une « vedette ». Ils jugèrent le candidat P.S. et non le présentateur célèbre. La popularité ne se reconvertit pas en bulletins de vote, on l'a vu. En définitive, l'« aura électronique » ne semble pas peser lourd dans une bataille électorale : elle permet de serrer plus facilement des mains, mais pas de gagner des voix. Les électeurs ne confondent pas les genres.

Il en va de même pour l'édition. Les millions de spectateurs qui connaissent — et, éventuellement, aiment — un personnage télégénique ne sont pas des lecteurs potentiels. Que d'éditeurs ont bu le bouillon pour avoir confondu vedette de l'image et vedette de l'écriture ! Lorsque, étant fort connu grâce à la T.V., j'ai commencé à publier, mes éditeurs furent bien déçus par mes ventes médiocres. Il fallut, comme pour n'importe quel auteur, un heureux concours de circonstances — la crise pétrolière en l'occurrence — pour qu'elles deviennent importantes. Les gens savaient fort bien que ma bonne figure ne garantissait pas a priori la qualité de mes écrits.

N'allons donc pas croire que la télégénie confère un pouvoir sans limites. Elle permet de bien faire son métier ou sa prestation à la télévision. C'est tout. C'est une valeur qui se déplace mal d'un domaine à l'autre. Elle reste liée à l'activité audiovisuelle. A de nombreuses reprises des « vedettes de la télévision » ont voulu se lancer dans le théâtre, la chanson ou le cinéma. Ces essais ont toujours été infructueux. Il semble que le public, loin de favoriser ces changements de genre, s'y oppose systématiquement.

En définitive, la notoriété qu'apporte la télégénie est aussi déconcertante dans ses causes que dans ses effets. Contrairement à une idée reçue — encore une ! —, elle n'est absolument pas liée au temps de parution à l'écran. Il ne suffit pas d'être vu pour devenir connu et reconnu, célèbre et célébré ; et ce n'est pas en se montrant davantage que l'on accroît sa popularité.

Après les événements de 1968, le gouvernement, mal remis de ses frayeurs, incapable de s'imposer face aux syndicats ou aux étudiants, voulut faire un coup d'éclat — le seul dont il était capable — en s'en prenant aux « vedettes de la télévision ». Il paraissait habile de s'attaquer aux clowns de l'audiovisuel, dont l'apparente puissance n'avait d'égale que la réelle faiblesse. Bref, il fallait, par un exemple d'autoritarisme, masquer une perte générale d'autorité, scénario classique. Fait intéressant, les politiciens étaient convaincus que les marionnettes du petit écran étaient interchangeables. La télé les avait faites, elle en ferait d'autres. Le plus piquant de l'affaire, c'est que le Premier ministre Couve de Murville fut la vivante infirmation de ce postulat. Ce personnage de salon eut beau multiplier les prestations télévisées, les Français ne retinrent jamais son nom ni son visage.

Les journalistes — pas seulement les plus connus, hélas ! — furent chassés et l'on mit en place de nouvelles équipes destinées, nos dirigeants n'en doutaient pas, à faire oublier les bannis et à gagner une égale célébrité. Pendant un an ces confrères, qui ne manquaient pas de qualités professionnelles, mais qui n'avaient pas une présence télégénique suffisante, vinrent quotidiennement rendre visite aux téléspectateurs. Ils furent incapables de s'imposer. A l'automne 1969, il fallut former de nouvelles équipes, en tenant compte cette fois des critères journalistiques et télégéniques. La plupart de ceux qui avaient ainsi accumulé des heures d'antenne disparurent sans laisser de souvenir aux téléspectateurs.

Lorsque les magazines tentent d'établir ces dérisoires « hit-parades » de la popularité, on est toujours surpris par l'oubli de certains que l'on voit beaucoup et par la présence d'autres qui n'apparaissent qu'épisodiquement. Sans doute Gicquel, Poivre d'Arvor ou Drucker figurent-ils dans le peloton de tête. Mais on peut se demander s'ils sont populaires parce qu'on les voit souvent ou si on les voit souvent parce qu'ils possèdent une indéniable télégénie. En revanche, des hommes comme Pierre Tchernia ou Bernard Pivot devancent des journalistes beaucoup plus présents qu'eux à l'antenne.

La télégénie est une particularité personnelle qui s'impose et non le fruit d'une longue habitude. Il suffisait à Frédéric Pottecher, une fois par mois, de faire revivre un grand procès pour que toute la France connaisse son nom et sa voix. D'autres confrères font des analyses juridiques mieux charpentées, plus subtiles sur le plan journalistique, et ne bénéficieront pourtant jamais de la même popularité.

La télégénie n'est cependant pas, répétons-le, un gage de qualité professionnelle : M. Jacques Fauvet serait sans doute un mauvais présentateur de 20 heures, ce qui ne l'empêche pas d'être l'un des plus grands journalistes français. Il va de soi que le meilleur à l'antenne n'est pas le meilleur tout court. Nous connaissons de même certains reporters qui font des enquêtes extraordinaires et « passent mal au tube » et des présentateurs, très populaires, qui ne feraient que de médiocres reportages.

Reconnaissons bien franchement que l'homme de télévision ne sait pas toujours faire la part des choses. Qu'il tend à croire et faire croire que sa popularité tient à des qualités supérieures et non à son physique avenant. La télégénie incite au cabotinage et ceux qu'elle a distingués ne peuvent jamais affirmer qu'ils ont su s'en garder. Disons que les cas pathologiques, comme celui que décrit Michel Drucker dans son roman *la Chaîne,* sont moins fréquents qu'on ne l'imagine. La « vedette de télévision » qui confond télégénie et génie subira mille rebuffades qui la ramèneront à la raison. Seul un aveuglement narcissique pourrait faire entretenir des illusions à ce sujet.

Il est vrai que les réactions du public pourraient facilement tourner les têtes fragiles. Après mon licenciement, en 1968, j'ai eu la chance de vivre une période professionnelle particulièrement heureuse. J'ai pu mettre à profit cette « année sabbatique » pour me jeter à corps perdu dans l'écriture, réalisant ainsi un rêve que je caressais depuis longtemps. A mon grand étonnement, tous les gens que je rencontrais semblaient me présenter leurs condoléances. J'avais beau leur expliquer que ce licenciement, dramatique pour des confrères en chômage, ne l'était pas pour moi qui avais retrouvé du travail, qu'il constituait même une excellente opportunité pour rompre avec l'audiovisuel et m'engager plus avant dans l'écrit, je sentais bien que mes interlocuteurs ne me croyaient pas.

Ils me répondaient, l'air entendu : « Oui, évidemment, mais rien ne vaut la télévision », ne voyant probablement que pudeur ou bravade dans mon attitude.

J'ai toujours préféré l'écrit à l'image. Aussi ces réactions me parurent-elles étranges. Je voulus en comprendre les motivations. Pourquoi diable mettre la télévision au-dessus de tout ? On finissait généralement par me dire : « Vous ne vous rendez pas compte, avec la télévision, vous êtes connu de tout le monde ! » Telle était donc la vertu mystérieuse qui fascinait mes interlocuteurs : porter sa carte d'identité sur son visage ! Dieu sait qu'il n'est pas particulièrement plaisant de se glisser dans les lieux publics en rasant les murs et de porter des lunettes sombres en guise de voilette. Pourtant, cette perte d'anonymat constituait un privilège aux yeux des autres. Si je le contestais, on me reprochait mon ingratitude vis-à-vis de la télévision. Il me fallait être reconnaissant d'être reconnaissable. Mais, vraiment, peut-on voir dans la publicité d'un visage la suprême récompense d'une profession ?

Cette conviction, si largement répandue, me semble répondre au malaise profond de notre époque, qu'engendre la perte d'identité. Dans une communauté réduite — un village, une petite ville — l'individu est connu des gens qu'il croise pour le rôle qu'il tient dans la collectivité. Notre monde urbanisé a brisé ces liens sociaux à petite échelle. La grande ville, c'est l'anonymat. Et mille signes prouvent que les hommes en souffrent.

Je vois un bon exemple de cette frustration dans le succès de la presse régionale. Toutes les enquêtes prouvent que les lecteurs sont particulièrement attachés à la page locale. C'est qu'on y parle de gens qu'ils connaissent personnellement. Connaître celui dont on parle, c'est une première façon d'être connu. En outre, l'espoir n'est jamais absent d'apparaître soi-même dans ces pages : c'est le fils, dont le nom est cité parmi les coureurs du cross régional, c'est la fille qui défile avec les majorettes, ou sa propre image que l'on devine dans le public de la salle des fêtes, etc. Ce jour-là, le journal est soigneusement découpé et la page pieusement conservée. La preuve est faite que l'on n'est pas complètement anonyme, que l'on possède une identité sociale.

Voyez encore l'excitation que crée le moindre passage à la télévision. Peu importe que l'on joue au « Schmilblic », que l'on raconte en trois phrases l'incendie de la ferme voisine ou que l'on proteste contre la construction d'une autoroute : on est passé de l'autre côté du miroir. Demain, les gens vous diront : « Tiens, je vous ai vu hier à la télé. »

Il existe bien, dans nos sociétés éclatées, un malaise de l'identité sociale. Alors qu'autrefois chacun avait sa « réputation », aujourd'hui 99 % des Français sont anonymes et 1 % — en fait 1/100 000 — sont connus de tous. Il se crée un phénomène de rareté qui donne une valeur extraordinaire à cette publicité. La France se coupe en deux : la masse indifférenciée et la petite caste privilégiée des gens célèbres. Et ce monde de la télévision fascine, tout comme celui de la fortune lorsque le peuple est plongé dans la plus extrême misère. « Passer » à la télévision, c'est être milliardaire en identité dans un monde d'anonymat. Peu importe dès lors que cette publicité ne traduise aucune valeur particulière, qu'elle n'apporte aucune satisfaction profonde : elle est enviée en soi, pour ce qu'elle est. Et je ne peux m'empêcher de penser avec horreur à cet univers de millions de solitudes anonymes, polarisées sur le centre du spectacle où s'ébattent quelques célébrités universelles. Un cauchemar ! Que demain chaque Français ne puisse plus se promener sans être reconnu, salué par les gens qu'il croise, que les fonctions communautaires redeviennent mieux réparties, plus nombreuses, plus actives et, je pense, la « célébrité des vedettes de télévision » sera perçue pour ce qu'elle doit être : une servitude du métier et non la réalisation d'un rêve. Il faut espérer que les télévisions locales favoriseront cette évolution en permettant à de nombreux Français de se faire connaître de leurs concitoyens par le petit écran.

Car, pour que le monde de la télévision soit remis à sa place, il faudrait d'abord que chacun ait la sienne. Que la société offre à ses membres ce minimum d'identification indispensable à l'équilibre personnel. Dans l'immédiat, il ne peut s'agir que d'un vœu pieux. La société industrielle est dépersonnalisante sur le plan social. Certes, elle offre aussi, plus que toute autre, des possibilités d'épanouissement original pour l'individu. Contrairement à ce qu'on raconte, il est plus facile aujourd'hui qu'hier de cultiver son jardin secret : la musique, la nature, l'histoire, la pêche ou les voyages. En ce sens, et pour autant que ces possibilités soient effectivement utilisées, notre monde est « personnalisant ». Mais ces épanouissements individuels restent, pour l'essentiel, des exercices solitaires. La trame des relations sociales, des interactions humaines s'est indiscutablement appauvrie. Les gens ont perdu l'habitude de faire des choses ensemble, ne se rencontrent plus, ne se voient plus, ne se connaissent plus. Et la télévision — plaisir solitaire par excellence — ne peut qu'accentuer cette tendance. Mais il se pourrait qu'une réaction se dessine contre ces excès et que nous soyons à la veille d'un retournement.

La télégénie ne risque-t-elle pas de peser très lourd dans le jeu politique ? J'ai montré, par l'exemple des élections européennes, que le corps électoral attache plus d'importance aux thèses défendues qu'au talent des orateurs. Au reste, lorsqu'on voit la perfection de nos bretteurs, leur adresse à l'esquive, leur mordant dans l'attaque, leur assurance dans la repartie, leur satisfaction dans le sourire, on se demande si un excès de télégénie ne finit pas par les desservir. Ils me paraissent désormais trop bons professionnels de la télévision : une telle maîtrise les coupe du public. On les regarde, on les écoute, on les admire comme s'ils étaient des champions sportifs ou des artistes de cirque. Impossible, pour le Français moyen, de s'identifier à eux. Peut-être, même, d'être touché par eux.

Leur virtuosité, devenue trop évidente, met en cause leur spontanéité. Partant, leur sincérité. On aimerait que M. Chirac se reconnaisse pris de court, que M. Mitterrand ne trouve plus ses mots, que M. Marchais soit intimidé, que M. Giscard d'Estaing exprime ses incertitudes. Alors ils nous apparaîtraient plus vrais, moins fabriqués. « Le Parlement serait touché si vous pouviez parfois hésiter », disait un membre de la Chambre des communes à Disraeli. Tous les téléspectateurs pourraient dire la même chose à nos vedettes de la politique.

Si la télégénie ne suffit pas à imposer une doctrine ou une politique, elle peut cependant jouer un rôle capital lorsqu'il s'agit de choisir un homme. Des électeurs qui hésitent entre des candidats à la présidence de la République vont se servir de l'image télévisuelle pour tenter d'évaluer l'homme, puisque c'est précisément ment ce qu'on leur demande.

Jean Cazeneuve a étudié l'influence de la prestation télévisuelle lors des élections de 1969. Ses conclusions montrent que l'image des candidats s'est modifiée au cours de la campagne. Les spectateurs ont découvert en Jacques Duclos : plus de bon sens, de jovialité, de chaleur humaine ; en Gaston Defferre : plus de hargne, d'incertitude, d'animosité ; en Alain Poher : plus de mollesse, de confusion, d'indétermination. Résultat : la cote du premier n'a cessé de monter, celle des deux autres de descendre. Georges Pompidou, bien connu du public, n'eut qu'à imposer son énergie et sa détermination pour l'emporter. Les impressions ressenties par les électeurs correspondaient-elles à la réalité? Duclos était peut-être froid et calculateur, Defferre bon et généreux, Poher ferme et résolu. Mais leurs prestations télévisuelles donnèrent l'opinion inverse. Qui saura jamais si la télévision traduit ou trahit l'homme? L'un et/ou l'autre, selon les cas.

Cette influence politique n'a rien de choquant, ni même de véritablement original. Elle se situe dans le droit-fil de nos institutions, qui reposent sur l'élection des dirigeants. Il faut bien que l'électeur se fasse une opinion sur les candidats : non seulement sur leurs programmes, mais également sur leurs personnalités. En l'absence de télévision, le citoyen se déterminait en lisant la presse, en écoutant les partisans, parfois en voyant le candidat fugitivement, et de loin, dans un meeting. Le moins que l'on puisse dire, c'est que ces modes d'information étaient bien imparfaits. Dans le cas des élections présidentielles américaines, par exemple, on finissait par élire des hommes que le corps électoral connaissait fort mal. La présentation directe des candidats à la télévision est donc un progrès et elle est probablement plus juste que l'image fabriquée par les appareils de propagande.

L'homme se révèle tout de même davantage dans les prestations particulières d'une campagne présidentielle. Les téléspectateurs sont en éveil pour le jauger. Ils cherchent en lui certaines qualités qu'ils estiment nécessaires à un homme d'État. Lors de la fameuse campagne de 1960 entre John Kennedy et Richard Nixon, ils voulaient savoir si ce jeune homme brillant né, comme l'on dit là-bas, avec « la cuillère d'or entre les dents », avait la compétence et l'énergie d'un chef d'État. Ils eurent des heures pour en juger et ne pas se laisser prendre à son charme et à sa prestance.

Il n'en reste pas moins qu'on ne gagne pas aujourd'hui une telle élection sans une bonne « équation télégénique ». On peut imaginer qu'un homme politique, incapable d'emporter l'adhésion de ses compatriotes à la télévision, soit, par ailleurs, un excellent chef d'État en puissance ; qu'il ait l'énergie, la compétence, la clairvoyance, l'autorité, tout : sauf cette fameuse image télévisuelle. En ce cas, il n'accédera pas aux responsabilités suprêmes et c'est fort heureux. Car il n'est plus possible de diriger un pays si l'on ne peut « créer le contact » avec les téléspectateurs. Cela fait aujourd'hui partie des aptitudes particulières du chef d'État.

Certains s'indigneront de ce fait. Mais s'agit-il bien d'une nouveauté? Depuis qu'existe un système démocratique électif et représentatif, l'éloquence joue un rôle essentiel. Toute république est peu ou prou celle des orateurs. Or l'éloquence, celle du militant ou celle du député, n'est pas un meilleur indicateur de compétence que la télégénie. Dans nos systèmes politiques, les « beaux parleurs » ont toujours eu un avantage sur les « mauvais discoureurs ». Cet état de choses remonte chez nous à la première assemblée politique, la Constituante de 89, que subjuguait l'art oratoire de Mirabeau. Les régimes autoritaires ont pu se passer du discours public, mais les républiques ont toujours vibré au souffle des tribuns. Aujourd'hui, cet art du discours ne se juge plus à la tribune, mais en studio. De ce fait, il n'est plus nécessaire, comme c'était le cas avant l'invention du micro, d'avoir une voix puissante pour devenir un « ténor » de la politique.

Les intellectuels se sentent particulièrement victimes de ce racisme de la télévision. Leur valeur serait tout entière mesurée par le canon à électrons. Point le plus sensible : le livre, principal outil d'expression et de pouvoir pour la classe intellectuelle. Désormais, pense-t-elle, c'est la télévision, donc la télégénie, qui fait vendre le livre. Régis Debray exprime cela en quelques formules définitives : « Chacun sait que le succès commercial d'un roman, ou d'un livre en général, pivote aujourd'hui sur un Pivot et quelques autres. » Et encore : « Le plaisir procuré par l'image et la parole d'un auteur détermine la valeur marchande d'un texte, bien plus que le plaisir procuré par le texte lui-même. C'est le visible qui valorise le lisible [1]. » Résumons cela : si vous avez une bonne gueule et que vous passez à *Apostrophes,* vous vendrez n'importe quoi, sinon... allez prendre des leçons de théâtre plutôt que d'écriture.

Est-il vrai que la télégénie régente la république des Lettres ? Cela mérite examen.

Première constatation, ce pouvoir n'est généralement prêté qu'à l'émission de Bernard Pivot. Ce serait donc un « effet Pivot » plutôt qu'un « effet télé ». De fait, la plupart des émissions littéraires ne dépassent guère 1 à 3 % d'écoute, c'est-à-dire que leur public n'est pas supérieur à celui des plus grands supports de la presse écrite. En revanche, Pivot rassemble des audiences de 6 à 10 %. Allons bon ! Même à propos d'un si noble sujet, je ne peux me retenir de sortir mes sondages d'écoute. J'en suis confus, mais je m'obstine à penser qu'une émission regardée par trois millions

---

1. Régis Debray, *le Pouvoir intellectuel en France*, Ramsay, 1979.

de téléspectateurs a plus d'influence qu'une autre, dont le public ne dépasse pas cinq cent mille personnes. Les auteurs ne s'y trompent pas. Ils sont prêts à vendre leur âme pour se faire apostropher ; mais ils accordent plus d'importance à un papier de Bertrand Poirot-Delpech, Angelo Rinaldi, Claude Roy, Max Gallo, François Nourissier et autres seigneurs de la critique, qu'à un passage dans une émission confidentielle. C'est dire que, si *Apostrophes* disparaissait sans être remplacée par une émission d'égale audience, la presse écrite reprendrait le pas sur la presse télévisée dans le domaine littéraire.

On doit, certes, déplorer cette position de monopole et, de ce point de vue, il est à souhaiter que d'autres émissions littéraires, celle que lance Georges Suffert par exemple, prennent également de l'audience et élargissent le public de la littérature. Si l'on en juge par les tentatives précédentes, force est de constater que ce n'est pas facile. Rien ne paraît plus simple que de réunir des auteurs sur un plateau de télévision pour les faire parler de leurs œuvres. La magie de la télévision devrait faire le reste ; pourtant, elle ne le fait généralement pas. Sans doute y a-t-il une raison.

Cette réussite est d'abord celle d'un homme... et de sa télégénie, ne manquera-t-on pas de dire. Il est vrai qu' « il passe bien », le Pivot, avec son air de faux naïf, tout pétillant de malice, de feinte candeur et de véritable adresse. Pourtant, je ne crois pas que le succès de l'émission puisse tout entier s'expliquer par le « numéro » du présentateur. En réalité, c'est un remarquable travail de professionnel qui fait d'*Apostrophes* un spectacle plaisant. Il y a l'habileté à choisir les thèmes, à composer un « plateau », à diriger une discussion, à mettre un invité en valeur... Surtout, Pivot a le grand mérite d'assembler des auteurs au lieu de les présenter. Chacune de ses émissions est orchestrée comme une sorte de mimodrame dans lequel chaque livre invité — chaque auteur — se voit distribuer un rôle. Au cours de ce remarquable spectacle en direct, Pivot dirige discrètement l'improvisation, de telle sorte que la pièce suive une bonne progression dramatique, avec la mise en place des personnages dans les scènes d'introduction, puis les premières interactions ou escarmouches et le développement de la discussion. On a beau dire, c'est du grand art qui ne tient nullement de la conversation mondaine, et c'est là le secret du succès. *Apostrophes* devient une « dramatique littéraire », alors que d'autres émissions ne sont que des présentations de livres. Je doute que des vedettes du petit écran plus télégéniques que Pivot — et il n'en manque pas — soient capables d'un tel travail. Là non plus, les téléspectateurs ne se sont pas laissé séduire par le sourire d'un présentateur.

Mais ce « pouvoir » de Bernard Pivot, est-il aussi extraordinaire qu'on veut bien le dire ? Cela ne paraît pas évident. Bien sûr, il choisit souverainement les six livres qu'il apostrophera alors que des dizaines d'autres seront dédaignés. C'est une singulière prérogative, mais que possède nécessairement tout critique. La presse, elle aussi, doit être sélective, faute de quoi elle publierait d'interminables listes de nouveautés avec des critiques minutes : « *Les Mots*, Jean-Paul Sartre. Le père de l'existentialisme nous donne enfin son autobiographie. Un regard lucide et sans complaisance sur l'enfance et les années de jeunesse. La rigueur intellectuelle du philosophe, la maîtrise formelle d'un grand écrivain : 17/20. »

Parce qu'une telle solution serait absurde, le critique ne retient chaque semaine qu'un ou deux livres, sur lesquels il s'étend longuement. Il passe les autres à la trappe. Pour qu'il en aille autrement, il faudrait réduire la production des trois quarts... Ce seraient les comités de lecture qui élimineraient davantage de manuscrits. On n'en sort pas. D'une façon ou d'une autre, la sélection s'impose, le public ne pouvant s'intéresser chaque semaine à des dizaines d'ouvrages. La presse doit s'entremettre pour focaliser les regards, sinon plus rien ne serait vu. Ainsi le pouvoir d'un Pivot n'a-t-il rien d'original. Et les auteurs n'ont pas attendu *Apostrophes* pour courtiser les critiques et dénoncer la conspiration du silence contre leurs œuvres.

Bernard Pivot oriente-t-il le choix des lecteurs en imposant son jugement ? Bien moins qu'un critique ordinaire. Notons à ce sujet que les gens de télévision sont toujours infiniment plus discrets que ceux de la presse écrite. En leur temps, Dumayet et Desgraupes s'imposaient la même obligation de réserve. On ne voit pas sur le petit écran des journalistes régler leurs comptes à la mitraillette comme cela se pratique couramment dans les colonnes des hebdomadaires. Ainsi le public élargi impose-t-il une expression plus contenue, et ceci compense cela.

Pivot présente l'auteur, s'efforce de le mettre en valeur, ne donne guère son avis. D'une façon générale, il lui manque l'arme suprême des critiques : l'attaque, la démolition. Il s'en tient à une approbation plus ou moins nuancée. Rien à voir avec les grands emballements et les saintes colères de nos maîtres censeurs de l'imprimé. Ici on peut oublier, mais jamais assassiner.

Alors, tout-puissant, Bernard Pivot ? Quelle plaisanterie ! Bernard Pivot se révèle moins autocrate que ses confrères des magazines. Il pèse infiniment moins sur les lettres qu'un Jean-Jacques Gautier ne pesa sur le théâtre de boulevard dans les années 50-60. A l'époque, on ne pouvait imposer un vaudeville contre une condamnation du *Figaro* ; en revanche, un « bon Gautier » assurait la centième. Dans la presse écrite, c'est toujours l'oligarchie de trois ou quatre personnages qui fait la pluie et le beau temps, constante que l'on retrouve tout au long de l'histoire littéraire.

Fort bien. Mais on reproche toujours au système des media de lier le sort d'une œuvre à la télégénie de son auteur. C'est absurde. Il est vrai que, depuis trente ans, c'est l'auteur, en personne, qui défend son livre. Est-ce une telle révolution, est-ce à ce point scandaleux ? Lorsque les critiques étaient seuls à établir le contact entre la littérature et le public, chacun s'offusquait de cette entremise obligatoire. Maintenant que la relation s'établit directement, on s'en gendarme encore...

Et si notre écrivain est timide, bègue, maladroit, s'il bafouille ? S'il perd ses mots et ses moyens — bref, s'il « passe mal » — sera-t-il pour autant un méchant auteur ? Certainement pas. Pourtant, il est condamné par le racisme télévisuel : c'est le dernier pouvoir magique prêté à la télévision. Désormais elle réglerait souverainement le sort des livres sur l'humeur de Pivot et la mine des auteurs. Le contenu des œuvres n'aurait plus aucune importance, tout se jouerait à la caméra.

De nouveau, il faut nuancer ces opinions outrancières. Tout d'abord, la télégénie de l'auteur n'est pas indispensable au succès d'une œuvre. Ne voit-on pas parmi les jeunes romanciers à succès : Patrick Modiano, Jean-Marie Le Clézio, Émile Ajar, autant de téléphobes irrécupérables ? Je ne sache pas non plus que MM. Jean Genet, Samuel Beckett ou Jacques Lacan doivent beaucoup de leur notoriété à leurs prestations télévisées. La critique traditionnelle peut donc toujours à elle seule imposer un auteur.

Le public conserve la possibilité de choisir ses lectures indépendamment de la télévision, et, par conséquent, de la télégénie des auteurs. Les « Bornicheries » n'ont pas besoin de passer par *Apostrophes* pour trouver leurs nombreux lecteurs ; il en va de même pour la plupart des œuvres populaires : de Guy des Cars à Henri Troyat, en passant par Joseph Joffo, Bernard Clavel, etc. La plupart du temps, leurs livres deviennent des « best-sellers » avant toute prestation télévisée.

Restent enfin les cas, nombreux, où un passage réussi à la télévision lance un livre et lui assure le succès. Ils donnent à croire que tout s'explique par la qualité du « vendeur » et non de l'écrivain, qu'un bon numéro d'autopromotion chez Pivot suffit pour imposer n'importe quoi. On le dit mais, encore une fois, il faut bien constater que ce n'est pas vrai.

L'exemple le plus couramment cité est celui d'Henri Vincenot et d'Émilie Carles dont les excellents passages à *Apostrophes* propulsèrent *la Billebaude* et *Une soupe aux herbes sauvages* à la « une » des ventes. C'est oublier que ces deux ouvrages furent salués et soutenus par la critique écrite, et qu'ils correspondaient à la « littérature de l'ancien temps », un genre très en vogue. Or cette mode remontait au *Cheval d'orgueil* de Pierre-Jackez Helias, dont le triomphe, totalement inattendu, n'a pratiquement rien dû à la télévision. Bref, les conditions du succès étaient réunies pour Carles ou Vincenot et la télévision ne fit, une fois de plus, que révéler un besoin latent, un conformisme implicite.

Quant à prétendre que Pivot peut faire un best-seller de n'importe quel navet et une gloire littéraire de n'importe quel beau parleur, c'est un postulat indémontré. L'exemple précédent illustre parfaitement le fameux « pouvoir de la télévision ». Pivot ne « guide » les lecteurs qu'en suivant de très près leurs goûts, leurs désirs. Sa force, c'est de pressentir ce qui pourra leur plaire. Mais il ne « fait vendre » que ce que le public désire acheter. C'est aussi sa limite. Il perdrait sans doute son audience s'il se plaçait constamment à contre-courant. Sa « marge de manœuvres », qui n'est pas négligeable, c'est de pouvoir, de temps à autre, faire découvrir un grand écrivain à un large public. Ainsi a-t-il fait connaître Albert Cohen, Marcel Jouhandeau, Vladimir Nabokov ou Marguerite Yourcenar à des millions de téléspectateurs.

En vérité, la gêne que suscite Bernard Pivot chez les gens de plume et d'esprit me paraît tenir bien davantage à son « profil sociologique ». Traditionnellement, la critique tourne en rond dans le petit monde de l'édition. Elle est faite — lorsqu'elle atteint un certain niveau d'influence — par des écrivains, professeurs, universitaires, hommes de lettres : par des gens du milieu littéraire. De ce point de vue, Pivot est nettement excentré. Qu'il soit un honnête homme et, fait plus rare, un homme honnête, qu'il soit, de surcroît, un excellent professionnel de l'audiovisuel, tout cela ne peut suffire à leurs yeux à compenser cette extériorité volontaire au monde des lettres. Quant à moi, j'aurais plutôt tendance à me réjouir de voir s'ouvrir un jeu qui tend naturellement à se refermer sur quelques cénacles et quelques intrigues de dîners « parisiens ».

Au-delà du problème des livres et du « cas Pivot », le traumatisme provoqué par l'irruption des media étend ses ravages à l'ensemble des travailleurs intellectuels. S'agissant de la télévision, le terme même de *media* est mal venu. Elle permet l' « immédiatisation », c'est-à-dire le contact personnel et sans intermédiaire avec le public. Une nouveauté pour le monde de la pensée. Depuis toujours, l'homme de savoir, qu'il se consacre à la mécanique quantique ou à l'anthropologie, à l'économie ou à la linguistique, à la génétique ou à l'histoire, ne présente pas en personne le fruit de son travail devant un tribunal populaire. Son œuvre passe par toute une série de filtres qui la « médiatisent ». C'est ainsi que, de transformation en transformation, son message pourra, éventuellement, parvenir au public. Einstein, dont le monde entier connaît le visage, a été un cas exceptionnel. En revanche, la plupart des « teilhardiens » n'ont jamais vu ou entendu Teilhard de Chardin. Sa « télégénie » n'a rien fait pour la propagation de ses idées. Entre le public et lui s'interposaient des canaux de communication qui faisaient tout à la fois écran et relais, en sorte qu'il importait peu de savoir si l'auteur était bavard ou bègue, renfrogné ou souriant.

Par la télévision, l'intellectuel se trouve propulsé sur le devant de la scène. Tout nu face au public. A lui de défendre — je n'ose pas dire : de « vendre » — ses idées. Entre le public et lui, il n'y a même plus le filtre intermédiaire de l'écrit. On passe de la communication médiate à la communication immédiate. Avec le risque que le messager prenne plus d'importance que le message.

De fait, les choix de la télévision se rapportent à l'homme — et non à la seule qualité de l'œuvre, comme on l'a vu. Ils conduiront à sélectionner les porte-idées d'après des critères qui ne seront pas forcément ceux de la classe intellectuelle, laquelle « médiatise » normalement la communication en son sein.

C'est là que le bât blesse. La télévision mêle la télégénie aux sources traditionnelles de l'autorité. Elle ne se contente pas de présenter celui qui a été distingué par ses pairs, mais va chercher celui qui sera le plus apprécié du public. C'est ainsi qu'elle fera incarner la biologie par Joël de Rosnay après avoir choisi Jean Rostand, la physique par Louis Leprince-Ringuet, la géologie par Haroun Tazieff, l'économie par Jacques Attali, l'histoire par Emmanuel Le Roy Ladurie, la pédiatrie par Françoise Dolto, la médecine par Jean Bernard ou Jean Hamburger, etc., qui ne sont pas forcément reconnus, par les spécialistes, comme les plus compétents sur la question traitée.

Pourquoi s'en scandaliser ? L'intellectuel parlant à la télévision fait de la communication. Pas de la recherche. Deux fonctions différentes, exigeant des aptitudes différentes. Il est vrai que la confusion est toujours menaçante et peut tromper le public, sinon les collègues. Mais l'heureux sélectionné doit parfois payer cher sa « télégénie ». Celui qui, grâce à ce don, parvient à établir un contact avec le public se trouve soudain dévalorisé auprès de ses pairs : si les téléspectateurs le connaissent et l'apprécient, c'est qu'il ne doit pas être très sérieux. Ne se galvaude-t-il pas ?

Il serait temps que cesse la confusion entre l'art de la communication et l'autorité du savoir. Aujourd'hui, hélas, la distinction est encore mal faite par le public, sinon par nos gouvernants... Il est impératif que l'élite intellectuelle suscite en son sein de « grands communicateurs », dont les travaux n'auraient pas nécessairement la plus grande valeur scientifique.

Régis Debray a raison de souligner que le monde intellectuel doit s'organiser, s'autodiscipliner, pour faire face à cette nécessité. Mais ce n'est certainement pas en niant la réalité et les exigences de la communication-spectacle que l'on parviendra à une situation plus satisfaisante. La crispation actuelle, fondée sur tant de malentendus, ne peut qu'aggraver les usurpations et les ambiguïtés. Or, c'est en se mettant résolument à l'heure de la télévision que l'élite intellectuelle pourra éviter d'abandonner son image et son pouvoir à des représentants choisis par d'autres et, parfois, bien peu représentatifs.

Je doute fort qu'il s'agisse là d'un problème entièrement nouveau. En considérant l'avant-télévision, on voit que de tout temps l'homme de communication a mieux fait passer ses idées que l'homme de pure réflexion. L'autorité de Sartre dans l'opinion vient de ses « prestations » romanesques ou théâtrales, non de son œuvre purement théorique. Il n'y a pourtant pas de raison que le talent de l'écrivain serve de caution au génie du philosophe. Mais c'est bien ainsi que les choses se passent. Claude Lévi-Strauss pèserait d'un tout autre poids s'il avait fait passer ses idées dans une série romanesque à grand succès. Grâce à la télévision, il n'est plus nécessaire de communiquer par le truchement d'une pièce ou d'un roman : de bonnes interventions aux *Dossiers de l'écran*, à *Ques-*

tionnaire ou à quelques émissions valorisantes permettent de toucher un public non spécialisé à moindre frais.

Si nos intellectuels ont admis qu'Albert Camus communique à travers ses pièces, ils auraient sans doute moins bien supporté qu'il le fasse par le canal du petit écran. Réaction compréhensible. L'ancien moyen était indiscutablement plus « noble ». Mais le processus reste fondamentalement le même : le penseur, en utilisant des moyens extérieurs à sa discipline, peut élargir sa sphère de communication, passer des spécialistes au public et accroître de ce fait son autorité.

S'il est vrai, enfin, que la télévision participe à des opérations promotionnelles discutables, elle en est rarement l'initiatrice. Je me réjouirais qu'elle ait su, avant tout le monde, découvrir les structuralistes, les antipsychiatres, les maoïstes, les nouveaux philosophes, la nouvelle droite, etc. Ce n'est pas le cas. La presse écrite continue de jouer le rôle d'éclaireur-dénicheur, tandis que la presse audiovisuelle est toujours à la traîne : elle ne fait qu'amplifier ce que d'autres ont mis au jour. J'ai tendance à penser qu'à ce stade de son développement, la lourdeur de l'outil, l'énormité du public la condamnent à cette passivité. Ainsi, l'intervention constante et si dénigrée de la télévision dans la vie intellectuelle est plus irritante qu'inquiétante.

Posons le problème en termes encore plus généraux. N'y a-t-il pas quantité d'aptitudes, tout aussi peu significatives, qui jouent un rôle important dans la vie sociale ? Dans le journalisme, par exemple : il est clair qu'une opinion n'est pas « plus vraie » parce qu'elle est mieux exprimée. Il n'en reste pas moins qu'un style brillant aide à emporter la conviction du lecteur. De même, dans une carrière professionnelle, dira-t-on que la « présentation » (la prestance, la façon de s'exprimer, l'aisance) ne joue aucun rôle ? Pour franchir rapidement les échelons d'une hiérarchie, ne vaut-il pas mieux mesurer un mètre quatre-vingts, avoir une bonne diction, s'exprimer avec autorité, avoir un physique avantageux ?

Dans certains métiers, « présenter bien » devient une condition nécessaire, sinon absolue. Voyez l'enseignement : la « présence » y joue un rôle capital, et le professeur chahuté est bien souvent celui qui en manque. Son cours n'est pas moins intéressant que celui de son collègue. C'est l'art de l'interprétation qui lui fait défaut.

Tout cela est fort injuste. Pourquoi les petits, pourquoi les grands, pourquoi les bègues, pourquoi les gros ? Ces particularités deviennent source d'inégalités lorsque la société en fait des critères de réussite ou d'échec. Nous n'aimons pas qu'un simple avantage génétique sanctionne une compétition. En matière sportive, nous voulons toujours croire que le vainqueur n'est pas seulement le plus doué, mais aussi le plus courageux, le plus intelligent, le meilleur technicien. Je me souviens du malaise que l'on ressentait en regardant la finale de la coupe d'Europe féminine de basket, entre les « demoiselles de Clermont-Ferrand » et celles de Riga. Tout était faussé par la présence, dans l'équipe soviétique, d'une géante qui devait dépasser 2,10 mètres sous la toise. La brave fille se contentait de lever les bras en l'air pour attraper le ballon puis de se baisser pour le déposer dans le panier. La génétique faussait le jeu, c'était consternant.

Tout au long de mes études, mes professeurs m'ont retiré des points à l'écrit pour sanctionner mes fautes d'orthographe et m'en ont rajouté à l'oral pour récompenser ma bonne élocution. Ces deux « coefficients correcteurs » m'ont toujours paru aussi arbitraires l'un que l'autre. En quoi ma dissertation était-elle moins bonne ? A l'inverse, en quoi mon exposé était-il meilleur ?

Ainsi vont nos sociétés, qui se voudraient en tout méritocratiques mais ne peuvent tout à fait supprimer les caprices de la fortune. Sur tous les plans et de toutes les manières, la nature « inégalise » les êtres. La culture est perverse ou juste, selon qu'elle accentue les résultats de cette grande loterie ou qu'au contraire, elle en atténue les effets. Scandaleuse serait une « télégénie », pur don du ciel, qui conférerait la maîtrise de la télévision et, de ce fait, la puissance suprême. Par bonheur, ce redoutable magnétisme n'existe ni dans la nature des choses, ni dans l'état de notre société. Entre ceux qui « passent » très bien et ceux qui « passent » très mal, il existe tous les autres : l'immense majorité des gens, qui sont tout à fait capables de s'exprimer occasionnellement face aux caméras. Que l'on développe l'expression orale dans l'enseignement et la « télégénie » cessera progressivement de distinguer les individus.

Fort heureusement enfin, la télévision n'est pas le seul canal de communication et les autres media n'exercent pas un semblable « racisme ». La radio, en particulier, est beaucoup moins contraignante et je ne connais pas beaucoup de « radiophobes ». Or, de grandes émissions comme *Radioscopie, le Club de la presse* ou *le Journal inattendu,* entre bien d'autres, peuvent avoir autant de retentissement qu'une prestation télévisée. Reste aussi la grande presse, qui garde toute son efficacité pour faire bouger les idées.

Le pouvoir lié à une bonne image télévisée est donc plus limité qu'il n'y paraît. Il est probable qu'il se réduira dans l'avenir, à mesure que l'image se multipliera et se banalisera.

Faisons donc confiance à l'évolution des techniques pour briser cette mythologie absurde de l'écran et de ses vedettes.

CHAPITRE X

UN GRAND BALOURD

Il s'appelait Potriel, Pierre Potriel, je crois. Et si je me souviens encore de lui, c'est à cause de sa taille. A trente années de distance, je lui donnerais bien un mètre soixante-dix, ce qui faisait de lui, d'une dizaine de centimètres, le plus grand élève de la troisième. Tout au long de l'année scolaire, sa stature d'homme perturba notre petite communauté d'adolescents. Potriel suscitait des sentiments extrêmement divers et même contradictoires. Sa force physique nous en imposait, et l'on était heureux d'être son ami, comme si la fréquentation d'un « grand » pouvait donner les centimètres supplémentaires que l'on attend à cet âge. A d'autres moments, lors des séances d'éducation physique notamment, il nous irritait à cause de ses avantages naturels. Le reste du temps, Potriel nous procurait de secrètes et perverses satisfactions. Il était, comme l'on disait, « en retard », ayant déjà redoublé une ou deux classes, et il restait un élève médiocre. Nous, les petits, prenions notre revanche, chaque fois qu'à l'appel de son nom il devait se lever de son banc et répondre aux questions des professeurs. Il fallait le voir, balourd, bredouillant, tout empêtré de son grand corps, plisser le front en cherchant les réponses, tandis qu'un peu partout des doigts se levaient : « M'sieur », « M'sieur », « M'sieur ». Tous les mètre cinquante, mètre cinquante-cinq jubilaient à l'idée d'enfoncer ce grand escogriffe en donnant la réponse à sa place.

Le journal télévisé m'a toujours fait penser à Potriel. Dans le petit monde de la presse, c'est un colosse, en raison de son immense public. Au dernier journal de la soirée flotte un air d'intimité, de club. Nous sommes entre nous, avec une petite poignée de couche-tard. C'est-à-dire, couramment, un bon million d'auditeurs. Mais, à l'échelle de la télévision, ce formidable auditoire, qui nous met au niveau des plus grands quotidiens, paraît dérisoire. A 20 heures, au contraire, nous subissons le poids oppressant de dix millions de regards : la puissance du journal télévisé vient d'un public si vaste qu'il transforme en feuille confidentielle tout autre organe de presse. Par rapport aux confrères, le J.T., c'est un Potriel qui mesurerait deux mètres dix.

Et ce gigantisme-là est aussi encombrant que l'autre. En certaines circonstances, il confère une force dévastatrice. Que peut faire la presse écrite contre un débat Giscard-Mitterrand entre les deux tours ! Mais la plupart du temps, il est source de lourdeur. Quoi que l'on prétende, le journaliste est plus à l'aise lorsqu'il travaille pour un public bien typé que pour une masse de dix millions de personnes. Qui plus est, l'information télévisée doit utiliser un langage particulier : l'image, nouvelle source de puissance et de lourdeur. Nul ne peut rivaliser avec la retransmission en direct du débarquement lunaire. Mais, à l'inverse, le besoin d'illustration peut limiter les possibilités d'expression. Le journaliste de la plume prend alors un avantage décisif sur celui de la caméra. On le voit, l'analogie avec mon brave Potriel n'est pas entièrement arbitraire.

Elle devient même extrêmement fidèle si l'on considère les réactions que provoque le journal télévisé et, plus spécialement, le journaliste de télévision. On l'envie en lui prêtant bien plus de pouvoir qu'il n'en a. Du responsable, qui voudrait être cité à la télévision, jusqu'au téléspectateur anonyme, qui rêve de connaître des gens connus, on le flatte très au-dessus de son mérite. Mais nul n'ignore que, pour avoir le plus grand public, il n'est pas le meilleur journaliste, qu'il tire sa puissance de sa tribune tout comme le géant de sa taille. Cet avantage, qui tient à la position plus qu'à la valeur, n'entraîne point la considération.

Tout esprit fort se fait une gloire de descendre en flammes les étoiles de la télévision. Par ce triomphe facile, il s'approprie leur célébrité. « Je le ridiculise, donc je suis plus fort que lui. » Roger Gicquel est devenu le saint Sébastien des salons parisiens. Tout cuistre se doit de lui décocher sa flèche. Sans preuves, sans retenue et sans risques, nos « incoyables » se déchaînent. Dans un éditorial d'octobre 1971, Maurice Clavel traitait Pierre Sabbagh d' « analphabète », de « gougnafier » et de « flic ». Il n'y manquait que

« métèque », à croire qu'on l'avait fait sauter au secrétariat de rédaction.

Lors de la campagne pour les élections européennes, un énergumène en mal de publicité utilisa son temps de parole pour injurier des journalistes de radiotélévision. Pas de quoi fouetter un pitre, s'il n'avait cru bon d'ajouter que ces confrères étaient : « de la même trempe que ceux qui dénonçaient les juifs pendant la guerre ». A ce degré d'ignominie, l'outrance ne rejoint plus l'insignifiance. C'est ce que pensèrent les juges en condamnant le diffamateur. En revanche, la presse écrite ne manifesta pas grande indignation. Et l'on vit même, à la une du *Monde,* Robert Escarpit qualifier d' « invective » et non d' « injures grossières » ce beau paquet d'ordures. Son seul regret était que l'imprécateur se fût arrêté en si bon chemin : « C'est un peu court, jeune homme, car il y avait bien des choses à dire, en somme. » Ainsi, l'assimilation des journalistes de la radiotélévision aux dénonciateurs de juifs était encore insuffisante. Il eût fallu trouver plus et mieux !

Oh, je ne prétends pas que les journalistes de télévision soient particulièrement à plaindre entre le courrier de leurs admirateurs(-trices) et les épigrammes de leurs persécuteurs(-trices) ; il est des sorts plus misérables. Je veux simplement souligner la singularité de leur position.

Leur statut dans la presse est tout à fait particulier. Alors que les journaux entretiennent entre eux des rapports de neutralité, périodiquement troublés par des polémiques, le journal télévisé est soumis à la critique permanente. Pas à la polémique, car il ne répond guère, et attaque moins encore. Dans la grande famille de la presse, son lot est de se faire réprimander, rabrouer, morigéner. Il ressemble au grand dadais auquel ses petits frères font la leçon.

Pour toute l'élite française qui tire périodiquement sur la télévision, il est au centre de la cible. A longueur d'années, à longueur de pages, à longueur de discours, le réquisitoire se poursuit.

Si vous travaillez au journal télévisé, vos amis, relations et connaissances s'inquiètent de votre état d'indépendance et de liberté : « Où en est votre autocensure ? ». On vous parle sur le ton de la condoléance : « Comme vous devez souffrir d'être ainsi bâillonné ! » Penser que partout dans la presse des confrères s'expriment en toute liberté, sans contrôle, sans retenue, et que vous ne pouvez éternuer sans l'autorisation de l'Élysée ! Quelle tristesse, vraiment ! Et quel extrême dommage que les Français, les pauvres, se voient infliger de si médiocres journaux ! Face à notre presse écrite qui, n'est-ce pas, pétille d'indépendance et d'intelligence, de pertinence et d'impertinence, comme il fait pauvre figure, notre colosse !

Une fois encore, le public ne ressent pas toutes ces démangeaisons. Les deux tiers des Français estiment que, s'ils étaient responsables du J.T., ils n'en modifieraient pas la formule. Dans une enquête du C.E.O., datant de 1979, où quinze genres d'émissions différents étaient proposés à l'appréciation du public, les journaux télévisés recueillirent le plus de satisfaction et le moins d'insatisfaction. Je constate donc que les Français et la « France légale » sont, une fois de plus, en opposition de phase.

Cette approbation du public n'est pas un brevet de perfection. Mais je pense que la France élitaire se soucie moins de corriger les faiblesses et insuffisances de l'information télévisée que de voir réduire son rôle et son influence.

De fait, une élite qui vit dans l'obsession de l' « écran magique » a grand besoin de conjurer l'épouvantail du « journal magique ». A l'idée que le plus grand journal de France pourrait aussi devenir le meilleur, que des « vedettes » pourraient acquérir une véritable crédibilité, elle se met sur la défensive comme l'aurait fait notre classe de troisième face à un Potriel qui aurait collectionné tous les succès scolaires.

Quinze millions de Français — autant dire « la France » — sont livrés chaque soir à une télévision toute-puissante, puisque imposant le menu au lieu de proposer la carte. Et qu'on ne vienne pas parler d'écoute distraite, le public vient là pour s'informer. Il écoute, il retient, il avale. Il ne peut même pas se dérober pour éviter les sujets qui lui déplaisent. L' « hippophobe » qui fuit le turf et ses prophètes doit prendre sa dose quotidienne de tiercé. Nulle liberté de choix. Le public, s'il veut être informé, devra tout écouter, que ça lui plaise ou non. Et, précisément, le journal traite de l'actualité, c'est-à-dire de l'essentiel ; il permet donc l'endoctrinement politique, économique, idéologique. Bref, les journaux télévisés paraissent être de grands entonnoirs permettant d'administrer toutes les soupes à Toto.

Cette évidence est contestable. Certes, le téléspectateur veut apprendre ce qui s'est passé dans la journée. Il prête une certaine attention aux titres et au sommaire. Au-delà commence l'incertitude. La France est bien là, disponible devant les écrans, elle n'ouvre pas pour autant le bec comme un oisillon. A moins d'événements exceptionnels, dramatiques, l'intérêt va très vite se relâcher. En fait, le journal est bien souvent de « la télé », c'est-à-dire un fond d'images qui se déroule dans une demi-indifférence. On le regarde du coin de l'œil, depuis la table familiale, sans avoir baissé la lumière. La conversation continue pendant que les images défilent. La famille n'est pas encore polarisée sur l'écran. C'est à 20 h 30, le plus souvent, qu'on choisit l'émission et qu'on plonge dans la pénombre. A partir de ce moment, chacun s'abîme dans le spectacle électronique, subissant la fascination distractive de la télévision. Mais la moitié seulement des téléspectateurs réclament le silence pour regarder le journal télévisé.

Le spectateur du journal n'est pas véritablement fixé. Ni en écoute distractive — ce qui ne veut pas dire distraite —, ni en écoute informative. Il est généralement en écoute intermittente, passant alternativement de la grande attention à la complète distraction. Si l'on y ajoute tous les phénomènes de perception : censure, déformation, évitement, sélection, etc., l'écoute globale n'a finalement pas grand sens. C'est l'attention véritable qu'il faudrait mesurer. S'il est impossible de la connaître, on sait, en revanche, que la plupart des informations données au J.T. ne sont pas mémorisées.

En avril 1971, Andrew Stern, journaliste à l'université de Californie, entreprit une étude systématique sur la perception des journaux télévisés. Il fit méthodiquement interroger des téléspectateurs pour savoir ce qu'ils avaient retenu des nouvelles diffusées la veille au soir. Il découvrit que, sur les personnes qui déclaraient avoir vu les informations télévisées, un tiers avait effectivement tout regardé, un tiers avait été distrait de temps à autre et un tiers n'avait pu voir qu'une partie du journal. La moitié des sujets interrogés ne se souvenaient spontanément d'aucun sujet. Le souvenir moyen était d'un sujet. L'information la plus généralement retenue n'était pas nécessairement celle qui avait été traitée le plus longuement, mais celle correspondant à tel événement qui avait concerné le spectateur.

En France même, le service des études de TF 1 et le C.R.I.T. se sont livrés à une semblable recherche sur le journal du soir de TF 1.

Première constatation : la communication ne passe qu'à travers un français fondamental, les fameux cinq cents mots, alors que les termes spécialisés, les noms propres ou les chiffres sont presque systématiquement rejetés. Deuxième point : le téléspectateur ne retient guère que le quart des information données. Et la mémorisation se fait davantage à travers des impressions d'ensemble que des faits précis. Enfin le message reçu est fortement marqué de subjectivité et, notamment, suppose une réinterprétation de l'information par le téléspectateur.

Ainsi le public français n'est pas fondamentalement différent du public californien. En vérité, nous sommes là encore victimes de cette illusion : la communication télévisée. « Si les gens regardent la télévision, c'est pour communiquer, pour s'informer, pour apprendre. S'ils reçoivent une émission, c'est qu'ils la regardent ; s'ils la regardent, c'est pour apprendre des choses ; s'ils les apprennent, ils les retiennent. » Donc ce qui serait diffusé serait retenu : c'est toujours le même malentendu fondamental.

Tout le monde admet que le lecteur d'un quotidien ne lit pas tout le texte qu'on lui propose. Il saute beaucoup d'articles, se contente parfois d'un titre ou d'un premier paragraphe. En revanche, le téléspectateur voit défiler devant ses yeux la totalité du journal. Il ne peut tourner les pages qui ne l'intéressent pas. On est donc enclin à penser qu'il va consommer tout ce qu'on lui offre. La vérité est toute différente. Le public regarde les journaux télévisés de la même manière qu'il lit la presse écrite. Les sujets que l'on fait défiler lui sont simplement présentés comme des plats différents offerts en libre service. A l'arrivée, chacun se sera fait son propre repas. L'information télévisée a beau ne pas annoncer à l'avance son sommaire ni imposer à tous la totalité de son programme, chaque spectateur réussit encore à « manger à la carte dans le menu ».

Malgré l'évidente particularité du journal télévisé, les règles de communication télévisée sont aussi valables ici que dans les programmes. Il est absurde d'imaginer qu'on peut aisément « piéger » le téléspectateur entre 20 heures et 20 h 30. Certes, on pourra lui faire découvrir des centres d'intérêts qu'il n'imaginait pas, mais ce résultat ne sera acquis qu'au prix d'une lutte incessante pour établir et maintenir la communication. Faire un journal télévisé, c'est devoir gagner l'attention minute par minute pendant une demi-heure, c'est enchaîner une dizaine de micro-émissions de deux minutes, c'est réaliser le contraire même du grand fourre-tout que dénoncent quelques-uns.

Pour réussir une véritable communication à l'occasion du journal télévisé, il faut d'abord se fixer précisément un public et un objectif.

Le public visé doit être cette « France de Guy Lux » qui ne lit pratiquement ni livres ni journaux. Ce parti pris entraîne une relative indifférence vis-à-vis de la France cultivée. Il est certes préférable que nos cadres, médecins, ingénieurs, professeurs soient également satisfaits de leur journal télévisé, mais, s'il faut choisir, c'est toujours eux qui devront être sacrifiés. Ils pourront se « reporter à leur quotidien habituel ».

Pour ma part, j'ai toujours pensé que mon public prioritaire était celui des femmes âgées de faible instruction. « La concierge », comme disent certains avec une nuance de mépris. Ainsi que le démontrent les études du C.E.O., cette catégorie de spectateurs se trouve être la plus éloignée des sujets scientifiques, techniques ou économiques que je suis amené à traiter. Si je réussis à éveiller leur curiosité, j'aurai fait mon travail et les compliments qui m'ont le plus touché furent toujours ceux de ces téléspectatrices-là. Voulant à toute force intéresser ce public, il se peut que je laisse sur leur faim les initiés. Qu'importe ! Il sera toujours temps de les retrouver dans *Sciences et Avenir.*

L'objectif doit être modeste. Il ne s'agit pas d'apporter une information complète, formatrice, voire encyclopédique. Tout ce que l'on peut espérer, c'est faire œuvre d'éveil et de sensibilisation. Notre système d'éducation, notre tradition culturelle, notre goût de l'élitisme, nos injustices sociales provoquent des phénomènes d'auto-exclusion. Des millions de Français considèrent que toute une partie de la culture, la littérature pour les uns, la science pour les autres, la politique pour les troisièmes, etc., leur est étrangère et, de toute manière, inaccessible. Il ne sert à rien de mettre les outils culturels à leur disposition. Leurs inhibitions leur interdiront de les utiliser. Il faut leur donner un aperçu des événements, pour faire naître en eux le goût de s'informer. Ce résultat acquis — et ce n'est pas une mince victoire — il appartient aux autres moyens d'information : émissions, livres, presse écrite, etc., de prendre le relais.

Attendre davantage du journal télévisé, c'est se condamner à n'obtenir rien du tout. Encore un tel résultat n'est-il pas acquis d'avance. « Donner les nouvelles à la télévision » n'est facile qu'en apparence. En réalité, il s'agit d'une technique très particulière, dont les difficultés sont généralement ignorées. Cette instabilité pathologique qui conduit les responsables à bouleverser périodiquement le journal télévisé, qui leur fait rechercher depuis trente ans la « formule miracle », s'explique d'abord par une incompréhension de la presse télévisée, de ses techniques, de ses exigences et de ses limites.

J'ai découvert le journal télévisé de façon presque expérimentale et sans en avoir la moindre connaissance, ce qui m'a, peut-être, épargné bien des préjugés. Je me suis interrogé à son sujet. Les conclusions que je présente ici allant à l'encontre de bien des évidences, je voudrais simplement souligner qu'elles doivent tout à l'expérience et rien aux idées préconçues. Pour tout dire, j'ai été fort surpris que la pratique de mon métier m'amène à de telles réflexions.

Nous voici donc face à des téléspectateurs qui sont toujours « en limite de décrochage », qui se trouvent, pour la plupart, « présents par accident » puisqu'ils ne regardent pas ordinairement les émissions spécialisées qui traitent des mêmes sujets. C'est dans ces conditions qu'il va falloir établir et maintenir la communication.

Sur chaque sujet, on ne dispose que de quelques secondes pour capter l'attention. Si le spectateur commence à écouter d'une oreille distraite, il y a peu de chances qu'il « prenne le train en marche ». Tout va trop vite. On se trouve donc limité aux thèmes qui offrent un accrochage très fort. C'est une première contrainte qui oblige la rédaction à éliminer des sujets fort importants, mais qui risqueraient de se perdre dans l'indifférence.

Cette règle de l'attaque, du *lead,* est commune à toute la presse. Lorsque je suis arrivé à l'Agence France-Presse, la première chose que l'on m'a expliquée, c'est que toute l'information doit se trouver dans le premier paragraphe. Exigence encore renforcée à la télévision. Bien souvent, elle force à bouleverser la logique d'exposition.

L'attention, une fois éveillée, doit être conservée tout au long de la séquence. Or une communication par canal audiovisuel risque à tout moment de s'interrompre... Le lecteur lit « à sa main », il peut ralentir, s'arrêter, revenir en arrière, il reste constamment maître de sa progression. Les informations audiovisuelles arrivent à un rythme constant que le téléspectateur ne contrôle pas. Le mot qu'il a manqué, la phrase qu'il n'a pas comprise sont irrémédiablement perdus.

Sur une émission d'une heure, cela n'a pas grande importance. La communication est, en général, assez lente et l'accroc peut se réparer dans les minutes qui suivent. Rien de tel au journal. Les informations sont débitées en rafales, le message dure une ou deux minutes. Le temps que l'on s'interroge sur une phrase mal entendue, on en perd deux de plus. Celui qui décroche ne trouvera aucune branche à laquelle se raccrocher.

Ainsi tout sujet devrait-il être construit de façon totalement linéaire, sans la moindre difficulté de compréhension ou de langage. Une attaque forte, un exposé simple, une conclusion nécessaire. Rien de plus. La recette est rigoureuse, mais son application doit être subtile. Les Américains ne s'embarrassent pas de style. Tout est coulé dans le même moule. Le public français, lui, veut de la diversité, de la fantaisie, de la facilité. Il faut donc respecter ces règles sans en avoir l'air, offrir des messages strictement structurés, qui donnent l'impression d'une aimable improvisation.

Sur ce point, la plupart des critiques s'accordent à reconnaître la qualité des journalistes français. Alors que leurs confrères étrangers ne sont bien souvent que d'anonymes émetteurs de messages, eux s'efforcent, avec plus ou moins de bonheur, d'envelopper la structure rigide du discours dans l'apparente spontanéité de la conversation. Un compromis bien difficile à réaliser. En voulant se rapprocher d'un parler « naturel », on risque d'allonger son propos et de lui faire perdre sa rigueur ; en suivant scrupuleusement le fil de l'exposé professionnel, on retombe dans l'expression froide et mécanique. Bref, le journaliste de télévision navigue entre le Charybde du bavardage et le Scylla du « télégraphisme ».

On peut, certes, prétendre traiter de tout, mais la réception risque d'être purement théorique. Les téléspectateurs auront beaucoup vu et peu retenu. Ces premières contraintes — nous en découvrirons bien d'autres — montrent que le journal télévisé est un canal très spécifique, qui ne peut acheminer qu'un type bien particulier de messages : il n'est donc pas l'arme absolue de la communication.

Pendant les heures qui précèdent la diffusion d'un journal, les journalistes sont obsédés par le temps. Comment faire tenir l'actualité en une demi-heure ? Le casse-tête est quotidien. Les journaux écrits, eux aussi, doivent éviter la longueur. « Couper » : on entend ce maître mot dans toutes les salles de rédaction. Même un journal comme *le Monde,* en dépit de ses nombreuses pages bourrées de texte, a bien du mal à caser la « copie ». Là aussi, les journalistes se plaignent de manquer de place pour s'exprimer.

Dans les autres quotidiens ou les magazines, l'exigence de « faire court » est encore plus contraignante. Condenser son propos, s'exprimer en peu de mots, c'est une des clés du journalisme. Elle correspond à des nécessités pratiques, mais, également, à une certaine attente du public. Dans une œuvre littéraire, le lecteur recherche un certain « plaisir du texte », il savoure le langage en soi et ne l'apprécie pas seulement en tant que véhicule de l'information. Rien de tel dans le texte journalistique. Ici le message prime. Le style doit être efficace, fonctionnel. C'est dire que le public ressentirait comme des « longueurs » ou des « digressions » ce qu'ailleurs il aimerait. Etre sobre et dense, telle est la loi de l'écriture journalistique.

Mais, dans l'audiovisuel, cette exigence se trouve renforcée par le faible débit du canal. Le rythme de l'écoute est beaucoup plus lent que celui de la lecture. Neuf mille mots à l'heure dans un cas, vingt-cinq mille dans l'autre, disent les spécialistes. Cela signifie qu'en une demi-heure on ne peut lire à haute voix qu'une demi-page de quotidien tout au plus. Cela, en supposant que l'on parle sans arrêt, ce qui est incompatible avec l'image. En pratique, l'ensemble de ce qui se dit au cours d'un journal télévisé ne doit pas représenter plus de trois colonnes d'un quotidien. La situation est d'autant plus défavorable à la presse audiovisuelle qu'elle ne peut jouer, comme la presse écrite, sur la lecture sélective. Personne ne lit *le Monde* de la première à la dernière ligne, alors qu'au contraire chaque téléspectateur reçoit la totalité de l'information. On est donc condamné à une durée de trente minutes, le plus long dénominateur commun du public.

Cette durée se répartit entre les différents sujets d'actualité comme l'espace dans un journal. Trente minutes à diviser entre l'Iran, le Parlement, les conflits sociaux, les faits divers, le sport, l'économie... Un quotidien comporte une bonne trentaine de pages. A l'oral le temps d'une minute représente l'espace d'une page, qu'il faut calibrer avec une précision très supérieure à celle que nécessite l'écrit. Commence alors la comptabilité des secondes. Je dis bien des secondes et non des minutes.

On aboutit à une durée variant entre une minute et deux minutes et demie par sujet. Cela paraît ridicule, mais, là encore, il faut faire la comparaison avec l'écrit. Quatre-vingt-dix secondes au journal télévisé représentent l'équivalent d'une page et demie. C'est déjà un « grand » article. Mais, au niveau du commentaire, cela ne fait qu'une petite page dactylographiée.

On en arrive alors au message-pilule, qui se réduit bien souvent au titre et à deux paragraphes. Voilà qui ne permet guère de briller. Le téléjournaliste est condamné aux formules à l'emporte-pièce, aux jugements synthétiques, aux descriptions sommaires. Il fait de la « littérature compacte », très éloignée des savantes digressions qu'autorisent d'autres supports.

Pour moi qui m'exprime tantôt au journal télévisé, sur la base de trente lignes, tantôt dans *Sciences et Avenir* en quinze pages, tantôt dans des livres en quelque trois cents pages, je ressens profondément cette frustration des messages-minute. J'en mesure également la difficulté.

Il faut partir de l'idée, une seule. Concrètement on se demande : « Qu'est-ce que le téléspectateur devra avoir retenu demain ? » A l'évidence, il ne lui restera qu'une information très simple. C'est sur elle que tout le message doit s'articuler. Les faits, les détails ne seront incorporés au texte que s'ils aident à sa compréhension. S'ils risquent de la compliquer en introduisant une idée supplémentaire, ils doivent être impitoyablement éliminés. A cette condition seulement le message pourra être reçu. La préparation d'un commentaire est un travail de sélection et d'épuration. Si l'on manque de rigueur, si l'on cède à l'envie de « montrer ce que l'on sait », on introduit une sorte de « bruit de fond » qui gêne les téléspectateurs.

Cette exigence — « une idée, une seule » — oblige bien souvent à ne traiter qu'un aspect de l'information. Impossible d'expliquer en moins de deux minutes ce qu'est l'enrichissement de l'uranium, le retraitement des combustibles irradiés et la surrégénération, ou bien les différentes formes d'énergie solaire. Il faudra choisir, soit dégager l'idée directrice qui réunit ces différentes techniques et permet de comprendre la nouvelle du jour, soit n'expliquer qu'une technologie particulière. Ces contraintes de temps sont très mal perçues de l'extérieur. J'en donnerai deux exemples.

Le premier, c'est l'interview. Je commence toujours par expliquer au monsieur qu'il devra être très bref. Il m'affirme qu'il sera concis, qu'il a parfaitement compris les exigences de la télévision. « Une trente pas plus. » Moteur, on « fait le clap » et l'enregistrement commence. Il ne s'arrête bien souvent qu'au moment où l'opérateur, après douze minutes, arrive au bout de son chargeur. L'interviewé, l'air vaguement inquiet, demande alors : « J'ai peut-être été un peu long... » On recommencera l'enregistrement une ou deux fois pour se retrouver, finalement, avec cinq ou six minutes. Il faudra donc « couper », « monter », « coller » et l'on obtiendra des conversations hachées, saccadées et nécessairement insatisfaisantes.

Seuls les habitués du petit écran, les Marchais, Chirac, Maire, Giscard ou Séguy savent parfaitement « se calibrer ». « Vous en voulez combien ? » demandent-ils au journaliste qui vient les interviewer. On précise la durée et notre télélocuteur professionnel livre la commande dans les temps convenus. Mais il est pratiquement impossible à un « amateur » de se plier à une telle discipline. Seule une grande habitude permet de fabriquer à la demande ces messages compendieux qui impliquent une autre façon de s'exprimer.

Deuxième exemple : les réactions des intéressés. Toute personne concernée a le sentiment que la nouvelle a été massacrée. « Mais vous n'avez pas dit... Vous avez oublié de préciser... Il aurait fallu citer... » Sans doute, mais toutes ces précisions ne tenaient pas dans le fatidique « temps imparti ». Les organismes officiels sont particulièrement chatouilleux sur la citation. Ils souhaitent se faire connaître du public et ressentent une grande frustration lorsqu'on présente leurs réalisations sans préciser qu'ils en furent les artisans. Par malheur, ils ont bien souvent des dénominations fort longues et, comble d'infortune, s'associent à plusieurs pour une même réalisation. Comme le sigle à lui seul — D.G.R.S.T., D.R.M.E., O.N.E.R.A., C.N.R.S., C.N.E.X.O. — ne dit rien au public, il faudrait expliciter ces initiales. Ainsi, entre les ministères responsables, les organismes qui ont assuré le financement, les industriels qui ont participé à la réalisation, on arriverait à un générique qui mangerait la moitié du commentaire. Il est donc préférable de ne rien préciser, ce qui désole les responsables.

Bref, l'information télévisée, toujours coincée par le temps, est nécessairement succincte, sommaire, peu glorieuse pour le journaliste qui la donne.

Encore me suis-je placé dans la situation la plus favorable, celle qui permet de consacrer effectivement quelques dizaines de secondes à l'événement. Bien souvent, l'arbitrage entre les nombreux sujets possibles — qui, au total, aboutiraient à un journal d'une heure — est plus sévère. La nouvelle est purement et simplement éliminée. Car, dans sa demi-heure, le journal télévisé ne peut traiter qu'un nombre très limité d'informations.

Le temps, c'est véritablement la plaie de la presse télévisée. A tout moment, il peut jouer des tours. Combien de fois ai-je vu des sujets « trappés », comme nous disons, c'est-à-dire supprimés au dernier moment ! Cela peut même arriver dans le cours du journal lorsque la partie en direct a été plus longue que prévue. Il faut alors renoncer à des enregistrements (films ou magnétoscope) qui avaient été prévus au « conducteur », c'est-à-dire au sommaire. Combien de personnes ai-je interviewées qui s'installèrent devant leur téléviseur à 20 heures... et ne se virent pas à l'image !

Pour être tout à fait exact, il faut reconnaître que l'on peut dire beaucoup de choses en une trentaine de lignes. A la limite, on pourrait résumer sur une feuille la théorie de la relativité... en quelques équations. Avec un code qui permet de concentrer l'information, on transmet un message important en peu de temps. Mais, précisément, le message télévisuel doit contenir fort peu d'informations. C'est encore un de ses drames.

En matière de communication, le produit de la densité d'informations par le nombre de récepteurs est toujours une constante. Si l'on recherche la concision, on perd en audience et inversement. Dans toutes les disciplines se créent des jargons spécialisés destinés à économiser les transmissions. Dès lors que, d'un terme technique, je peux résumer un objet, un mécanisme ou une théorie, je gagne énormément de temps. Au lieu de communiquer des définitions, je me contente de dénominations. A condition, toutefois, que le récepteur, lui, connaisse la définition.

Si je dis : « diffusion gazeuse », il me suffit de deux mots. Autrement, je devrais dire : « le procédé consistant à faire passer un gaz d'uranium à travers des membranes poreuses de telle sorte que les molécules contenant des atomes d'uranium 235 diffusent plus vite que celles contenant de l'uranium 238 », soit trente-quatre mots au minimum, pour exprimer la même chose. Bien heureux encore si un auditeur non averti comprend, avec cette seule phrase, ce dont je veux parler. Mais l'expression « diffusion gazeuse », si dense en informations, n'est accessible qu'à un nombre réduit de personnes. Le langage le plus dense de tous est celui des mathématiques qui, lui, est franchement réservé aux initiés. Comme le journal télévisé a le plus large public, il doit dire les choses le plus lentement. Ses messages auront donc la plus faible densité d'informations : on arrive à ce paradoxe que le moyen de communication qui dispose du moins de temps est aussi celui qui doit transmettre le plus lentement.

A la télévision et, surtout, au journal, il faut toujours partir du postulat que les téléspectateurs ne possèdent aucun code. Cinq cents mots, c'est tout. Impossible de gagner du temps avec des termes spécialisés. La moindre difficulté de vocabulaire suffit à faire trébucher l'auditeur. Le temps qu'il se reprenne, il a perdu le fil selon le schéma décrit plus haut. Tout dire avec cinq cents mots en s'étant assuré d'être toujours compris, c'est une discipline assez rude.

Il y a une dizaine d'années se déroulait en France ce que l'on appelait la « guerre des filières ». C'est-à-dire que le gouvernement, ayant décidé d'abandonner les centrales françaises à uranium naturel, ne savait pas s'il devait se rabattre sur les centrales à eau bouillante mises au point par General Electric et proposées par la Compagnie générale d'électricité, ou sur les centrales à eau sous pression de Westinghouse, que proposait Framatome. N'étant pas disponible pour traiter ce sujet, un confrère s'en chargea, bien qu'il ne fût en rien spécialisé dans les questions nucléaires. Il fit un bon reportage, interviewa l'une et l'autre partie.

Peu après, un ami me parla de ce film dans des termes tels que je lui posai la question : « A ton avis, comment fonctionnent ces centrales ? » Il m'expliqua qu'elles utilisaient de l' « eau légère » comme les techniciens l'avaient précisé. Je lui demandai alors ce qu'était à son avis l' « eau légère ». Il m'avoua son ignorance. « Quelque forme d'eau radioactive sans doute. » L' « eau légère » est de l'eau ordinaire, tout simplement, par opposition à l' « eau lourde ». Les techniciens ont pris l'habitude absurde d'utiliser cette expression et l'avaient répétée trois fois dans leurs interviews. Ainsi ce film, qui leur semblait d'excellente qualité puisqu'ils s'y exprimaient abondamment, avait fait croire à des millions de Français qu'il existait trois formes d'eau : « lourde », « légère » et « ordinaire ». Et cette énormité avait été propagée en toute inconscience par des spécialistes de l'énergie nucléaire. Tout simplement parce qu'ils ne savaient pas communiquer avec des gens qui ne possédaient pas leur code.

Le voilà donc, ce colosse de la presse, obligé de « parler bébé » pendant que ses confrères de l'écrit analysent, précisent, commentent, dissertent, font du grand journalisme.

Il est vrai qu'en passant brutalement, comme ce fut mon cas, d'un monde à l'autre, on ressent une perte de substance. Le message télévisé paraît tout à coup d'une incroyable légèreté. Lorsque je travaillais à l'Agence France-Presse, toute l'actualité devait également être traitée : une fusion d'entreprises, une invention brésilienne, une affaire d'espionnage ou une réforme du C.E.A., tout donnait matière à information. A la télévision, on ne chasse que la grosse pépite. Les plus importantes nouvelles sont abordées brièvement, les autres passent entre les mailles trop lâches du tamis. La même affaire, qui se traitait en quinze pages, se trouve ramenée à une seule.

En un premier temps, le journaliste éprouve un sentiment de frustration. Que dire en si peu de mots et, surtout, comment se faire valoir ? Car l'homme de presse fait aussi son petit complexe élitiste, il cherche la considération de ses pairs ou des gens importants. Peu de chances de l'obtenir avec une information aussi simple, aussi succincte.

C'est progressivement que l'on découvre les servitudes et grandeurs de ce journalisme. Aussitôt que l'on renonce à chercher une gratification auprès de l'élite, que l'on reporte tout son intérêt sur la communication avec cette « France de Guy Lux », on se trouve confronté au plus stimulant de tous les défis journalistiques : comment faire découvrir au public qu'il est plus intelligent qu'il ne pense, qu'il vaut mieux qu'il ne croit.

Pour s'exprimer, le journalisme télévisé peut utiliser un langage particulier : l'image. Que de sottises ne lit-on pas à ce propos ! De toute part, ce n'est qu'un cri : « Il n'y a pas assez d'images au journal télévisé ! » « Pas la peine de nous dire les choses, montrez-les-nous ! » Chaque fois qu'une direction est critiquée, elle annonce une réforme visant à donner « priorité à l'image ». Certains directeurs prétendaient démontrer la qualité de l'information télévisée en invoquant « une forte proportion de films par rapport aux plateaux » (comme l'on sait, les « plateaux » désignent en jargon de métier les séquences pendant lesquelles un journaliste parle en direct depuis le studio). Bref, tous les conseilleurs intellectuels, professionnels et critiques, se rejoignent pour communier dans cette affirmation : « Le journal télévisé, ce doit être d'abord de l'image », et, malheureusement, les gens de télévision se laissent impressionner par cette pression de l'extérieur.

Une fois de plus, l'unanimité se fait sur une idée fausse. Et une fois de plus, le public, lui, ne succombe pas à ces sottises. Interrogées par le C.E.O. sur la formule : « Il n'y a pas assez d'images au J.T., on voit trop les journalistes », 38 % des personnes se déclarent « plutôt d'accord », mais 53 % « plutôt pas d'accord ».

La formule du « journal télévisé tout en images » ne peut être qu'une tautologie ou une impropriété. Par définition, un journal télévisé émet pendant trente minutes images et sons, il ne peut être que « tout en images ». Cette évidence s'imposant à tous, il faut en déduire qu'image ne veut pas dire image. Effectivement, nos censeurs disent « image » en pensant « illustration ». Rétablissons donc la formule : « Le journal télévisé devrait être tout entier illustré. »

En fait, la formule a un sens encore plus précis. « Illustration » veut dire « film ». Le meilleur journal télévisé serait celui qui enchaînerait des séquences filmées les unes derrière les autres. Telle est, en définitive, la profonde pensée sur laquelle on pourrait réconcilier tout le monde.

Pour juger de sa pertinence, il faut mettre en parallèle le moyen de communication (le film), l'information à transmettre (l'actualité) et, entre les deux, ce canal si particulier : le journal télévisé.

Le film permet de reconstituer la réalité par l'image, le son et le mouvement. Toute séquence filmée est associée à un son. Même un paysage. Lors de mes premiers reportages, je fus très étonné de voir l'ingénieur du son enregistrer ce qui me semblait être du silence. Tout paysage, toute situation sont associés à une certaine ambiance sonore. Même si l'oreille profane ne la distingue pas, il n'en reste pas moins qu'un plan séparé du son original est forcément mutilé. Il ne subsiste qu'une image partielle et artificielle de la réalité.

Le mouvement n'est pas moins important. La caméra de reportage n'est pas un appareil photo, elle doit saisir « ce qui se passe » dans son cadre. A la limite, l'immobilité d'un paysage devient aussi une information, une découverte de l'absence de vie. Mais le mouvement se déroule dans le temps. Le plan doit donc être suffisamment long pour que le spectateur puisse suivre l'enchaînement des événements « comme s'il y était ».

Par rapport aux autres moyens d'information, le film de reportage offre au public la possibilité de pénétrer dans la réalité et d'y rechercher lui-même l'information. La presse écrite ou la radio recourent à des mots, c'est-à-dire une information abstraite, déjà mise en message ; la télévision, elle, peut transformer son public en témoin direct. Lorsque nous retransmettions les marches lunaires, l'instrument que j'utilisais me donnait un avantage considérable sur mes confrères de la presse écrite ou radiophonique. De même, au lieu d'entendre ou de lire que des millions d'Iraniens ont défilé dans les rues de Téhéran, ce qui implique que le journaliste ait déjà extrait l'information de l'événement, on montre la foule immense. Sans rien dire. Le spectateur entend les cris et les vociférations, il découvre depuis un balcon la mer humaine qui envahit la ville, puis il surprend des visages en gros plan, il est témoin d'une échauffourée, etc. Peu à peu, il extrait lui-même l'information de ce voyage. Il découvre la réalité iranienne, il devient en quelque sorte son propre reporter.

Ce voyage peut être commenté par un journaliste qui, ici ou là, apportera quelques brèves précisions, mais l'essentiel du message est directement produit par le public, qui regarde le spectacle de la réalité. Le film est alors irremplaçable.

Le reportage filmé est le triomphe de l'information télévisée. Mais il présente des limites et des exigences. Avant de prétendre le mettre à toutes les sauces, il convient d'en mesurer les contraintes particulières.

La première, c'est la durée. Le film est lent. Je peux dire en cinq secondes : « Un million de personnes ont défilé ce matin dans les rues de Téhéran en acclamant l'imam Khomeyni. » L'information est déjà extraite de l'événement, le message est dense, la communication rapide. Si, au contraire, je veux miser sur le film, je dois laisser le spectateur faire son reportage dans la capitale iranienne. Il lui faudra au minimum quatre ou cinq minutes pour comprendre ce qui s'y passe. Cette durée est totalement incompatible avec les « constantes de temps » du J.T. Le « sujet Iran » devra sans doute être traité en une minute et quinze secondes. On ne se bornera pas à montrer la manifestation, il faudra également donner des informations sur la situation politique, sur les problèmes pétroliers, sur les réactions des Kurdes, que sais-je encore.

On va commencer par comprimer le film. Le montage se fera avec des plans de quelques secondes. Tous les monteurs savent que cette brièveté est incompatible avec le langage cinématographique. Sans vouloir copier la lenteur majestueuse des westerns de Sergio Leone, il n'en faut pas moins laisser « respirer » l'image. Le spectateur doit y pénétrer, s'y promener. Ce n'est pas une photo qu'on lui présente, c'est une fenêtre qu'on lui ouvre. Le malheureux monteur du journal télévisé passe son temps à ouvrir et fermer la fenêtre. Il ressort de cela, sur le strict plan des images, des films hachés, syncopés, qui ne laissent jamais au public le plaisir, sinon le temps, de les regarder.

Sur — ou derrière — ce film d'une minute quinze, le journaliste doit « caser » cinq ou six minutes de commentaires. Il les réduit autant qu'il peut et « descend » à une minute et cinq secondes, heureux encore s'il a pu sauver dix secondes de silence. Car ces images, tranchées au vif par le montage, sont privées de leur son. Au début, pendant quelques secondes, on entend l'ambiance sonore, puis c'est le commentaire qui s'impose. Dès lors, on ne fait plus de cinéma.

Le spectateur ne peut pas dans le même temps regarder une image et écouter un son qui n'est pas celui d'origine. S'il ouvre les oreilles, il ferme les yeux, et réciproquement. Sur le plan des organes sensoriels, il reçoit bien les perceptions, mais sur le plan intellectuel, il ne les intègre plus. D'autant que le texte est décalé par rapport aux images. Le journaliste doit tout dire en quelques phrases. Il saute allégrement de Washington à Abadan et de Qom au Caire. Pendant ce temps, on voit se presser sur l'écran ces visages, soudain muets, qui continuent à scander leurs slogans.

Selon les cas, le commentateur se trouvera à Paris et parlera sur des images transmises par satellite, ou bien sera sur place. Dans ce deuxième cas, il se placera au milieu de la foule et retombera, à peu de chose près, dans le schéma précédent.

Le temps du cinéma n'est donc pas celui du journal télévisé et ce décalage risque de faire disparaître le « plaisir de regarder », voire la possibilité de s'informer. Ainsi, même le reportage cinématographique peut devenir un genre bâtard du journal télévisé.

Autre difficulté : le témoignage. Le professionnel seul s'exprime en quarante secondes, celui qui n'a jamais parlé devant une caméra hésite, cherche ses mots, se reprend. Et toutes ces maladresses, ces mimiques, ces hésitations font partie de l'information. Dans une émission de longue durée, on les conserve. C'est alors que la personne interrogée apporte sa dimension humaine, que le téléspectateur a véritablement le sentiment de découvrir celui qui s'exprime. Au journal télévisé, on doit prendre brutalement une phrase ici, une autre là. Entre les deux, pour éviter une image « qui saute », on entrelarde en « plan de coupe » un bouquet de fleurs ou le chien de la maison. Que reste-t-il alors de la vérité humaine que le reporter a tenté de saisir ? Peut-on assimiler au cinéma cet enchaînement de plans qui ne respecte plus la logique de l'image ? Les professionnels, reporters, cameramen, monteurs, réalisateurs, ne s'y trompent pas. Ils aspirent tous à travailler dans des magazines sur des durées de dix minutes à une heure, c'est-à-dire dans des conditions compatibles avec l'art cinématographique. Mais le journal impose ses contraintes au cinéma.

J'ai supposé jusqu'à présent que le film — ou l'image vidéo — était disponible. De multiples raisons peuvent priver le journal d'un reportage filmé.

Les délais, tout d'abord. Même en utilisant des moyens d'enregistrement magnétique de préférence au film, la fabrication de l'image prend un certain temps : très supérieur, dans tous les cas, à l'acheminement de l'information qui se limite généralement à une transmission téléphonique. Ici, il faut tourner, développer, monter, rapatrier l'image, etc.

Si l'événement se produit de façon inopinée peu avant l'heure du journal, s'il se déroule dans une région reculée ou peu accessible, s'il faut multiplier les formalités pour se rendre sur place, si les reporters arrivent dans la nuit noire... pour toutes ces raisons et pour bien d'autres, l'image ne parvient à la rédaction qu'avec un certain retard sur l'information. Les premières éditions du journal ne disposent d'aucune illustration « fraîche » de l'événement. En dépit du réseau, fort efficace, qui permet aux différentes télévisions d'échanger leurs films, en dépit des liaisons directes que l'on peut établir de Paris avec les villes de province ou les capitales étrangères, les rédactions en chef se retrouvent en panne d'image. Il faut ruser en ressortant des films d'archives plus ou moins reliés à l'information, bref, « faire avec les moyens du bord ».

Mais il arrive aussi que le reportage télévisé soit pratiquement impossible. C'est que l'image, à la différence de l'information, se vole difficilement. Saisir des informations contre la volonté de ceux qui les détiennent, c'est le lot quotidien du journaliste. Certes, il ne manque pas de services officiels pour le renseigner, mais ceux-ci, par vocation, ne disent que ce qui les arrange. Pour reconstituer la vérité, il faut enquêter, c'est-à-dire chasser les informations que certains voudraient garder secrètes. Ça n'est pas toujours facile, c'est généralement possible. Même un régime totalitaire ne réussit pas à bloquer complètement l'information. Les massacres des Khmers rouges ont commencé à être connus avant que les journalistes ne soient admis à Pnom Penh.

Il en va tout différemment pour l'image. Ici le détenteur de l'information exerce un contrôle presque absolu. A ce jour, nous n'avons jamais pu filmer le goulag soviétique, non plus que les tortures dans les prisons d'Amérique latine. Tout document qui parvient à filtrer sur de tels pays constitue un événement en raison de sa rareté. Les régimes totalitaires constituant la règle et non l'exception, il faut en conclure que la plus grande partie du monde n'est pas accessible au reportage filmé. Malheureusement, les télévisions occidentales tiennent si fort à obtenir des « images » qu'elles ne veulent pas s'incliner devant cette évidence.

De ce fait, elles s'obstinent à filmer ces pays dans le cadre des autorisations officielles. L'image devient alors le véhicule du mensonge puisqu'elle présente comme réalité ce qui n'est qu'une vitrine de propagande. Chinois et Vietnamiens ont utilisé avec une habileté diabolique cette fringale occidentale d'images. En n'ouvrant le robinet qu'avec une extrême parcimonie, ils ont donné une valeur de rareté à des documents indignes de figurer dans un film de propagande officielle.

En France même, le reportage télévisé bute constamment sur de telles barrières. Essayez de filmer chez Michelin, chez les frères Willot ou dans quantité d'autres entreprises : vous vous heurterez à un refus définitif. Reste la solution de se planter devant la porte close, face à la caméra, et d'annoncer : « Voilà, on refuse de nous laisser entrer. » On tient difficilement une demi-heure comme cela. La frustration de ne pas voir lasse vite le spectateur.

Le reporter est alors tenté de recourir au témoignage. Mais, on lui ferme bien des portes au nez. Et comment interroger un homme qui ne veut pas parler ? On se rabat sur des témoins qui acceptent l'interview. Nouveau problème : le témoignage télévisé n'est pas anonyme. Dans la presse écrite, à la radio, on fait s'exprimer « un ouvrier de l'entreprise », « un opposant au régime », sans le mettre en danger. A la télévision, il faut commencer le jeu des interviews à contre-jour, masqués, dans l'obscurité.. Là encore, il s'agit d'un subterfuge qui ne peut se répéter bien souvent. Le journaliste qui enquête sur ce qu'on veut lui cacher ne fait que son métier, le cameraman qui filme ce qui lui était interdit accomplit un exploit.

Différence considérable et qui limite le champ du reportage télévisé : on arrive à tout dire, pas à tout montrer. La caméra perturbe tout ce qu'elle observe. De ce fait, les situations fragiles, marginales, ténébreuses tendent à lui échapper. Comment peut-on faire un bon reportage sur le travail au noir, la fraude fiscale, le proxénétisme, les conditions de travail scandaleuses, etc ? Dans tous ces cas, on ne peut filmer l'action, à peine le témoignage direct. Il ne reste plus au reporter qu'à faire parler des observateurs en illustrant son propos avec des « images-prétextes », plus ou moins suggestives.

Il est donc absurde de prétendre que le reportage télévisé puisse couvrir le même territoire que l'enquête journalistique. Pour de multiples raisons et dans de nombreux domaines, la caméra devient aveugle. Impuissante.

Enfin, et ce n'est pas le moins grave, le reportage télévisé nous condamne au particulier, au concret, au ponctuel. Il montre quelque chose *hic et nunc*. C'est un champ de bataille, une réunion électorale, un conflit dans une entreprise, une grande réalisation industrielle, c'est toujours une réalité située dans l'espace et dans le temps.

Mais quand il s'agit d'expliquer une crise internationale, les dispositions d'une loi, les mécanismes du marché pétrolier, les intrigues politiciennes, les problèmes de stratégie ou les perturbations du système monétaire, il est bien rare que la simple description d'une situation particulière suffise à faire comprendre l'ensemble de la question. Pour rendre compte de l'actualité, il faut donc, le plus souvent, passer du particulier au général.

Or la caméra du reporter regarde forcément la réalité par le petit bout de la lorgnette. C'est sa force, car on n'appréhende pas la vérité humaine depuis Sirius. Mais c'est aussi sa limite. On doit de temps en temps retourner l'instrument pour montrer l'idée au-delà des faits. Le journaliste est alors tenté de se transformer en « gentilhomme porte-micro » et d'aller interroger pieusement des « experts », dont les réflexions viendront émailler le reportage. Ces interviews déposées sur la pellicule deviendront « de l'image ».

Lorsque le sujet est trop abstrait, que le reportage est impossible, nous nous efforçons de traiter le commentaire « en images ». C'est l'ultime avatar de la cinémanie au J.T. On commence par écrire un texte synthétisant toute l'affaire, puis on colle dessus des images-prétextes piquées au petit bonheur dans les archives. On parle pétrole, on montre des torchères au Moyen-Orient. On parle pénurie, on montre une pompe à essence. On parle forces soviétiques : on montre un défilé militaire sur la place Rouge. On parle Amérique, on montre Rockefeller Center. On parle emploi, on montre des ouvriers chez Renault. Bref, on plaque de la pellicule-carte postale sur des paroles. Et les mêmes plans deviennent des sortes d'idéogrammes, rituels à force d'avoir trop servi.

Le résultat ne peut qu'être médiocre sur le plan formel. Les plans s'enchaînent, sans souci de l'esthétique cinématographique : tant de secondes sur la flotte américaine, tant de secondes de circulation, tant de secondes d'hôpital... L'illustration ne sert plus qu'à cacher le commentateur, elle n'est plus qu'un paravent.

Mais il y a plus grave : de telles pratiques, imposées par la meute des téléconseilleurs, bloquent complètement la communication. L'individu est un récepteur dont la capacité est limitée. Si l'on dépasse un certain seuil, un phénomène de saturation se produit, une sorte d'éblouissement informatif. Plus aucun message n'est reçu.

Une image animée représente, en elle-même, une grande quantité d'informations à décoder, surtout si elle ne s'accompagne d'aucune « légende » explicative. Il faut comprendre que les gens que l'on voit en train de lire le journal sont des chômeurs parcourant les petites annonces, que le monsieur qui serre la main de Giscard d'Estaing est Helmut Schmidt, etc. Même si le spectateur n'essaie pas de décrypter le film, le simple fait de le voir danser devant ses yeux crée une distraction. Les capacités d'écoute sont diminuées par l'image filmée.

Or le commentaire du journal télévisé est, par nature, extrêmement dense. Ce n'est qu'en mobilisant toute son attention que le téléspectateur peut le suivre. Cette haute densité d'information dans la parole exige donc qu'on appauvrisse l'image. Vouloir combiner un commentaire très informatif et des images filmées est donc une aberration. Si vous en doutez, faites l'expérience suivante : alors que vous êtes en pleine conversation, que votre interlocuteur poursuit une démonstration difficile à suivre, essayez de regarder par la fenêtre le spectacle de la rue. Très rapidement, vous « décrocherez ». En ayant voulu suivre tout à la fois un message auditif intense et un message visuel riche, vous avez saturé vos capacités de réception. Pour comprendre, il fallait réduire vos informations visuelles au seul visage de votre interlocuteur. Expérience banale de la vie, mais qu'on ignore à la télévision.

Pourtant, le film doit avoir une place, et de choix, dans l'information télévisée. Mais il ne faut l'utiliser que dans des conditions et pour des informations qui le mettent en valeur. Il doit servir de langage spécifique et non d'illustration ; lorsqu'il arrive, le commentaire général doit s'effacer jusqu'à n'être plus qu'une « légende ». Il faudra donc alterner commentaires et films au lieu de les marier.

Le film peut d'abord s'utiliser en « images parlantes », très ponctuelles. Rien qu'une minute, trois, quatre plans, pour situer une ambiance avant de fournir une explication. Le jour où le marché de l'or est en folie, il est bon de donner le spectacle de la cage aux fauves, avec ses bousculades, ses vociférations ; vient ensuite le commentaire économique qui n'a plus besoin du support de l'image. Il peut encore servir à des petits reportages de quatre à cinq minutes — et non de une à deux.

Sur de telles durées, on commence à pouvoir utiliser le langage cinématographique. Mais on ne peut guère prévoir que deux — trois au maximum — films de cette longueur. Car si l'on veut multiplier les reportages filmés, il faut réduire leur durée et l'on retombe dans les errements du film-minute. Enfin le journal peut se terminer sur une page magazine de cinq à dix minutes dans laquelle l'enquête filmée se déroule sur une longueur convenable.

Mais, dans tous les cas, l'image filmée est indissociable d'une présentation, voire d'une conclusion qui se donnent directement en complément du film. C'est alors seulement que l'on peut combiner le concret et l'abstrait, le particulier et le général pour faire une présentation complète dans laquelle chaque élément est traité avec le support qui lui convient. Malheureusement, un tel journal buterait sur la barrière du temps.

De quelque façon que l'on compte, on risque toujours de dépasser les fatidiques trente minutes. Pour redonner au reportage sa noblesse à l'intérieur d'une demi-heure, il faut d'abord, condition absolue, commencer par gagner du temps. Cela ne peut se faire qu'en sacrifiant la part du « tout-État ».

Le temps n'est plus où des ministres coupant les rubans envahissaient nos écrans. Mais une autre invasion s'est produite. Tout aussi redoutable. Celle du grand carnaval politico-social. Jour après jour, des minutes et des minutes sont gaspillées pour présenter les petites phrases, extraits de discours, déclarations et réactions, les congrès, voyages, séances et comités, les négociations, ruptures, brouilles et rapprochements qui constituent le roman-feuilleton de notre vie politicienne et syndicale. C'est un interminable défilé de têtes, de salles, de tribunes et de tribuns. Il faut remplir les micros de phrases creuses pour respecter les équilibres entre les uns et les autres, pour qu'on les voie bien tous, ceux de la majorité et ceux de l'opposition. Peu importe qu'ils n'aient rien à dire, dès lors qu'on en fait parler un, il faut tous les faire défiler.

Aussi longtemps que le quart du journal sera obligatoirement sacrifié à cette triste parade des leaders politiques, syndicaux et corporatistes, qu'il faudra tomber de Giscard en Peyrefitte, de Chirac en Marchais, de Maire en Bergeron, de Henry en Cornec et de Ceyrac en Menu à propos de tout et de rien, il n'y aura pas place au journal télévisé pour le reportage filmé.

On imagine le tollé, si une direction décidait de ne montrer ces messieurs que lorsqu'ils ont quelque chose à dire, de ne parler de leurs histoires que lorsqu'elles sont intéressantes ? On ne manquerait pas de crier à la dépolitisation des Français. Nous savons, au contraire, que les Français sont détournés des affaires publiques par l'accumulation de ces médiocres intrigues et plats discours. Si l'on pouvait consacrer le temps ainsi gagné à de vrais reportages sur les problèmes de la France et des Français, alors l'intérêt pour la politique, la vraie, ne pourrait que croître.

Mais il s'agirait d'un véritable coup de force contre le tout-État (qui comprend également majorité et opposition) et je doute qu'il puisse être réussi. Car tous les partis, tous les groupements, toutes les corporations — ou, du moins, ceux qui parlent en leur nom — sont de connivence pour imposer cette colonisation du journal télévisé.

Cela ne veut pas dire que l'on devrait purement et simplement gommer de l'actualité télévisée la vie politicienne mais, dans la plupart des cas, on pourrait résumer l'épisode du jour en quelques phrases que, d'ailleurs, les téléspectateurs ne retiendraient pas.

Restent alors toutes les informations et nouvelles non justiciables du reportage filmé. Elles doivent être données par des journalistes qui annoncent, expliquent, commentent. C'est là que le bât blesse. « Vous allez donc montrer des journalistes qui parlent : mais vous faites de la radio filmée ! » s'écrie le chœur des téléconseilleurs. Et ces clameurs font toujours la plus grande impression sur les gens de télévision, qui se trouvent déchirés entre ce postulat d'évidence : « la télévision c'est l'image ! » et l'impossibilité de l'appliquer dans la réalité. Ils se sentent malheureux, culpabilisés de devoir recourir à la parole au lieu de tout montrer « en images ».

Il est vrai que le recours au « plateau » peut être une solution de facilité qui masque une insuffisance de recherche journalistique. Tout journal télévisé est tenté d'en abuser afin d'esquiver les servitudes de l'illustration. Il est vrai aussi que les journalistes ne sont pas parfaits. Un « plateau » se rate tout comme un article. Mais, dans ce cas précis, ce n'est pas la qualité qui est contestée, c'est le genre même : un journaliste ne devrait pas s'exprimer devant une caméra...

Et pourtant, un « monsieur qui parle », c'est une image. Bonne ou mauvaise selon le message et le messager, mais une image. Si l'on analysait les films, on verrait que la plupart des plans montrent précisément « des gens qui causent ». Qui donc oserait dire aux cinéastes : « Plus de dialogues, faites-nous de l'image » ? A la télévision même, on a découvert — récemment il est vrai — qu'un conteur devant une caméra peut faire une excellente émission, très appréciée du public. Lorsque MM. Decaux, Bombard ou Belle-marre parlent, ils font de la télévision, et l'on ne gagnerait rien à faire sans cesse défiler des images afin de les masquer, car leur visage est, en lui-même, une information indispensable. Ainsi, l'individu qui s'exprime serait « de l'image » dans les films, les dramatiques, les jeux, les débats, partout, sauf au journal télévisé ! Qui plus est, les metteurs en scène savent très bien que, lorsque les répliques deviennent essentielles, il faut faire des gros plans sur les visages.

Par ailleurs, le problème de l'illustration se pose autant dans la presse écrite qu'à la télévision. Nos confrères, eux aussi, peuvent utiliser l'image. D'où vient qu'ils ne se limitent pas à ce mode de communication, qu'ils éprouvent le besoin de s'exprimer également par l'écrit ? J'avoue ne pouvoir réprimer un certain sourire lorsque des critiques du *Monde* reprochent au journal télévisé de ne pas offrir assez d'images. Par quel hasard le lecteur du *Monde* n'aurait-il jamais besoin de voir ce dont on lui parle, tandis que le téléspectateur n'aurait jamais besoin de se faire expliquer ce qu'on lui montre ?

Toute la presse écrite s'interroge sur la place qu'elle doit faire à l'image. Et elle bute sur le même problème que la télévision : l'illustration dévore, ici, l'espace, comme là, le temps. Une image, pour être mise en valeur, exige d'être reproduite sur un assez grand format. La photo-timbre-poste est aussi ridicule que le film de vingt secondes. Il est significatif que, dans la presse écrite, le commen-taire soit inversement proportionnel à la place faite aux photos. Plus on étend l'illustration et moins on met de contenu. Ainsi peut-on classer la presse entre les magazines style romans-photos ou *Point de vue, Images du monde* et *le Monde* ou *les Échos*.

Il en va de même pour les journaux télévisés. La volonté de jouer à tout prix l'image, c'est-à-dire le film, conduit à toujours privilé-gier le particulier sur le général, le factuel sur l'explicatif, l'anecdotique sur l'essentiel. Et l'on en vient à préférer « le reportage sur le facteur qui fait sa tournée à cheval en jouant du clairon », « la retransmission de la descente hommes à Val d'Isère », voire « le lancement d'une fusée géante », à un commentaire sur la poussée de l'Islam dans le monde, la découverte de nouvelles structures dans la matière ou l'évolution de la situation énergétique dans les années à venir.

La dictature du film s'exerce donc toujours au détriment de l'information. Elle conduit à faire un journal d'insignifiance dans lequel alternent des « images choc » pour l'émotion et des « images drôles » pour la distraction. C'est le comble du mépris vis-à-vis d'un public que l'on considère trop stupide pour s'intéresser à autre chose qu'à ce qui le fait sourire ou pleurer.

Pour être tout à fait exact, je dois ajouter que, dans de tels journaux télévisés, on ne manquera jamais de fourrer nombre de déclarations officielles de ministres, politiciens, syndicalistes et experts qui, eux, assommeront les spectateurs sans les faire ni rire, ni pleurer. Mais tous ces messieurs parlant dans leur bureau, à la tribune de l'Assemblée ou sur le perron de l'Élysée, « c'est de l'image ». Je soupçonne certaines directions qui, jadis, prônaient systématiquement « l'image », d'avoir compris que c'était le meilleur moyen d'obtenir un journal sans histoires. Cette « information-spectacle » permet d'éviter les sujets délicats sans que le téléspectateur s'en rende compte.

Comment peut-on en arriver à de telles aberrations ? Comment des esprits, souvent fort perspicaces, peuvent-ils répéter de telles âneries ?

La première raison est d'ordre historique. La reproduction de l'image a précédé celle du son. A ses débuts, le cinéma était muet. Lorsqu'il devint sonore, on trouva cela si merveilleux que l'on voulut avoir des films chantants, musicaux. Le moindre moment de silence paraissait insupportable. Puisqu'on pouvait faire du son, il fallait en faire. Le plus possible. Au fil des décennies, les choses sont rentrées dans l'ordre. On sait aujourd'hui toute l'importance du silence dans le cinéma. Il ne vient à l'idée de personne qu'il faille gaver les oreilles en permanence pour démontrer que l'on fait bien du « sonore » et pas seulement du « muet ».

Pour la radiodiffusion, les choses se sont faites en sens inverse. On a commencé par transmettre le son. Bien plus tard est venue l'image. Du coup, la télévision s'est vue condamnée au spectacle. Il lui fallait surtout se distinguer de la radio. Puisque cette dernière opère à partir d'un studio, avec des journalistes qui s'expriment, la télévision, elle, devrait se faire dehors et, si possible, sans journalistes. Elle devait en toute chose « montrer des images », c'est-à-dire, au sens propre et figuré, « faire du cinéma ».

Dans le cas précis du journal télévisé, d'autres raisons se liguèrent pour tenter de le réduire à un album d'illustrations. Il succédait aux actualités cinématographiques. Jusqu'à une époque récente, on présentait dans les cinémas ces mini-reportages qui, effectivement, n'avaient en rien la prétention de constituer un journal. Et personne ne pensait que le fait de voir, toutes les semaines, les actualités cinématographiques permettait de « se tenir au courant » sans lire les journaux. Lorsque se développe la télévision, le premier problème est d'alimenter la boîte à images. On applique tout naturellement la recette du cinéma. On parle encore d' « actualités télévisées », marquant bien ainsi, quoique de façon inconsciente, la parenté.

La seconde raison est que le journal télévisé va croître progressivement au fil des années, par une sorte d'évolution naturelle, involontaire et imprévue. Le plus important journal du pays ne naît pas comme tel, il se développe confusément à partir d'un embryon journalistique. On est là pour « faire de l'image », plus que pour informer. Le plus grand journal de France naît à la « va-comme-je-te-pousse » : œuf de cigogne couvé dans un nid d'hirondelle, il grandit comme un géant mal à l'aise dans son berceau.

A cette époque le journaliste de télévision est un omnipraticien qui travaille sans archives. Son rôle se limite à « présenter les nouvelles » et « commenter les images » à l'aide des dépêches. Dès que le problème se complique, il tend le micro à un expert. Ainsi conserve-t-il sa spécificité par rapport à ses confrères jusque vers les années 70. Les journalistes, formés dans la presse écrite, plus ou moins spécialisés dans certains sujets ou dans le reportage, étaient arrivés progressivement au cours des années 60. Ce n'est que depuis une dizaine d'années à peine que les journaux télévisés ont véritablement acquis leur statut d'organes de presse, que leurs rédactions se rapprochent de celle de la profession.

En vérité, la télévision n'est pas un présentoir à spectacles mais une ouverture sur la vie. Elle doit, bien sûr, montrer de belles images, mais elle ne doit pas faire que cela. La vie, c'est aussi des paroles et des êtres qui s'expriment. Si l'être humain a fabriqué un langage, c'est parce qu'il possède un cerveau pour abstraire et pas seulement pour intégrer les perceptions de ses sens. Le message peut se communiquer par l'écrit, par la voix ou par le spectacle de celui qui s'exprime. Et la parole est irremplaçable dans la communication. On ne dialogue pas en se contentant d'échanger des photos. Il faut dire les choses et pas seulement les montrer. Il n'est pas innocent de vouloir ramener la communication télévisée au visuel : c'est la condamner d'emblée à l'affectivité ou à l'insignifiance, c'est la cantonner dans un rôle mineur.

Ainsi, le journal télévisé se développe en faveur du film et contre le journaliste. Car, et cette raison émergea peu à peu jusqu'à devenir prépondérante, le journaliste et, plus généralement, le journaliste de télévision font peur !

Je me souviens qu'un soir, à 20 heures, nous avions organisé une « manip' », comme nous disons, pour sensibiliser les Français aux économies d'énergie en matière d'éclairage. A 20 h 10, Roger Gicquel demanda à chaque téléspectateur d'éteindre une lampe. La baisse de consommation électrique s'inscrivit au centre de régulation de l'E.D.F. Rien que de très banal.

Les commentateurs retinrent de cette expérience que Roger Gicquel pouvait, à volonté, faire éteindre la lumière aux Français. A les en croire, il aurait pu tout aussi bien persuader les mères de jeter leurs nouveau-nés par la fenêtre. Terrifiant pouvoir de l'homme de télévision sur les masses soumises !

Aussi longtemps que le journaliste de télévision ne montre pas son visage, et conserve l'anonymat, il est toléré. Mais dès l'instant où son intervention se personnalise, la peur s'installe. Ne va-t-il pas devenir une « vedette » ? Les confrères de la presse écrite prennent ombrage de cette irruption du show-business dans la profession, les hommes politiques s'inquiètent de cette influence sur le public. Mieux vaut, décidément, un journal incolore, inodore, sans saveur, et, surtout, anonyme.

On retrouve cette peur du journaliste de télévision dans les critiques réitérées que la Commission de la qualité adresse à la « personnalisation » des journaux télévisés. Il semble que ce soit un grand malheur de voir les téléspectateurs s'habituer à un présentateur et qu'il serait préférable de faire défiler devant eux un manège de têtes dans lequel plus personne ne pourrait être distingué.

C'est sans doute le sénateur Caillavet qui est allé le plus loin dans cette volonté de maintenir en minorité le journalisme télévisé.

Dans une proposition de loi, il a tout simplement demandé que les journaux télévisés s'accompagnent d'un commentaire critique fait par des journalistes de la presse écrite. Potriel se faisant faire la leçon par les petits bons élèves, on n'en sort pas...

Or le public ressent la télévision comme un moyen de communication personnalisé. Il souhaite connaître les gens qui lui parlent, il veut savoir que c'est Untel qui commente la justice, Untel le théâtre, Untel la politique. Il veut pouvoir nouer des rapports — artificiels sans doute, mais nécessaires — avec ceux qui viennent l'informer. Oh, ce désir n'est pas particulier à la presse télévisuelle. Tous les supports de presse y répondent en personnalisant l'information.

Car rien ne serait aussi triste, aussi inhumain qu'une communication entièrement anonyme. Un commentaire à la radio est toujours signé. Les magazines français n'ont jamais adopté l'anonymat rédactionnel de *Time*. Bien au contraire : dans l'écrit, cette personnalisation se fait par la signature, éventuellement par la photo ; dans la presse télévisée, elle peut, mais pas obligatoirement, être obtenue par la présence physique du journaliste.

Le journalisme est un métier public : à ce titre, il peut susciter un « vedettariat ». On le voit bien dans la presse écrite : MM. Jean Daniel, Jean-François Revel, Jacques Fauvet, Georges Suffert, Jean d'Ormesson, Jean-François Kahn et tant d'autres sont des « célébrités ». Pour leurs lecteurs, ils sont bien plus que des « informateurs » et, dans la société, ils jouissent d'une notoriété et d'une autorité qui dépassent largement le cadre de leurs journaux. Il n'y a là rien que de très normal.

Certes, on peut craindre que le contact direct par le canal de la télévision dispense cette reconnaissance à trop bon compte. Que l'aspect personnel l'emporte sur le caractère professionnel. Mais, nous l'avons vu, cette gloriole de pacotille n'est qu'un phénomène marginal.

Pourtant, toute notre élite vit dans la crainte du journal colosse. Quelle ne serait pas sa force s'il se libérait de ses entraves et tirait parti de toutes ses ressources ? Personne, manifestement, ne souhaite tenter l'expérience et c'est pourquoi on trouve si commode de le cantonner dans son rôle d'imagerie. Un cabot inculte, sans la moindre crédibilité, qui ferait défiler les belles images, tel est, en définitive, l'idéal pour neutraliser le géant. Il faut compenser par la faiblesse des interprètes la toute-puissance prêtée à l'instrument.

Il est vrai que, dans tous les milieux, et notamment dans la presse, on dit juste le contraire. On va réclamant un journal télévisé indépendant, crédible, plein d'autorité, qui traite les informations avec pertinence, qui n'hésite pas à s'enquérir de tout, à requérir au besoin. Bref, un modèle de journalisme, le modèle en question étant généralement anglo-saxon.

J'avoue ne pas croire à la sincérité de ces propos. Que penserait-on d'un conseiller qui, pour renforcer la crédibilité journalistique de *l'Express* ou du *Point,* proposerait de remplacer les articles par des photos légendées et de faire disparaître toutes les grandes signatures dans un anonymat rédactionnel? Ainsi l'inadéquation par trop flagrante des remèdes peut-elle conduire à suspecter d'empoisonnement le thérapeute...

Cette pression extérieure n'a, hélas, cessé de contrarier le développement du journalisme télévisé. Dans toutes les rédactions auxquelles il m'a été donné de collaborer, j'ai ressenti ce malaise vis-à-vis de la « présentation ». Du directeur au stagiaire, tout le monde subit le diktat du « tout en image-tout en film ». De ce fait, les séquences de présentation en direct deviennent une sorte de mal à peine nécessaire. On s'en occupe peu puisque, de toute façon, « ce n'est pas de la télévision ».

La recherche, l'exigence, la créativité se trouvent reportées sur la partie filmée, la partie « noble ». Le reste du journal, mauvais quoi que l'on fasse, se trouve délaissé.

C'est ainsi que l'on en arrive à une sorte de « radio filmée ». On se contente de fusiller à bout portant des journalistes assis à leur bureau et qui récitent un compliment. Une bien pauvre image, il faut en convenir ; de ce point de vue, les critiques n'ont pas tort. Mais il ne faudrait pas confondre l'inné et le non-acquis. Aucune fatalité ne condamne la présentation du journal à cette austérité. Certaines expériences, heureuses mais rares, indiquent même le contraire.

L'image, et les recherches d'un Jean-Christophe Averty nous l'ont bien montré, se crée. « Faire de l'image », ce n'est pas seulement en recueillir, en allant filmer ce qui existe déjà. C'est véritablement donner naissance à un monde visuel nouveau en utilisant toutes les ressources de l'audiovisuel, de l'électronique et de la télévision. De ce point de vue, un journaliste ne devrait que très exceptionnellement rester deux minutes à parler face à une caméra sans la moindre illustration, sans le moindre mouvement :

un studio de journal devrait être un formidable générateur d'images d'où l'actualité ferait sans cesse jaillir des illustrations nouvelles.

Cartes, schémas, graphiques, animations, maquettes, photos, documents, trucages électroniques doivent transformer la présentation en spectacle. La retransmission doit prendre l'allure d'un reportage avec des caméras qui bougent, cherchent l'angle, suivent l'événement, mais également celle d'un grand spectacle de variétés avec tous les moyens électroniques qui combinent, composent, superposent les images pour enrichir tout à la fois la qualité de la représentation et celle de l'information. Bref, il devrait se passer énormément de choses dans un studio de journal, ce qui est trop peu le cas aujourd'hui. Quant au journaliste, il doit être présent, ce qui ne veut pas dire envahissant. Il ne constitue qu'un élément parmi d'autres pour composer une séquence.

Le meilleur moyen d'illustrer un journal est l'image arrêtée (essentiellement la photo ou la diapositive, plus pauvres en informations que le film). Elle a une vocation naturelle à servir d'idéogramme soulignant le propos, alors que le plan cinématographique, très mal adapté à cet usage, n'est qu'une carte postale « bougée », un élément de perturbation. Qui plus est, il est beaucoup plus aisé de constituer une bonne photothèque d'illustrations qu'une cinémathèque. Dans un cas les images sont individualisées et classées par ordre thématique, dans l'autre il faut aller les rechercher dans des films.

Malheureusement, la polarisation sur le cinéma, dont la télévision s'obstine à vouloir être un sous-produit, a éclipsé le rôle de la photographie dans les journaux télévisés. Les photothèques manquent de moyens, d'archives, de personnel. C'est un secteur dans lequel on n'investit pas.

En outre, les diapositives sont généralement projetées plein cadre, comme le font les photographes amateurs qui veulent régaler leurs amis de leurs souvenirs de vacances. Lorsqu'on connaît l'originalité, la diversité, la multiplicité des effets que l'on trouve dans les diaporamas modernes, il y a de quoi s'attrister.

Il en va de même pour les conceptions graphiques, le travail de réalisation, l'utilisation des moyens électroniques, la construction de maquettes. Les spécialistes font de l'acrobatie dans les conditions les plus redoutables sans jamais pouvoir exploiter toutes les ressources des techniques audiovisuelles modernes. Cette situation est la conséquence logique de l'universel parti pris : le film ou rien.

Il est vrai que ces techniques sont difficiles à mettre en œuvre dans les délais très courts imposés par l'actualité quotidienne. Raison de plus pour se donner les moyens suffisants en hommes, en matériel, en créativité. Mais l'étroitesse des budgets oblige à des choix qui se font presque toujours au détriment de la présentation du journal. Il faut noter qu'à cet égard, la situation n'est pas plus satisfaisante à l'étranger, où les journalistes sont plus sinistres encore que leurs confrères français. On vit un peu partout le mythe d'une télévision qui serait de la « radio filmée » *plus* du « télé-cinéma ».

Aujourd'hui le journaliste de télévision, disposant d'un outil fantastique, ne peut s'en servir pleinement que dans les reportages filmés des magazines d'information. Pour le journal, il doit généralement choisir entre des reportages filmés trop courts et des « plateaux » très médiocrement illustrés ; il lui faut sacrifier des informations « parce qu'il n'y a pas d'images » ou faire du « film n'importe quoi », imposer en permanence son visage à l'écran ou le cacher derrière des compteurs de pompes à essence, des chômeurs lisant les petites annonces, des travellings sur l'hémicycle du Palais-Bourbon. Il a vite fait, dans ces conditions, de devenir un personnage encombrant, malhabile, qui en dit trop ou trop peu, qui illustre trop ou trop peu son propos, bref : qui ne peut faire pleinement son métier.

Plaidant pour la mise en images de l'information télévisée, je ne souhaite nullement que l'on fasse du spectacle pour le spectacle, que l'on multiplie les effets gratuits. Il s'agit de mettre les possibilités de l'illustration moderne au service de l'information, de ne les utiliser que dans des conditions qui aident à la compréhension, sans jamais céder à la tentation d'une mise en scène parasite qui ne ferait que gêner le téléspectateur.

Toutefois, il semble qu'une évolution commence à se dessiner. Le progrès des techniques et l'absurdité de l'image-prétexte s'imposent peu à peu et conduisent les responsables à reporter leur attention sur la partie du journal qui est diffusée en direct.

En définitive, toutes les contraintes qui pèsent sur le journal télévisé, loin de le paralyser, peuvent fort bien le servir. Dès lors que l'on vise un public populaire et que l'on prétend ne faire que de la sensibilisation, il est naturel d'émettre des messages brefs, simples, centrés sur une seule idée, délibérément au vocabulaire réduit. Pour peu que l'on s'aide de toutes les ressources de l'illustration et du reportage, il devient possible de faire un véritable journalisme populaire. Il est faux de croire qu'en deux minutes on ne puisse rien dire ou, du moins, rien dire qui soit compréhensible pour notre « France de Guy Lux ».

Le plaisir de comprendre est un sentiment que les directions et rédactions en chef sous-estiment toujours : il n'est pas vrai que les gens se satisfassent de leur exclusion culturelle, qu'ils refusent tout enrichissement personnel. Cette affirmation n'est qu'un postulat commode pour justifier la paresse et l'élitisme. Si l'on réussit à établir la communication, on voit se révéler une formidable soif d'apprendre et de comprendre. Mais il faut se mettre de plain-pied avec le public qui ne vient pas spontanément au-devant de l'information.

Des sujets fort ardus peuvent être communiqués par le canal du J.T. au public le plus populaire. Lorsque je tentais ces expériences, je m'entendais bien souvent dire : « Attention, ne visez pas trop haut, vous allez passer au-dessus de la tête des spectateurs. Il faut rester simple, élémentaire, ne pas faire d'intellectualisme. Les gens se moquent des idées », etc. Me l'a-t-on fait, le coup de la « concierge » qui ne comprend pas ci, qui ne s'intéresse pas à ça !

Sotte prétention de nos élites, qui oscillent toujours entre le populisme et l'élitisme. La « concierge », comme ils disent, attend qu'on lui explique simplement les choses. Mais, dès la seconde où elle découvre qu'elle peut comprendre, elle apporte toute son attention. Cette masse indifférenciée est bien un public à révéler et le journal télévisé est réellement un instrument privilégié pour l'atteindre. Encore faut-il accepter de se mettre entièrement à son service et tirer toutes les ressources de cet outil prodigieux — que nous commençons seulement à découvrir.

CHAPITRE XI

LES « BONNES » ÉMISSIONS

Si vraiment le téléspectateur n'en attend qu'un passe-temps divertissant, pas même une communication, comment parler d'une « mission culturelle » de la télévision ? Sans doute perdrait-on toute possibilité d'action culturelle si la télévision ne fonctionnait plus que sur ce mode distractif. Heureusement, nous n'en sommes pas encore là ; malheureusement, c'est une tentation permanente. C'est pourquoi on ne saurait aller contre cette « pesanteur » en restreignant l'usage de la télévision au mode communicatif : il faut, au contraire, prendre la distraction comme une onde porteuse de messages plus enrichissants, et tel est le grand pari des programmes : apporter d'abord au public ce qu'il attend — détente, évasion —, et lui offrir un *plus*. Mais toute tentative pour substituer purement et simplement la « culture » à la « distraction » paraît vouée à l'échec.

Tout le monde s'accorde à réclamer de « bons programmes », ce qui n'a aucun sens. La qualité s'apprécie en fonction d'un public et d'un objectif. Trop souvent, les téléconseilleurs partent d'une certaine idée de la culture, donc de la télévision, pour définir des programmes. C'est poser la conclusion avant l'énoncé, et voilà qui conduit bien vite à l'élito-fascisme. Au départ, il y a un public avec son hétérogénéité, ses habitudes, ses refus, ses désirs ; il s'impose à tous comme la réalité de base, certes mouvante et qu'il convient de faire évoluer, mais une réalité vivante, qu'on ne saurait esquiver. Ce réalisme ne s'oppose pas au volontarisme : bien au contraire, il le rend possible. C'est son oubli qui mène à l'utopie et condamne à l'impuissance.

La population française se répartit, nous le savons, en une France cultivée et une France « hors culture », distinction qui se retrouve chez les téléspectateurs. Avec des nuances. Il est en effet très difficile de décrire ces millions de personnes qui forment le public de la télévision, et il convient d'abord de s'en tenir à des constatations quantitatives. Certains regardent beaucoup et d'autres moins. Comment se présente la situation de ce point de vue ?

En moyenne, le Français regarde la télévision *deux heures et quart chaque jour.* Cette assiduité varie, en outre, d'une catégorie à l'autre. Première règle : plus on est âgé, plus on regarde : deux heures pour les jeunes, près de trois heures pour les personnes âgées. Deuxième règle : moins on accède à la culture traditionnelle, plus on regarde. Les cadres supérieurs, membres des professions libérales et gens d'éducation supérieure, ceux-là mêmes qui forment la « France cultivée », regardent généralement moins de deux heures ; les agriculteurs, manœuvres et gens d'éducation primaire, consacrent près d'une demi-heure de plus au petit écran.

Ces écarts, rendus assez prévisibles par les pratiques culturelles de chacun, font pressentir la différence d'attitude existant entre ceux qui regardent régulièrement un programme et ceux qui choisissent spécifiquement des émissions.

La classification la plus intéressante concerne le choix des émissions. Elle est très délicate à effectuer, la principale difficulté résidant dans un décalage très net entre les désirs exprimés et les pratiques observées. C'est une constante de ce genre d'études, en France comme à l'étranger, et qui est lourde de significations. Les téléspectateurs disent vouloir certaines choses et vont en regarder d'autres. Examinons ce phénomène avant d'en tirer les conséquences.

Le ministère de la Culture et de la Communication a demandé au C.E.O., en 1978, d'étudier le processus de choix des émissions. Que ressort-il de cette enquête ? On est d'abord frappé par la prépondérance du « mode distractif » sur le « mode communicatif ». Les téléspectateurs, constatent les auteurs du rapport, ne sont plus en mesure de donner le titre d'émissions regardées quelques jours auparavant, ils doivent faire effort pour dégager un détail précis de souvenirs très flous. Les erreurs sont fréquentes. Il s'agit donc bien d'un flux d'images qui traverse l'esprit en produisant des sensations agréables, mais sans véritablement y inscrire d'informations. Ainsi disparaissent de nos mémoires les menus de nos repas quotidiens.

Toutefois, cette recherche d'une évasion divertissante n'entraîne pas une indifférence au contenu, une absence de préférence. S'il ne cherche pas une véritable communication, le téléspectateur n'en plonge pas pour autant dans l'hébétude. Il attend plus qu'un sentiment anonyme ou un bercement audiovisuel. Au passe-temps télévisuel, on demande une certaine « qualité ». Tout reste pourtant subordonné à cette fonction première : le divertissement. C'est, disent les auteurs du rapport, une « vocation spontanée » reconnue à la télévision, elle doit d'abord « détourner du quotidien posé comme une suite d'épreuves, faire oublier les soucis ».

Nos élites ne manqueront pas de s'en désoler, mais n'est-ce pas naturel ? Avant de posséder un téléviseur, la masse des Français cherchait à se distraire plus qu'à se cultiver ; par quelle grâce l'apparition de cette boîte bourrée d'électronique aurait-elle changé leurs dispositions ? On sait d'ailleurs que les détracteurs du divertissement sont généralement les premiers à regarder des « westerns idiots »... pour se reposer, bien évidemment.

Toutes les enquêtes de motivation font donc apparaître, en première place, le désir de se distraire ; en achetant un téléviseur, les Français ne veulent ni s'instruire, ni s'éduquer, ni se cultiver, ils veulent s'amuser. Et si l'amusement qu'on leur propose est stupide, il faut s'en prendre aux amuseurs, non aux spectateurs.

Cette exigence première bien posée, le téléspectateur va en formuler d'autres. Lors de l'éclatement de l'O.R.T.F., une enquête menée sur les fonctions de la télévision fit émerger spontanément les notions d' « enrichissement » et d' « information », juste derrière celle de « divertissement ». Il en est allé de même avec le questionnaire fermé de 1979 dont le thème était : « Que recherchez-vous avant tout à la télévision ? » « Une distraction » obtient 85 %, « un moyen d'information » 72 %, « un moyen de culture » 41 %.

Ces résultats doivent être interprétés avec la plus grande prudence. Dès lors que les « sondés » peuvent donner plusieurs réponses, on ne voit pas pourquoi ils n'ajouteraient pas culture et information à distraction ; d'autre part, ces réponses valorisantes ne les engagent à rien. Si on leur disait : « Désormais, vous ne verrez plus que des programmes correspondant aux réponses que vous allez donner », le résultat serait peut-être différent. N'oublions pas non plus que ces sondages mêlent la France cultivée et l'autre ; les réponses seraient moins satisfaisantes si l'on n'interrogeait que la « France de Guy Lux ».

Passons du général au concret. Quels sont les genres favoris du public ? On peut d'abord enquêter sur l' « intérêt » déclaré pour différents types de programmes ; c'est ce qu'a fait le C.E.O., obtenant le classement suivant :

Films : 90 %
Journaux télévisés : 83 %
Reportages, magazines : 75 %
Variétés : 69 %
Débats : 67 %
Émissions scientifiques : 63 %
Feuilletons, séries : 61 %
Jeux : 59 %
Retransmissions théâtrales : 53 %
Dramatiques : 53 %
Émissions sur l'histoire : 53 %
Retransmissions sportives : 47 %
Émissions sur les livres : 33 %
Émissions sur les arts : 26 %
Concerts, opéra : 17 %.

Les pourcentages correspondent au total des réponses témoignant d' « assez » et de « beaucoup » d'intérêt. Dans l'ensemble, ces résultats sont très favorables à une télévision de qualité. Mais n'est-ce pas trop beau pour être vrai ?

Notons d'abord une certaine différence entre la hiérarchie des indices d'intérêt et celle des indices de satisfaction. En effet, lorsqu'on demande aux téléspectateurs s'ils sont satisfaits des émissions de ce genre qui passent à la télévision, on obtient l'ordre suivant :

Journal télévisé : 71 %
Reportages, magazines d'actualité : 68 %
Films : 65 %
Jeux : 61 %
Émissions scientifiques : 58 %
Débats : 56 %
Variétés : 54 %
Retransmissions sportives : 54 %
Feuilletons, séries : 53 %
Retransmissions théâtrales : 51 %
Dramatiques : 50 %
Émissions sur l'histoire : 48 %
Émissions sur les livres : 41 %
Émissions sur les arts : 27 %
Concerts, opéra : 24 %

Le cinéma perd sa très nette suprématie. Les gens sont attirés par les films, mais savent qu'ils risquent d'être déçus. Ainsi *l'Aile ou la cuisse,* avec ses 52,5 % d'audience, n'eut qu'un médiocre 9,5/20 en indice d'intérêt. En revanche, la satisfaction profonde qu'apporte l'information télévisée est égale à l'intérêt qu'elle suscite. Quant aux variétés, elles ne semblent pas toujours répondre à l'attente du public, plus attiré que satisfait par ce genre.

Mais le véritable décalage se situe entre ces goûts affirmés et les pratiques réelles. Voici, par exemple, l'écoute moyenne par genre sur TF 1 à 20 h 30 en 1978 :

Sports : 29,6 %
Films : 25,1 %
Théâtre : 18,6 % (*Au théâtre ce soir* pour l'essentiel)
Variétés, divertissements : 16,8 %
Séries, feuilletons : 15,6 %
Jeux : 14,2 %
Téléfilms : 12,5 %
Information-magazines : 8,7 %
Arts, culture, technique : 5,4 %

Rien à voir, on le constate, avec les classements précédents. Les magazines d'information, si fort prisés en théorie, sont complètement délaissés en pratique. Le vendredi soir, le public se répartit à raison de 23 % sur TF 1 pour *Au théâtre ce soir,* 21 % sur Antenne 2 avec son feuilleton, et seulement 4 à 5 % sur FR 3 qui offre un excellent magazine d'information, *le Nouveau Vendredi.* Dès que l'on considère la télévision *regardée,* et non pas seulement souhaitée, on voit le divertissement afficher une écrasante suprématie, avec le cinéma, le sport, la fiction, les jeux et les variétés.

Que signifie un tel décalage ? Que les Français savent bien, au fond d'eux-mêmes, qu'il existe de « bonnes », émissions et d'autres moins riches de contenu ; qu'ils souhaitent, lorsqu'ils y pensent, regarder les premières autant que les secondes ; mais qu'à l'instant du choix, la facilité l'emporte.

Comment les Français choisissent-ils leurs programmes ? L'enquête du C.E.O. montre que les téléspectateurs tendent à élaborer spontanément leur grille et leur classement, en regroupant les émissions par catégories, au détriment de leur spécificité. Il y a « des films », « des pièces de théâtre », « des magazines », « des variétés »... C'est ainsi que, dans la catégorie *Dossiers de l'écran,* qui va l'absorber, le film se dépersonnalise. A travers ces genres, les téléspectateurs identifient de grands thèmes : animaux, médecine, histoire, etc.

Sur ce premier classement va se plaquer ensuite une grille de valorisation aux références très simples : « distrayant », « pas distrayant », « barbant », d'une part ; « intéressant », « inintéres sant », de l'autre. Or, constatent les auteurs, « d'une façon générale, il semble bien que le distrayant s'oppose à l'intéressant : sous ces deux termes s'opposent de façon évidente, pour les interviewés, le superficiel et le profond, le léger et le grave, la facilité et l'effort, etc. Ce qui revient, le plus logiquement, à placer la culture, au sens large, en opposition à la distraction : que la culture soit distrayante est un énoncé d'intellectuel... C'est comme cela, d'ailleurs, que c'est demandé ou refusé. »

Les réticences face à la culture sont ainsi entretenues par l'idée — pas toujours fausse, hélas ! — qu'elle exclut la distraction. C'est le vide, l'insignifiance, l'absence de tout contenu qui paraissent être le gage d'un véritable divertissement ; à l'opposé, tout enrichissement, toute acquisition paraissent demander un effort et, en conséquence, réduire le plaisir du spectacle.

En fait, la situation est plus ambiguë encore. Car le spectateur n'intègre pas dans son raisonnement le plaisir d'apprendre, de découvrir, de s'enrichir. Il tend à voir l'effort plus que la gratification. Celle-ci s'apprécie « au coup par coup », elle se globalise difficilement, alors que la perte de distraction est ressentie comme une constante de la culture.

Lorsque le téléspectateur pense « culture », il se réfère le plus souvent à une conception très traditionnelle : celle de « capital culturel ». Une « télévision culturelle » sera celle qui diffusera les grandes œuvres du répertoire : romans, pièces de théâtre, œuvres musicales, ballets, chefs-d'œuvre des musées et de l'architecture... Encore ce capital est-il limité à sa partie classique. Ainsi la masse des téléspectateurs attend-elle d'une télévision culturelle que celle-ci les fasse entrer en possession de l'héritage culturel du pays. Cette conception s'inscrit assez bien dans la tradition de l' « instruction publique » : c'est une demande « sociale et socialisante (participer d'un bien commun) autant qu'individuelle (se cultiver) ».

D'une telle culture, on ne saurait espérer un bien grand plaisir d'écoute. Ce n'est pas un devoir, mais presque. L'idée d'un enrichissement personnel se trouve donc effacée. Elle ne se manifestera qu'après la réception de telle ou telle émission. C'est alors que le téléspectateur constate, souvent avec un étonnement heureux, qu'il a découvert certaines choses et qu'il en est satisfait.

J'ai parlé abusivement du « public ». Il est clair que les trente-huit millions de téléspectateurs adultes ne se comportent pas de la sorte et qu'il faudrait pouvoir distinguer, dégager une typologie, comme disent les spécialistes. Rien de moins aisé, mais il vaut la peine d'examiner les premières études effectuées : leur résultat est plutôt encourageant. Tout serait perdu, ou presque, s'il existait bel et bien deux France définitivement séparées, avec un *no man's land* entre elles.

Plusieurs tentatives de regroupement par grandes catégories ont été faites, qui reviennent toutes à distinguer les amateurs d'émissions « intellectuelles » — parmi lesquels, évidemment, notre France cultivée —, le public de la distraction populaire, qui ne fréquente pas la télévision culturelle et où l'on retrouve en grand nombre les ouvriers, agriculteurs, employés et personnes d'éducation primaire, puis des groupes intermédiaires qui s'avèrent plus éclectiques. La classification établie par J. Sousselier les caractérise ainsi : « Ce groupe est ouvert au plus large éventail de programmes : il aime presque tout, non seulement les émissions populaires (films, feuilletons, variétés, jeux), mais aussi les émissions médicales ou scientifiques, les débats et les magazines politiques. Il ne rejette que les émissions qui se réfèrent à une culture de type " traditionnel " (émissions littéraires ou musicales, films d'art ou d'essai). En pourcentage, les habitants des communes rurales et des petites villes, les personnes âgées et les retraités, celles qui ont un niveau d'instruction correspondant à la fin de la scolarité obligatoire sont plus représentés dans ce groupe que dans l'ensemble de l'échantillon[1] ».

Il s'agit donc d'une France qui n'est pas celle de l'élite et qui paraît ouverte à une certaine culture pour peu qu'on se donne la peine de la lui rendre accessible. Mais il ne faut pas se faire d'illusions : on raisonne, là encore, sur des goûts affirmés, non sur des écoutes effectives. N'oublions pas que, pour les émissions de fiction en particulier, on trouve un échantillon d'audience assez comparable à celui de l'ensemble de la population : les téléspectateurs les plus exigeants sur le plan culturel sont aussi de gros consommateurs de films et de feuilletons.

Tel est donc ce public : vous et moi, en fait, si nous voulons bien délaisser un instant nos bons propos et regarder à froid nos propres comportements. En fonction de ce public, quel pourra être l'objectif d'une télévision ?

Je suis convaincu qu'il faut le définir en fonction de la « France de Guy Lux ». Pour les programmes aussi bien que pour le journal, et pour les mêmes raisons. La France cultivée trouve en dehors de la télévision ses moyens de culture, en sorte que le téléviseur ne fait jamais que s'ajouter pour elle au disque, au livre, au quotidien, etc.

---

1. J. Sousselier, « Études sur les attitudes du public à l'égard de quelques émissions de télévision », *Télévision et Éducation,* n° 72, cité par Michel Souchon.

Qu'il lui apporte ou non une véritable satisfaction n'est pas essentiel. En revanche, c'est par le petit écran que passe, presque exclusivement, l'enrichissement culturel de l' « autre France ».

A cette première raison s'en ajoute une seconde, encore plus importante : les émissions sont infiniment plus difficiles à réaliser quand on vise un public populaire plutôt qu'élitaire. Certes, on peut satisfaire à bon compte la « France de Guy Lux » : il suffit de l'attraper « par le bas ». Tout directeur de chaîne sait obtenir des sondages flatteurs en multipliant les films, les séries américaines, le sport, les jeux, les variétés et les vaudevilles. Mais dès que l'on prétend enrichir le contenu de programmes destinés à un très vaste public, on bute sur des difficultés considérables, qui n'ont été parfaitement résolues nulle part et qui, sans doute, ne peuvent pas l'être.

En comparaison, la réalisation de programmes destinés à un public élitaire apparaît extrêmement aisée. Quand on s'affranchit des servitudes liées à la satisfaction du plus grand nombre, que l'on travaille pour des connaisseurs ou des initiés, les « bonnes émissions » se font tout naturellement. Pour tout dire, il est impardonnable de ne pas atteindre une grande qualité dès lors que l'on accepte un faible taux d'écoute.

Ainsi, que l'on considère le rôle social de la télévision ou les difficultés particulières de la création, il est clair que tout l'effort doit porter sur les programmes destinés au grand public. Ce choix n'implique aucune condamnation des émissions de recherche, plus difficiles d'accès, plus riches de contenu. Il est souhaitable que des publics spécialisés trouvent des programmes à leur convenance et qu'ils ne soient pas systématiquement contraints de veiller jusqu'à minuit pour y assister. Mais la valeur de ces émissions et la satisfaction de ces téléspectateurs ne peuvent en aucun cas tenir lieu de justification. La télévision doit être jugée d'après ce qu'elle apporte à la « France de Guy Lux », pas à celle des professeurs.

On ne peut, bien sûr, cloisonner la production télévisée entre « grande » et « petite » écoutes. Il existe aussi, et c'est fort heureux, toutes les situations intermédiaires : la plage la plus intéressante est précisément celle que cernent les taux de « moyenne » écoute. A 2 ou 3 %, on reste limité au public spécialisé, au-delà de 15 à 20 % on a affaire à une masse presque impossible à appréhender ; mais, entre 5 et 12 %, on peut mordre sur ce public intermédiaire et l'attirer vers des émissions qui dépassent largement le simple divertissement.

Mais que prétend-on apporter « en plus » de la distraction ? Là encore, il convient de se montrer modeste. La télévision n'est pas l'université, pas même l'école ; elle n'a pas pour mission, à elle seule, de cultiver le pays. Ceux qui rêvent de créer une société de haute culture par la seule grâce de la télévision partagent, à leur façon, le mythe de l'écran magique. Tout ce que l'on peut espérer, c'est introduire dans le divertissement télévisé quelques « virus de culture » donnant aux téléspectateurs des envies, des curiosités, des désirs, des besoins, des impressions de manque, qui devraient logiquement les éloigner un peu de leurs récepteurs ou du moins les orienter vers des émissions de plus complète communication.

La télévision ne saurait prétendre s'identifier à la culture. Mais elle peut être une ouverture, susciter un appétit d'enrichissement, stimuler chez le téléspectateur la découverte de nouveaux centres d'intérêt. Or cet objectif, si modeste, est déjà prodigieusement ambitieux, la tendance naturelle de la télévision allant précisément en sens contraire lorsqu'elle favorise la fuite, la déconnexion, l'absence de curiosité personnelle, le refus de l'acquisition active. C'est un véritable tour de force que de vouloir faire naître la soif à l'aide d'une fontaine qui désaltère en permanence...

Le système E.P.M. ne donnant rien, il faut remettre en cause son principe même, à savoir la division divertissement/culture, qui recoupe la division grand public/écoute confidentielle. Les choses ne sont peut-être pas aussi figées, laissent ouverte une certaine marge de manœuvre. Un examen plus précis de la réalité montre qu'à l'intérieur d'un même genre, toutes les émissions n'ont pas le même contenu, ne bénéficient pas de la même écoute.

Considérons d'abord le contenu. On n'a aucune peine à prouver que le genre « film » ne veut rien dire : on trouve dans la même valise les plus rares chefs-d'œuvre à côté des plus grossiers navets. Au demeurant, ce sont les téléphobes de haute culture qui ont le plus contribué à faire du cinéma « le septième art » et qui fournissent aujourd'hui les gros bataillons de cinéphiles.

Impossible, donc, de ranger brutalement le film dans la « distraction », au sens péjoratif du terme. En fait, c'est toute la fiction qui oscille entre le meilleur et le pire selon les cas. Certes, il s'agit toujours d' « évasion », mais il est des évasions qui nous rapprochent du réel. *Holocauste* n'en est qu'un exemple parmi bien d'autres. La « soirée cinéma » ne doit pas être classée « culture » ou « rigolade » indépendamment de son contenu. Il n'y a que des cas particuliers, avec, hélas, une tendance dominante : la fiction est le plus souvent mise au service de la pure distraction.

Il en va de même pour tous les autres genres. Certaines variétés ne sont que divertissement vulgaire, stupide et sans intérêt, c'est vrai. Mais la chanson est aussi la seule forme vivante de la poésie contemporaine, la seule à avoir échappé à l'hermétisme forcené de notre époque. Et n'est-ce pas en faisant des « variétés » que Jean-Christophe Averty a défriché les voies d'un nouvel art « téléctronique » ? Et ne peut-on varier un peu ces « variétés », si monotones, ainsi que sait le faire un Jacques Chancel ? Rien n'autorise donc à classer ce genre dans le divertissement inintéressant.

Même démonstration pour les jeux. Il en est d'idiots, d'infects même, lorsqu'ils misent trop sur le hasard et l'argent, ou tendent à mystifier le public et les concurrents ; mais il en est aussi d'excellents. *Des chiffres et des lettres* constitue une véritable leçon quotidienne de « français sans peine ». Il en va de même pour les jeux de 20 heures sur FR 3. N'est-il pas extraordinaire de faire transiter par la télévision distractive des exercices qui, en dernière analyse, auraient plutôt leur place à la télévision scolaire ? Or ces jeux pour classe de français ou de calcul bénéficient d'une énorme écoute, variant entre quatre et sept millions de spectateurs !

S'il n'est donc pas de genre condamné à la bêtise et à la vulgarité, il n'en est pas non plus d'abonné à un taux d'écoute déterminé. D'un film à l'autre, le pourcentage peut passer de 10 à 50 %. Même constatation pour les émissions politiques : Barre-Mitterrand atteint 40 %, Fourcade-Marchais 18 %, mais les sermons de la campagne pour les élections européennes stagnent entre 5 et 8 %. Dans le genre littéraire : on a vu toutes sortes d'émissions — *Pleine page, Livres en fête, le Livre du mois* — se traîner autour de 1 %, tandis qu'*Apostrophes* se promène entre 6 et 10 %. Les émissions musicales connaissent généralement une très faible écoute, mais *Mireille* a atteint 10,5 %, *Carmen* 9 %, la *Huitième Symphonie* de Beethoven 8,4 %, la *Cinquième Symphonie* de Mahler 5,7 %. Décalage encore plus frappant avec le théâtre où une retransmission de *Mesure pour mesure* n'atteint que 2 % alors que les vaudevilles de *Au théâtre ce soir* attirent un public dix fois plus important.

On ne saurait donc lier genre-contenu et audience. Il est vrai que, trop souvent, les variétés sont faites de faux clinquant et de vraie vulgarité ; les jeux de culture-toc et de gaieté-tic ; les feuilletons de films ratés, les vaudevilles de bourgeoiseries louisphilippardes, etc. Mais il ne faut pas confondre facilité et fatalité. C'est la règle du moindre effort, l'appel de la plus grande pente qui font dégénérer la télévision distractive : a priori, on obtient plus aisément une écoute importante en ne se souciant pas d'ajouter un contenu à la distraction.

Il est naturellement facile de satisfaire le grand public avec de l'insignifiance et d'offrir, d'autre part, la qualité à un public restreint, bref, de s'abandonner au système E.P.M. C'est la combinaison des deux exigences qui devient difficile.

On peut imaginer deux voies pour dépasser le système E.P.M. La première, c'est l'élargissement du public ; la seconde, l'enrichissement des émissions.

Dans le premier cas, on part de genres réputés difficiles et à faible audience — « quoique dignes d'intérêt » : postulat de base pas toujours vérifié — et l'on s'efforce de leur gagner un plus vaste public. L'exemple de la littérature ou de la musique prouve que ce n'est pas impossible : on ne saurait espérer atteindre les audiences des films populaires, mais on peut largement dépasser le cercle des initiés.

Autant la fameuse théorie des publics spécialisés est fausse, autant celle des publics élargis me paraît fondée. On aura beau multiplier les émissions à 2 %, on ne mordra jamais sur la « France de Guy Lux ». En revanche, dès qu'on entre dans la tranche des 5 à 15 %, il est permis de penser qu'on attire une partie de ce non-public. Certes, on n'intéressera guère qu'un million de téléspectateurs sur les vingt millions potentiels, mais c'est déjà fort appréciable et la multiplication de telles expériences finit par constituer une véritable éducation populaire.

L'élargissement de l'audience se gagne au prix de concessions. Les gens qui n'avaient jamais regardé d'émissions littéraires et qui sont venus à *Apostrophes* ont d'abord été attirés par les prises de bec entre auteurs, non par le désir de découvrir la littérature. A quoi bon le nier ? De même, les auditeurs de *Mireille* et de *Carmen* en ont davantage recherché le côté « opérette » que l'aspect « grande musique ». A ce stade, les intégristes sont fondés à dire qu'on a élargi le sujet plus que le public. La télévision n'a pas sensiblement contribué à augmenter le nombre des lecteurs et des mélomanes. Mais elle a fait sauter la barrière des genres. C'est énorme. Certaines personnes, pour la première fois, n'ont pas tourné le bouton à la simple annonce d'une émission littéraire ou musicale.

Ce premier pas en appelle d'autres. Seule une politique suivie sur des années peut conduire ce nouveau public à pénétrer progressivement dans le monde de la culture. L'expérience prouve que ce n'est nullement infaisable. Parmi les téléspectateurs qui suivirent les émissions sur Albert Cohen ou Marguerite Yourcenar, il y en avait sans doute beaucoup qui, initialement, avaient regardé *Apostrophes* pour assister à de belles empoignades. De même peut-on amener un public de l'opérette à l'opéra-comique, puis à Mozart. Et n'est-il pas réconfortant de constater que la musique réunit aujourd'hui des publics aussi importants qu'aux retransmissions de cath il y a dix ans... lesquelles, d'ailleurs, n'ont plus grande audience. L'exemple le plus frappant nous est donné par *Au théâtre ce soir.* 23 % de téléspectateurs se trouvent donc fidélisés sur le vaudeville du vendredi soir. Impossible de passer des comédies contemporaines plus consistantes : elles n'existent pas. C'est alors que TF 1 a décidé d'utiliser périodiquement cette case pour diffuser une représentation de « grand théâtre » ou un concert. Ainsi, sur cinquante-deux vendredis de 1979, trente-quatre seulement ont été consacrés au vaudeville. Les autres retransmissions theâtrales ont obtenu une audience moyenne de 12 %, avec *la Mouette* 7 %, *les Fourberies de Scapin* 12 %, *l'Avocat du diable* 12 %, *Lucrèce Borgia* 13 %. Or de telles pièces, diffusées en dehors de cette case privilégiée, ne peuvent espérer que 4 ou 5 % d'écoute. Grâce à une politique suivie de programmation, le vaudeville peut servir de locomotive pour attirer un public populaire vers un théâtre de meilleure qualité. Mais l'expérience risquerait de tourner court si l'on supprimait le rendez-vous traditionnel de distraction ou si l'on diffusait un théâtre d'avant-garde.

Il en va ainsi pour la science. L'astronautique n'est pas le meilleur terrain pour initier le public à la science. Du moins offre-t-elle une occasion de présenter une explication scientifique à des téléspectateurs qui, jusque-là, ne se sont jamais sentis concernés. Un « suivi » de l'information scientifique permet maintenant d'accroître l'audience d'émissions spécialisées.

Mais cet élargissement du public ne saurait se décréter. Rien de plus ardu, en fait, que ces tentatives, et les succès sont rares, en dépit d'essais méritoires. On aura beau diffuser tous les soirs à 20 h 30 des émissions « culturelles », on ne gagnera pas un spectateur supplémentaire. Seule une volonté obstinée et la recherche d' « arguments d'appel » permettront de le faire. Il y faudra des présentations plus spectaculaires, des sujets plus faciles, des traitements plus superficiels, peut-être même une hypertrophie de l'accessoire au détriment de l'essentiel. Nos gens de culture s'en scandaliseront, tant pis.

Il est évident que si, pour attirer un large public à la science, on commence par chanter les mérites de l'astrologie, tout est perdu. Il vaut mieux ne rien faire. Mais, dès lors qu'on reste sur la bonne voie, qu'importe le recul par rapport à l'objectif ! Le tout est qu'ensuite le mouvement soit progressif, bien accompagné.

La deuxième solution consiste à enrichir le contenu des émissions de grande écoute. Nous savons que la fiction sous toutes ses formes — films, dramatiques, téléfilms, feuilletons, séries policières, drames historiques, etc. — reste le genre le plus prisé. A de très rares exceptions près, elle seule permet de franchir la barre des 15 % et de toucher véritablement la « France de Guy Lux ». Le grand public aime les histoires et l'Histoire. Cette préférence condamne-t-elle à la médiocrité et l'insignifiance ? Certainement pas.

Toute fiction pourrait s'enrichir et devenir initiation à la réalité. C'est évident pour l'Histoire. Rien n'oblige à donner dans la facilité des intrigues de cour et de cœur. Un Maurice Faillevic, dans *1788,* a su transformer une analyse de la lutte des classes avant la Révolution en une passionnante dramatique qui a obtenu une audience remarquable de 30 %. Du *Zola* de Stellio Lorenzi aux *Samedis de l'Histoire* de Jean-François Delassus, on a vérifié que le goût français pour l'Histoire peut permettre d'éclairer le présent, pas seulement notre passé.

Une intrigue policière offre des possibilités tout aussi riches, comme on l'a vu dans les meilleurs numéros des fameuses *Cinq dernières minutes.* Au fil d'une enquête, on peut faire découvrir un milieu, une réalité socio-économique, ne pas se cantonner au petit monde des gangsters. La vie de certains savants, certains épisodes particulièrement spectaculaires de l'histoire des sciences offriraient également de merveilleux sujets de dramatiques. Les faits divers constituent encore une mine. Voyez *la Mort d'un prof'* qui connut un énorme succès. On trouve dans les réalisations de la télévision française maints exemples prouvant que tout est possible en ce domaine.

Mais il s'agit là d'un art difficile à manier. En France, ceux qui s'y essayent sont trop souvent portés par un saint zèle idéologique qui a tôt fait de transformer un divertissement en pesante démonstration. C'est qu'ils sont redoutables, tous nos faux intellectuels du spectacle qui mettent le talent qu'ils n'ont pas au service des révolutions qu'ils ne feront pas ! Et plus ils se veulent originaux et contestataires, plus ils redoublent de conformisme. Tous les fantasmes à la mode passent dans cet art « engagé ». Les moyens de communication proprement culturelle deviennent ainsi les déversoirs des aberrations du moment. C'est là, bien souvent, que certaines idées justes se transforment en indigestes tartes à la crème. A l'arrivée ne reste plus grand-chose d'exploitable : on se sert éternellement des mêmes canevas, avec les bons d'un côté — c'est-à-dire tous les spectateurs — et les méchants de l'autre : des monstres incarnés par des personnages caricaturaux dans lesquels personne ne se reconnaît. Le théâtre a mal supporté ce messianisme des tréteaux, il ne faudrait pas que le petit écran subisse la même avanie.

Il conviendrait aujourd'hui d'expliquer des vérités plus difficiles que le mal de vivre des bourgeois et le mal-vivre des opprimés, de montrer autre chose qu'une révolution, bonne fille, dispensant à tout le monde des charmes sans lendemains. La démagogie des bons sentiments ne suffira pas à dominer les tempêtes des années 80-90.

Mais le monde du spectacle, au sens le plus large, reflète bien notre société. On y trouve d'un côté nos saltimbanques-idéologues, de l'autre nos saltimbanques-marchands. Ceux qui ne se sentent pas l'absolu besoin d'éveiller la conscience politique des masses ne se soucient que de les divertir. Et l'on tombe de la grande fresque socialo-écologisante au feuilleton cul-cul-gnan-gnan plus ou moins bien ficelé, qui ne laisse au mieux que l'oubli d'une soirée sans ennui.

Si encore le messager était toujours à la hauteur de son message. Mais n'est pas Brecht qui veut ! L'amateurisme joint à la propagande a vite fait de tuer le plaisir du spectateur. Tout passe avec le talent, mais, pour un Jean Ferrat qui ferait chanter ses convictions jusque dans la tête d'un fasciste, combien voit-on de tristes rimailleurs qui découragent même leurs plus chauds partisans ! Pour quelques Lorenzi, Bluwal, Moatti, Faillevic, combien d'auteurs contestataires de patronage !

Il ne faut pas tricher avec le spectateur, lui annoncer un feuilleton historique, une comédie légère ou une série policière, et lui infliger un pesant exposé maladroitement romancé et mis en images. Le public n'adhérera à la « fiction enrichie » que si elle lui procure la même distraction que la fiction pure, que si les réalisateurs qui « veulent dire quelque chose » montrent encore plus de savoir-faire que les meilleurs artisans de la simple distraction.

Cette télévision-là doit s'imposer en concurrence avec le western et les films à grand spectacle. Trop souvent, on entend des producteurs auxquels on oppose de mauvais sondages d'écoute se récrier : « Évidemment, si vous mettez un film en face ! » Argument totalement inacceptable. Ces émissions « enrichies », spécifiquement destinées au plus large public, doivent présenter pour lui autant d'attraits que celles qu'il choisit actuellement. Il s'agit de démontrer que l'insignifiance ou la vulgarité ne sont pas indispensables au plaisir des masses, et non de prétendre culpabiliser cette volonté de distraction. C'est dire que la sélection devrait être impitoyable sur le plan de la réalisation — ce que j'appelle la censure professionnelle —, car toute déception du spectateur risque de le détourner de cette télévision pour le précipiter derechef dans la pure rigolade. Mieux vaut s'abstenir que risquer de décevoir.

Ajoutons que le recours à la fiction peut avoir une extraordinaire efficacité. Quelle meilleure initiation à l'affairisme contemporain qu'un film comme *l'Argent des autres ?* Suivi d'un bon débat, cela vaut mieux que tous les magazines économiques.

Une télévision qui se lancerait tout entière dans une telle politique ne tarderait pas à voir débouler les gros bataillons de l' « idéoculture », toujours prêts à dénoncer comme censure politique le refus de leurs laborieuses productions.

Elle risquerait aussi de voir toute la France constituée déclencher un tir de barrage. Si elle se contentait de reprendre les thèmes à la mode en respectant les tabous, les attaques ne viendraient guère que du pouvoir. Mais elle ne ferait alors que céder au conformisme ambiant. Si elle favorisait une véritable réflexion sur tous les sujets et dans toutes les directions, ce seraient les groupes organisés qui chargeraient à tour de rôle. Les corporations se déchaîneraient contre les émissions qui les montreraient sous un jour peu flatteur, les partis donneraient de la voix aussitôt qu'on porterait un regard critique sur le socialisme ou le giscardisme, l'Église lancerait ses foudres inquisitoriales dès qu'on rappellerait ses turpitudes pas si lointaines, etc.

Il faudrait contenir en amont le flot du conformisme contesta-

taire, en aval celui des récriminations partisanes, et trouver encore
le temps de découvrir des thèmes et des talents originaux. Mais qui
a jamais pensé qu'il serait facile de faire une bonne télévision dans
ce sacré pays de France ?

Pour les gens de télévision, cette recherche du public élargi
risque de se révéler éprouvante. Décevante, même. Elle va faire
éclater un malentendu latent entre leurs désirs et ceux du public,
malentendu qui resta masqué durant le premier âge de la télévision.
C'est là un point essentiel.

Plus ou moins consciemment, les professionnels se sont appro-
prié la télévision, non pas, comme on le croit trop souvent, par
esprit de lucre, mais, pour les meilleurs d'entre eux, par passion de
créer. Ils veulent faire de cet outil un mode d'expression original,
non un simple transmetteur. C'est dire qu'ils n'entendent pas se
contenter de braquer une caméra sur un spectacle qui existerait en
soi, indépendamment de la transmission, mais qu'ils prétendent le
traduire dans un langage nouveau. Créer l'image et pas seulement
la retransmettre. Ambition légitime, car la télévision est effectivement porteuse d'un art nouveau. Même un journaliste, qui n'est
pas un véritable « homme d'images », ressent ce désir et juge une
émission à sa valeur de création.

Malheureusement, ce louable sentiment ne reflète en rien
l'attente du grand public. C'est bien souvent la télévision-transmission, et non la télévision-création, qui fait accourir la « France de
Guy Lux ». La situation des variétés est exemplaire. Le public
populaire demande aux caméras de filmer un chanteur tel qu'on
peut le voir sur scène, et se trouve dérouté par les merveilleuses
mises en images d'Averty.

D'une façon générale, la plupart des émissions de grande écoute
relèvent de la télévision-transmission. C'est d'abord le cinéma, qui
limite la télévision au rôle de télé-cinéma, sans aucune part de
création originale. Le sport ensuite. Certes, sa retransmission
comporte une « mise en images », mais l'événement doit d'abord
être restitué tel qu'il se déroule, indépendamment de la télévision.
Il en va de même pour bien des jeux télévisés et des retransmissions
théâtrales du genre *Au théâtre ce soir*. On fait du télé-théâtre, pas
de la création télévisuelle.

Le meilleur exemple de ce décalage entre créateurs et public est
fourni par les *Dossiers de l'écran*. Véritable institution nationale,
superbement achalandée avec une écoute moyenne de 18 %, c'est

l'émission populaire par excellence. C'est aussi celle qui honore le moins l'art télévisuel lorsqu'elle se borne à transmettre un débat après la diffusion d'un film commercial. Cet exemple montre bien tout à la fois les possibilités et les limites d'une télévision populaire.

Les possibilités sont réelles sur le plan de la fiction : car l'on voit des films de qualité qui obtiennent d'excellents résultats. *Z* atteint 18 %, *l'Honneur perdu de Katharina Blum* 22 %, *Juge Fayard dit le Shérif* 35,5 %, *Racines* 24 %, *Lacombe Lucien* 35 %. Dans tous les cas, le débat qui suit et porte sur des sujets graves, sinon austères, comme la démocratie, la collaboration, la presse ou la justice, atteint des audiences de 7 à 15 %. On est bien là dans le public populaire, alors que l'émission est fort « sérieuse ». Commentant ces chiffres dans *le Matin,* Pierre Chatenier remarque : « Ce que l'on peut retirer de l'étude de ces chiffres, c'est, dans l'ensemble, une très bonne tenue des téléfilms spécialement tournés pour *les Dossiers.* Le temps où l'émission se composait d'un film — plus ou moins bon — généralement décrié par les invités au débat semble maintenant révolu. » La « production télévisuelle » réussit en effet des performances plus qu'honorables sans faire appel au mythe cinématographique. Qu'il s'agisse de téléfilms comme *Service des urgences, B. Quesnay, Mais qu'est-ce qu'on va faire ?* ou de documentaires, tels ceux qui ont été réalisés sur le Cambodge, le procès de Riom, les ordinateurs, on peut réunir des publics de 10 à 20 % sur des sujets importants et qui, traités dans d'autres conditions, risqueraient de paraître rébarbatifs.

Cela posé, la communication populaire reste toujours déroutante et décevante lorsqu'on regarde le bilan des *Dossiers* avec une « certaine idée » de la culture. Si l'on admet le succès des thèmes historiques, on peut être désappointé par celui de sujets plus « racoleurs » comme « Le Triangle des Bermudes » « la Prostitution » ou « la Violence ». A l'inverse, certains échecs paraissent bien injustes. Ainsi, de bonnes émissions sur Liszt, Shakespeare, le maccarthysme, la IVe République, le pétrole, l'Islam, les ventes d'armes ou l'origine du stalinisme n'ont certainement pas eu l'audience qu'elles méritaient. Manifestement, le public populaire réagit de façon affective en préférant les problèmes qui le touchent de près, comme la mort, l'éducation des enfants, les femmes battues, le terrorisme, la violence, à d'autres, moins saisissants ou moins saisissables.

Une série comme *les Dossiers* montre bien que la fiction constitue une excellente locomotive pour faire accepter la réflexion et qu'une émission bien établie peut dépasser la formule qui a fait son succès. C'est ce que réussit Bernard Pivot quand, parfois, il présente un grand écrivain sans débat ou Armand Jammot lorsqu'il utilise un pur documentaire pour lancer une discussion.

Le succès de la formule film + débat a été pleinement confirmé par *l'Avenir du futur,* lancé par TF 1. Depuis des années, les journalistes scientifiques s'efforcent de réaliser des magazines scientifiques clairs, spectaculaires, attrayants. Aujourd'hui, de tels magazines ne peuvent guère espérer réunir plus de 5 % du public. Dans des cas de programmation très favorable, ils atteindront 7 %. C'est le maximum. Ici, les producteurs se contentent de lancer un film de science-fiction — souvent de piètre qualité étant donné le stock disponible. Puis des « savants », se dépêchant d'oublier le film, se mettent en rond pour discuter d'un sujet fort sérieux : l'évolution, le temps, les planètes, les ordinateurs, etc. Débat, parlote radio-filmée, oui, certes : mais l'écoute atteint alors 10 à 12 %. Cette « non-émission » recueille deux ou trois fois plus de public que n'importe quelle véritable émission scientifique ! Mon ami Robert Clarke, qui a mis tant d'excellents magazines scientifiques à son actif, peut donc réunir deux fois plus d'écoute, en présentant ces discussions qu'en réalisant une véritable création télévisuelle. Ingratitude du public vis-à-vis de ses serviteurs !

Même réflexion à propos d'*Apostrophes.* Les fervents de la caméra ne manquent pas de dénoncer la pauvreté de l'émission sur le plan visuel. Pivot ne pourrait-il pas aller surprendre les écrivains chez eux, faire des reportages sur les sujets dont ils traitent ? Sans doute le pourrait-il, d'autres ont essayé. Mais le public n'a pas suivi : il préfère voir « des gens qui causent ».

Qu'en conclure ? Que les professionnels — réalisateurs, cameramen, journalistes, comédiens — voient d'abord la télévision à travers leurs propres désirs. Ils en attendent travail et plaisir : bref, de la création en images. Il va de soi, pour eux, que les téléspectateurs doivent réagir de même et rechercher sur le petit écran des productions d'art télévisuel. Là est le divorce. Le public se moque de l'art télévisuel, il veut voir ce qui lui plaît, c'est tout. Que cela corresponde ou non à une création originale lui importe peu. Ce n'est pas son affaire.

Selon les cas, il souhaitera une simple télétransmission ou bien une véritable télécréation. Et l'on constate qu'il choisit d'instinct le mode d'expression le mieux adapté. Son goût pour les formules film + débat prouve, en particulier, qu'il a parfaitement assimilé les lois de communication. Le film crée un lien direct avec un monde vivant, c'est une promenade dans une réalité concrète qui se suffit à elle seule. Toute explication tant soit peu compliquée semble alors malvenue. C'est trop difficile à suivre. Le téléspectateur n'a pas besoin d'une théorie de l'information pour sentir qu'alors ses capacités de réception sont saturées. Il souhaite donc qu'on le laisse regarder — c'est-à-dire recevoir l'image et le son associé, ne l'oublions pas. Il apprécie le piment d'une intrigue intégrée dans l'image, il redoute l'austérité d'un commentaire surajouté.

Mais, au sortir du film, les questions jaillissent tout naturellement, faisant naître le besoin d'explication. Il souhaite alors que les commentaires soient donnés avec le minimum d'illustrations. Inutile de distraire l'attention dès lors que l'on s'intéresse à la discussion. Ainsi le public a spontanément compris la place relative du film et du commentaire que les téléconseilleurs ont tant de mal à assimiler.

Seuls des téléspectateurs avertis peuvent suivre une démonstration donnée sur un film. Encore faut-il constamment réduire la part du commentaire pour ne pas nuire à la compréhension. Rien n'est si difficile pour le journaliste. S'il « laisse respirer l'image », il aura le sentiment de n'avoir rien dit ; s'il veut tout expliquer, il provoquera une saturation du téléspectateur. C'est pourquoi les émissions « documentaires » sont parmi les plus ingrates à réaliser.

Tous les sondages prouvent que ce genre tend à devenir élitaire. Sa vocation première paraît être d'élargir son audience pour intéresser le public intermédiaire, mais c'est bien la fiction relayée ou non par une réflexion qui doit aujourd'hui assurer la relation — je n'ose dire la « communication » — avec la « France de Guy Lux ».

Par bonheur, la télévision a su faire naître une dramaturgie populaire. On peut le dire sans céder aux vapeurs de la nostalgie ou de l'autosatisfaction qui grisent certaines têtes à l'évocation des « très riches heures de la télévision ». Cette réussite tient du miracle, à une époque où théâtre et cinéma restent prisonniers de l'alternative : ennui ou rigolade. Les réussites prouvent que les équipes existent. Ce qui manque le plus, ce sont les auteurs. Pas seulement les adaptateurs capables de transposer les grandes œuvres du passé, voire des romans contemporains, mais de vrais professionnels écrivant spécifiquement pour la télévision. Ce n'est pas le fait du hasard si l'on trouve si peu d'œuvres originales au tableau d'honneur des feuilletons et dramatiques. Je ne reviendrai pas sur cette carence, si ce n'est pour rappeler qu'elle tient à notre société et non à notre télévision. A cette réserve près que les auteurs sont toujours les parents pauvres, insuffisamment payés, et que ces faibles rétributions ne sont pas faites pour attirer les meilleurs professionnels.

Conséquence logique : la fiction française résiste mal à la concurrence américaine. Il ne suffit pas de dire qu'elle n'est pas la seule pour s'en consoler : mieux vaudrait aller chercher les secrets de la réussite *made in U.S.A.* On ne manque jamais d'évoquer les moyens exceptionnels que mettent en œuvre les producteurs aux États-Unis. Il est vrai que la disposition de ce fantastique marché permet de voir plus grand, d'investir plus généreusement, de pratiquer des prix incroyablement bas : pour le programmateur, la minute de série américaine coûte dix fois moins cher que la minute de dramatique.

Mais il faut avoir le courage de regarder les choses en face. Michel Souchon a constaté que si la fiction d'origine américaine ne représente que 8 à 9 % de la « télévision diffusée », elle constitue 16 % de la « télévision reçue ». C'est dire que les téléspectateurs français ont tendance à préférer ces productions américaines aux émissions françaises. Phénomène grave pour les réalisateurs français. Comment s'explique-t-il ?

Participant à l'un de mes *scénarios du futur*, Jean-Louis Guillaud, P.-D.G. de TF 1, remarquait : « Les émissions américaines ne sont pas faites pour donner des satisfactions aux créateurs, elles ne sont pas faites pour permettre à des talents de s'exprimer. Ce qui ne signifie pas qu'il n'y ait pas de talents à la télévision américaine. Mais une émission, tout comme un film, est conçue à Hollywood comme une opération industrielle reposant sur une étude de marché. Elle est faite pour satisfaire le public et il se trouve que, lorsqu'on a satisfait le public américain, il y a de bonnes chances pour qu'on satisfasse tous les publics étrangers. »

Voilà pourquoi votre fille est muette... Dans la télévision française « signifiante », les critères esthétiques, ceux qu'apprécie l'élite, l'emportent sur les critères de communication, ceux qui concernent le peuple. Situation normale dans la mesure où les créateurs, comme je l'ai montré, cherchent en priorité ce genre de valorisation. Pour peu que les directions aient également besoin d'alibis culturels pour faire taire leurs censeurs, on a vite fait de tomber dans le système « rigolade + E.P.M. ».

S'inspirer des méthodes américaines ne veut pas dire faire de l'américanisme, ce qui reviendrait à pratiquer la politique de Gribouille. C'est, au contraire, lutter contre l'emprise de la culture américaine, mais cette fois de façon positive. On pourrait certes instaurer un protectionnisme total. Certains le préconisent : ce sont en général les « élito-fascistes », qui voudraient également éliminer toutes les émissions de distraction afin de réserver les petits écrans à leurs productions « de haut niveau ».

Une telle fuite devant la concurrence constitue un intolérable aveu de faiblesse, d'autant plus absurde que l'inexorable évolution des techniques fera dans l'avenir sauter toutes les barrières protectionnistes de l'audiovisuel. Que cela plaise ou non, ce siècle ne s'achèvera pas sans que toute la production américaine soit disponible chez nous. Mieux vaut donc se demander pourquoi des producteurs californiens sauraient mieux que des producteurs français intéresser le public de France. Cette suprématie me semble traduire un dysfonctionnement de notre système culturel, non une supériorité économique ou intellectuelle. Dresser des barrières ne ferait qu'aggraver l'élitisme maladif de la communication sociale dans notre pays. Seul remède : obtenir qu'à nouveau « les Français parlent aux Français ».

Il est vrai qu'une télévision de qualité peut coûter cher et que l'évolution se fait en sens contraire. Que le nombre d'heures diffusées a augmenté plus vite que les ressources au cours des cinq dernières années. Les directeurs de chaînes ont donc de moins en moins d'argent pour chaque heure. Mais les limites budgétaires sont loin d'être seules en cause. D'une part, nous avons vu que le public populaire préfère souvent des émissions à petits moyens, genre « débats » ; d'autre part, une émission de qualité n'est pas forcément plus coûteuse qu'un divertissement vulgaire.

J'en prendrai un exemple concret : le théâtre. Notre élite est révulsée par la médiocrité des comédies que présente *Au théâtre ce soir*. Et l'on accable Pierre Sabbagh, accusé de choisir délibérément des navets. La question se pose tout autrement. Cette émission a fidélisé huit millions de téléspectateurs, c'est-à-dire un public essentiellement populaire, qui, toutes les semaines, est heureux de passer une soirée au théâtre. Il souhaite voir des comédies simples, gaies, faciles, distrayantes. Aussi longtemps qu'on reste dans ce genre, il est prêt à regarder ce qu'on lui montre. Or la comédie prête remarquablement bien à la satire, à l'ironie, à la dérision, elle peut être mordante, caustique, démystifiante. Tout le problème est de savoir s'il existe un répertoire contemporain qui réponde à ces critères. Où sont les excellentes comédies qui plairaient au public de *Au théâtre ce soir* et que Pierre Sabbagh refuse de programmer ? J'ai beau faire le tour des colonnes Morris, je ne les vois guère.

De même ne coûte-t-il pas moins cher de programmer dans une émission de variétés un solide chanteur plutôt qu'un de ces « Anglais de Pantin » qui brament dans leur smoking à paillettes ? Mais, là encore, on trouve peu d'artistes assez maîtres de leur art pour séduire le grand public sans donner dans toutes les niaiseries à la mode.

Cessons donc d'imaginer que la télévision va miraculeusement produire un mode de communication populaire qui n'existe pas dans notre société et dont notre élite ne veut pas. On doit plutôt se féliciter de ce qui a été fait depuis vingt ans. Il est réconfortant que, dans un tel contexte socioculturel, la télévision française ait réalisé tant de bonnes émissions populaires. De ce point de vue, il existe bien un décalage entre la France et sa « télé », mais un décalage dans le bon sens. S'il ne s'était pas créé d'équipes nettement déconnectées de nos élites culturelles traditionnelles, nous aurions aujourd'hui deux chaînes « américano-bien-de-chez-nous » et une troisième chaîne « télé-culture » faisant de « l'E.P.M. non-stop »...

Rien n'est possible sans la durée. Ce n'est pas sur une heure d'antenne, ni même sur une saison, que l'on va intéresser le public à de nouvelles émissions. C'est une tâche de très longue haleine où les déconvenues et les échecs sont plus fréquents que les victoires. Il s'agit, ne l'oublions pas, d'une gageure : par la séduction, faire aimer au téléspectateur ce qui, d'emblée, ne le séduit pas.

Mais il reste relativement peu de temps pour gagner cette bataille de la télévision populaire. Dans dix ans il sera trop tard, nous aurons changé d'âge et une telle politique deviendra très difficile à conduire. Peut-être même sera-t-elle tout à fait impossible. Car ce que j'ai dit jusqu'à présent, valable pour la télévision d'hier, l'est encore tout juste pour celle d'aujourd'hui, certainement pas pour celle de demain. Déjà la grande mutation a commencé, on en perçoit les premiers signes : changement des téléspectateurs, mutation des techniques. Notre bonne vieille télévision se meurt. Et ces signes avant-coureurs des temps nouveaux n'ont rien de rassurant. Tout semble indiquer que la révolution audiovisuelle, mal préparée et mal conduite, risque d'entraîner les plus fâcheuses conséquences.

CHAPITRE XII

LES PIÈGES DE L'HYPERCHOIX

Ce fut une rumeur pendant l'année 1979 : les Français regardent moins la télévision. Venant après une décennie d'assiduité constante, la nouvelle pouvait surprendre. Pourtant les sondages indiquaient une certaine diminution du temps consacré à regarder la télévision. Le même phénomène était constaté dans d'autres pays, comme les États-Unis, l'Allemagne ou la Grande-Bretagne. Une telle infidélité au poste n'est pas forcément un mal. Bien au contraire. Car regarder mieux peut conduire à regarder moins. Restait à savoir si les téléspectateurs étaient réellement en train de changer.

Tout compte fait et refait, les choses ne sont pas du tout assurées. Certes, on a connu une baisse de la fréquentation, mais rien ne prouve qu'elle soit définitive ; il semble même que la dynamique se soit inversée à la fin 1979 et au début 1980. N'oublions pas non plus que les plus récents spectateurs, ceux qui ne se sont ralliés à la télévision qu'après des décennies de refus, regardent en général assez peu et font baisser la statistique sans que, pour autant, les gros bataillons de l'auditoire aient varié dans leurs habitudes. Bref, il est encore trop tôt pour parler d'un véritable changement de comportement sur le simple plan quantitatif.

En revanche, il semble qu'on enregistre une évolution dans les rapports entre le public et la télévision : « [...] les téléspectateurs — alors même qu'ils donnent des chiffres d'intérêt élevés aux émissions qu'on leur propose aujourd'hui — sont nombreux à penser et dire que la télévision était meilleure il y a quelques années [...] », remarque Michel Souchon. On voit ainsi se développer le sentiment que la télévision n'a pas pleinement tenu ses promesses. Encore une fois, les sondages quotidiens ne le manifestent guère :

les résultats continuent à montrer que l'écoute est importante et
que la majorité du public est satisfaite de ce qui lui est offert[1]. »
Que peut donc signifier ce désenchantement des téléspectateurs ?

En vérité, il paraît si naturel que l'on peut s'étonner de le voir se
manifester si tard. Le téléspectateur ressent tout d'abord un
sentiment d'accoutumance et de banalisation. Tout paraissait
merveilleux dans les premiers temps. L'apparition de l'image
électronique eut un caractère magique, comme celle de l'éclairage
électrique pour nos pères. Le temps passant, rien ne paraît si
naturel qu'une ampoule et l'on ne remarque plus que les pannes.
De même les passagers ne ressentent-ils plus en avion le fol
enthousiasme qui soulevait les foules lors des premiers vols
transatlantiques.

Certaines émissions « à la bonne franquette » d'il y a vingt ans
passaient fort bien dans l'euphorie de la nouveauté et ont laissé un
excellent souvenir, alors qu'elles seraient jugées sévèrement
aujourd'hui. Michel Souchon a une expression de lucidité féroce, il
parle de « télévision électroménagère ». Il s'agit d'une machine.
banale qui, en elle-même, ne suscite plus aucun émerveillement,
mais dont la clientèle se fait plus sévère.

Il faut aussi compter avec le mythe du « passé béni », si
justement analysé par Alfred Sauvy. Maintenant que la télévision
est trentenaire, sa naissance se confond avec la jeunesse de bien des
téléspectateurs. Or tout ce qu'on a connu dans sa jeunesse se pare
de mille vertus lorsqu'on le considère depuis son âge adulte ou sa
vieillesse. Un individu de cinquante ans, comparant les programmes actuels à ceux d'il y a vingt ans, se jauge lui aussi à vingt années
de distance. Le recul embellit le souvenir.

Dernier élément, mais non des moindres : le téléspectateur est
passé de la chaîne unique aux chaînes multiples, de la carte forcée
au libre choix. C'est un détail que les « grands sachems » des
années glorieuses oublient toujours de préciser et qui a brutalement
modifié toutes les données de la communication télévisée. Il est
vrai qu'à cette époque les sondages d'écoute n'étaient pas nécessaires... et pour cause ! D'autant que le téléspectateur qui venait
d'acquérir son poste ne voulait pas perdre une miette du programme unique.

Heureux temps pour les directeurs, qui diffusaient des émissions
de qualité sans se soucier de la réception ! Il est vrai que *Lecture*

---

1. *Petit écran, grand public,* par Michel Souchon, ouv. cité.

pour tous put toucher un public sans doute plus populaire qu'*Apostrophes,* mais la concurrence de *Au théâtre ce soir* n'existait pas. Ainsi les téléspectateurs regardèrent-ils quantité de « bonnes émissions » qui, pour beaucoup, furent autant de découvertes. Rétrospectivement, ils gardent la nostalgie de ces programmes qu'ils ne choisissaient pas. Et nous savons qu'effectivement les goûts qu'ils affichent correspondent à une telle télévision. Mais nous savons aussi qu'il existe un grand décalage entre les goûts et les choix. C'est la reprogrammation individuelle qui appauvrit les programmes. On retrouve donc là le malaise constaté dans le chapitre précédent. Le public rêve d'une télévision riche et variée — celle qu'on lui imposait autrefois — mais vide de son contenu — celle qu'on lui propose aujourd'hui. S'il ne voit plus ce qu'il regardait il y a dix ou quinze ans, c'est, pour une bonne part, parce qu'il a la possibilité de regarder autre chose et qu'il évite aujourd'hui ce dont, pourtant, il conserve une secrète nostalgie.

Voilà ce que l'on découvre en observant le comportement du téléspectateur depuis qu'il a cessé de subir la programmation pour exercer son libre choix. Le décalage entre les télévisions « diffusées », « disponibles » et « reçues » montre que cette reprogrammation individuelle a systématiquement favorisé la pure distraction, au détriment des émissions culturelles qui s'imposaient dans la période précédente. Bref, l'apparition du choix a appauvri la télévision au lieu de l'enrichir.

Michel Souchon a comparé les télévisions « diffusées » et « reçues » entre 1968 et 1973 : les évolutions sont tristement significatives. Les magazines politiques et d'information représentaient en 1968 6 % des programmes diffusés et 7 % des programmes regardés. Les téléspectateurs privilégiaient ce genre. En 1973, ils ne représentent plus que 5 % des programmes offerts, et pourtant cette part est encore réduite au niveau de la télévision reçue : 4 %. En revanche la part des variétés a régressé dans les programmes, passant de 15 à 13 %, mais elle a augmenté de 15 à 18 % dans la télévision reçue. Les films n'ont augmenté que de 1 % (de 9 à 10 %) dans les émissions proposées aux téléspectateurs, mais ces derniers en ont fait passer la consommation réelle de 15 à 18 %.

Ce phénomène est spectaculairement illustré dans les départements où l'on peut capter Télé-Luxembourg et Télé-Monte-Carlo, dont les programmes sont essentiellement centrés sur la fiction : films et feuilletons. Selon le Centre d'étude des supports de publicité, Télé-Luxembourg réalise, sur les départements de la

Meuse et de la Meurthe-et-Moselle, une écoute moyenne de 16 %, contre 15 % à TF 1, 11 % à Antenne 2 et 18 % à FR 3. Dans le Var et les Alpes-Maritimes, les positions sont les suivantes : Télé-Monte-Carlo 12 %, TF 1 13 %, Antenne 2 18 %, FR 3 26 %. A noter que l'audience de Télé-Monte-Carlo est en constante et forte progression.

Mais il faut comparer ces chiffres à l'audience des trois chaînes sur le plan national telle qu'elle est établie par le C.E.S.P. C'est alors TF 1 qui vient en tête devant Antenne 2 et FR 3. Face à la concurrence des télévisions périphériques, c'est donc FR 3 qui résiste le mieux et passe en tête. L'explication est évidente : FR 3 est la chaîne qui propose le plus de films. Autrement dit, la télévision nationale ne résiste à la télévision privée que dans la mesure où elle offre des films. Il n'y a que le cinéma qui tienne face au cinéma. Le téléspectateur utilise les possibilités offertes par cette quatrième chaîne pour transformer sa télévision en télécinéma et ne plus regarder que des films ou de la fiction sept jours sur sept. La même attitude est révélée par un sondage effectué auprès des Messins avant le câblage de leur ville. 75 % des foyers interrogés ont répondu qu'ils attendaient de ce système en premier lieu un film supplémentaire chaque soir et du football. Ainsi la seule perspective ouverte par un réseau qui doit apporter neuf chaînes de télévision sur les récepteurs est de pouvoir se limiter encore davantage à la fiction cinématographique. Plus la télévision élargit son offre, plus le public populaire restreint sa sélection. C'est une loi implacable. C'est en fonction d'elle qu'il faudra nous interroger sur les techniques à venir.

Cette reprogrammation individuelle, axée sur la distraction pure, est particulièrement accentuée chez les ouvriers, les employés, les agriculteurs et les gens d'instruction primaire. Autrement dit, il existe une dynamique qui pousse la « France de Guy Lux » vers une télévision entièrement distractive et de fiction, qui l'éloigne toujours davantage des émissions culturelles classiques ou des magazines. Plus on offrira un choix ouvert selon l'alternative : « distraction-E.P.M. », plus le public populaire s'immergera dans le rêve ou la rigolade.

Cette attitude du public ne doit pas servir d'alibi pour justifier tous les programmes et disculper les artisans de la télévision. Il faut également s'interroger sur la nature et la qualité des émissions offertes : si on les considère « objectivement », ne traduisent-elles pas une banalisation généralisée ?

On a progressivement cherché la quantité avant la qualité. C'est que la télévision coûte cher. Trois programmes coûtent trois fois plus qu'un seul. On a multiplié les heures de diffusion sans accroître les budgets dans les mêmes proportions. Il a fallu faire des émissions bon marché. Or la grande fiction populaire de qualité — dramatiques, téléfilms, feuilletons — revient très cher. Il faut donc se rabattre sur le film ou les productions étrangères. Le public tend à regretter les grandes réussites de la télévision française, dont il lui semble retrouver plus rarement l'équivalent dans les programmes actuels, bien qu'il y en ait globalement davantage, mais dilué sur les trois chaînes.

Ajoutons le tarissement sensible de l'inspiration. C'est d'abord vrai pour le stock cinématographique, qui diminue dangereusement. Au rythme où les télévisions consomment les films, il sera bientôt épuisé. On en est déjà réduit à programmer d'indignes stupidités ou à rediffuser pour la énième fois les mêmes chefs-d'œuvre. Que sera l'avenir de la télévision lorsqu'elle ne pourra plus guère puiser dans les trésors de l'industrie cinématographique ? Pour le public, l'accumulation des rediffusions ne peut que donner un sentiment de banalisation déjà inévitable. Or nous entrons dans un véritable cercle vicieux. La télévision, proposant davantage de films, détourne de plus en plus les spectateurs du cinéma. De ce fait, l'industrie cinématographique souffre de langueur et produit de moins en moins. Autrement dit, plus la télévision a besoin du cinéma et plus elle l'étouffe. Cela ne pourra évidemment finir que par un mariage, mais, en attendant, le stock cinématographique ne s'est pas beaucoup enrichi au cours des dix dernières années.

Il risque d'en aller de même au niveau des productions originales. Les créateurs de télévision ont puisé à pleins seaux dans notre héritage culturel. Chefs-d'œuvre de la littérature romanesque et dramatique, grands personnages de notre histoire, œuvres musicales les plus célèbres : ils se sont précipités sur le meilleur, le plus connu, le plus facile. Dans ce domaine, aussi, le gisement va progressivement s'épuiser et le public regretter les grandes découvertes d'autrefois. Comme la pure création reste déficiente, la banalisation risque, là encore, de s'accentuer.

Reste une question beaucoup plus générale. Fondamentale, même. Qu'est-ce que la télévision, quel doit être son rôle ? Poser une telle question à la fin et non au début de ce livre peut sembler tenir du gag. Mais c'est pourtant bien en fonction de l'évolution récente et, plus encore, de l'évolution à venir, qu'il faut l'aborder.

Lorsque Gutenberg inventa l'imprimerie, il commença par imprimer la Bible. Aussi longtemps que la fabrication des livres resta rare et chère, on réserva l'imprimé à des textes qui, à tort ou à raison, étaient considérés comme précieux : le livre ne pouvait offrir qu'un message important par sa valeur esthétique, sa signification politique, etc. Au xviiᵉ siècle, l' « imprimerie n'importe quoi » eût offensé la dignité de la chose imprimée. Aujourd'hui, on couche sur le papier des textes essentiels, mais également l'horaire des chemins de fer, la liste des abonnés du téléphone, les catalogues de vente par correspondance, bref, des messages d'une extrême banalité. Et nul ne s'étonne ou ne s'indigne que le texte imprimé puisse avoir des contenus aussi divers, nul ne pense qu'il devrait être réservé, à l'exclusion des autres, à des messages particuliers.

La télévision suit et suivra une semblable évolution. Lorsqu'elle était toute neuve et qu'elle ne diffusait qu'un seul programme, que le public en attendait encore un émerveillement quotidien, il semblait évident qu'elle ne devait transmettre que de véritables œuvres. Que toute émission devait être un événement. Ce ne fut pas toujours le cas, tant s'en faut, mais le principe en était unanimement admis. A cette époque, d'ailleurs, les émissions étaient concentrées aux heures de spectacle, celles où les familles pouvaient se consacrer au petit écran. Entre la nouveauté du terrain qu'elle défrichait, l'étroitesse de la production qu'elle assurait et l'attente générale du public, on a vécu là une période de télévision heureuse et inspirée.

Il en va tout différemment lorsqu'on multiplie les chaînes et qu'on allonge les programmes. On ne va pas diffuser des créations originales, susciter des événements merveilleux tous les jours de midi à minuit — en attendant la télévision du matin — et sur trois chaînes. Peu à peu apparaissent des émissions d'un autre type, moins fastueuses, moins construites, moins spectaculaires ; plus simples, plus « parlantes », plus habituelles.

De telles émissions peuvent et doivent être de qualité. Mais elles n'auront jamais le prestige des grandes constructions de 20 h 30, faute de bénéficier de budgets équivalents. Le public qui regarde ces programmes leur est souvent très attaché bien qu'il puisse avoir le sentiment que c'est « une télévision au rabais ». Bref, il est inévitable qu'une télévision qui prend de l'âge, qui accroît sans cesse son volume de diffusion, perde de l'éclat et se banalise progressivement.

C'est naturel et c'est indispensable, car la télévision — comment le nier ? — est un piège des plus inquiétants, dans lequel il importe de ne pas tomber. Autant je suis sceptique sur ses possibilités de manipulation et d'endoctrinement qui angoissent tant nos élites politisées, autant je crains l'effet d'accoutumance et de fascination dont on semble si peu se soucier. Utilisée sur le mode communicatif — le mode le plus rare, ne l'oublions pas —, la télévision ne fait guère qu'amplifier les grands courants de la conscience collective : phénomène dont il faut tenir compte, mais qu'il serait absurde d'exagérer. Utilisée sur le mode distractif — son mode principal —, elle peut devenir une formidable source d'aliénation pour l'individu et constituer l'une des grandes menaces que la technique moderne fait peser sur l'homme.

Cette puissance non informationnelle me paraît d'abord tenir à la fascination de l'image. Lorsqu'un livre nous paraît sans intérêt, nous disons qu'il « nous tombe des mains » et, de fait, nous en abandonnons la lecture. Il faudrait prendre sur soi pour le terminer. A l'inverse, nous nous surprenons bien souvent à éteindre le téléviseur à la fin d'une émission en concluant : « C'était complètement idiot ! » Sans doute, mais nous l'avons regardée jusqu'au bout. Alors même que le programme ne paraît pas bon sur le seul plan de la distraction, il faut encore faire effort pour se lever et cesser de regarder. C'est le contraire même de la lecture. Dans un cas, il faut se forcer pour arrêter, dans l'autre pour continuer.

A l'évidence, l'image est en soi suffisante pour capter une certaine attention. Il n'est pas besoin qu'elle apporte quelque chose de plus qu'elle-même. Au contraire, nul ne prend plaisir à lire un texte sans intérêt. La différence tient évidemment à la nature du message : l'écrit demande une participation active de l'esprit, un effort constant pour être perçu comme autre chose qu'un enchaînement de signes ; l'image, au contraire, s'impose comme un tout. Elle existe indépendamment de tout travail intellectuel, il suffit de la laisser nous pénétrer. C'est l'opposition cent fois constatée entre réception passive et réception active.

De ce fait, l'image télévisée se révèle merveilleusement délassante. Qui n'a éprouvé ce sentiment de détente qu'apporte une émission de pure distraction après une journée fatigante ? Certes, on peut trouver plus noble et plus enrichissant de chercher cette douce euphorie dans la musique, voire dans une promenade, mais ce besoin d'aller « planer » ailleurs pour se décrasser l'esprit est parfaitement sain. Il n'est donc nullement choquant d'utiliser l'image électronique pour ce faire, et c'est même une fonction naturelle de la télévision, que d'offrir ce genre de service.

Le danger vient de ce que l'image, à la différence des autres distractions, provoque très facilement un effet d'accoutumance. Constamment utilisée sur ce mode, elle agit comme une drogue. L'esprit s'habitue à ces évasions jusqu'à en ressentir constamment le besoin tandis que, dans le même temps, certaines facultés intellectuelles tendent à s'émousser. La lecture, les sorties, toutes les activités qui exigent une participation active deviennent de plus en plus difficiles, de plus en plus rébarbatives.

Ainsi le téléspectateur qui ne faisait que se délasser de temps à autre commence à vivre sous influence. C'est bien d'une toxicomanie dont il faut alors parler. Elle est d'autant plus dangereuse qu'elle absorbe tout l'individu. L'auditeur qui écoute sa radio toute la journée peut cependant poursuivre certaines de ses activités ; le spectateur, lui, est rivé à son poste.

Cette accoutumance n'a rien à voir avec les manipulations idéologiques redoutées par certains. Il s'agit bien d'un « massage », selon l'expression de McLuhan, mais ce n'est nullement un message, car le contenu informationnel est à peu près nul. Cette boulimie d'images correspond même à une non-assimilation des informations. Elle est dangereuse en tant qu'outil d'aliénation, non d'endoctrinement. Le seul effet certain de cette télévision, c'est que, lorsqu'on la regarde, on ne fait pas autre chose et que plus on regarde plus on a besoin de regarder.

Le public le plus vulnérable à cette toxicomanie de l'image est celui qui ne dispose pas de bonnes résistances culturelles. Le gros lecteur, le mélomane, le militant, le sportif, le collectionneur, l'amateur de hobbies se trouvent retenus par leurs habitudes antérieures. Ils utiliseront la télévision dans des buts bien précis : s'informer, se distraire, etc. En revanche, le téléspectateur qui manquait de centres d'intérêt avant de découvrir l'image a toutes chances de se laisser dévorer par la télévision distractive. C'est le public populaire qui est appelé à devenir tout à la fois gros consommateur et habitué du mode distractif : bref, télétoxicomane.

A cette fascination de l'image vont s'ajouter les effets de la structure de programmation. De quoi s'agit-il ? La télévision est, en somme, un pourvoyeur de messages audiovisuels. A ce titre, elle peut se comparer à la librairie pour les livres, au kiosque pour les journaux, au magasin pour les disques. Il existe bien une différence, mais elle n'est pas essentielle : c'est que la télévision livre les messages à domicile. Après tout, les abonnés reçoivent également leur quotidien chaque matin. Non, l'originalité radicale de la télévision, c'est la structuration de ses messages dans le temps. C'est tel jour à telle heure qu'il faut regarder telle émission, et ainsi de suite. Les programmes sont proposés, mais les horaires sont imposés. On lit, on écoute comme on veut, quand on veut. On peut passer une nuit sur un bouquin, écouter des disques pendant toute une matinée. Rien de tel avec la télévision : c'est elle qui fixe l'horaire.

De ce fait, elle n'est pas seulement un distributeur d'émissions, elle devient, pour le meilleur ou pour le pire, la référence d'ordres à partir de laquelle s'organise le temps. Elle agit comme une balise de synchronisation, une horloge du quotidien. Cet effet est totalement indépendant du contenu des programmes, et il est capital, quoique généralement ignoré.

Ce caractère n'est pas lié à la diffusion d'images, mais à un certain état de la technique. État qui sera dépassé dans l'avenir, avec des conséquences difficilement imaginables. Mais, pour la télévision actuelle, on sait qu'il faut être disponible à des moments donnés pour regarder des émissions données. Entre des horaires personnels modulables et des horaires de télévision fixes, la vie des Français s'est progressivement synchronisée sur l'horaire des programmes. On vit au rythme de la télévision. Elle est l'horloge qui dit à quelle heure les enfants s'amusent, combien de temps on peut passer au bistrot, à quelle heure on dîne, à quelle heure on se couche, quand on ira se promener... Or cet ordre télévisuel crée une formidable accoutumance. D'autant que ce cycle est modulé sur la semaine, et non pas seulement sur la journée. On sait que tel jour on regarde le film sur TF 1, tel jour les *Dossiers de l'écran* sur Antenne 2. Toute la vie obéit à une série de rendez-vous quotidiens et hebdomadaires. Au tempo du signal vidéo.

Rien à voir avec les autres formes de distraction ou d'activités culturelles. Celles-ci s'organisaient soit par rendez-vous — mais elles étaient exceptionnelles, comme le théâtre, le cinéma, les réunions — ou sans rendez-vous — et elles étaient permanentes :

comme la presse, le livre, les disques, etc. Les unes et les autres venaient s'insérer dans la continuité du quotidien. C'est désormais cette continuité même qui s'insère dans celle des programmes télévisés. L'individu perd la maîtrise de son emploi du temps. Les plus gros consommateurs d'images télévisées ne se contentent pas de regarder la télévision, ils la vivent : les émissions prennent place dans l'existence comme un cycle de besoins, au même titre que les repas, le travail ou le sommeil.

C'est une modulation du temps et une nouvelle forme de sociabilité. Pour les familles, c'est une façon de vivre ensemble, de cohabiter entre conjoints, de nourrir la communication, de relâcher l'agressivité. Pour la société, c'est une référence commune qui remplace la plupart des rituels traditionnels. Nous voici fort loin des grandes ambitions culturelles, mais au cœur même de notre réalité.

Pour des millions de Français, cette structuration du temps intègre la toxicomanie dans un rythme et un style de vie. L'organisation de l'existence autour du programme implique l'abandon des occupations extérieures. L'individu, piégé par les horaires et les images, devient un être spécialisé, un pur téléspectateur. Ayant perdu un certain nombre d'aptitudes, il ne saurait plus vivre sans ce précepteur de comportements que tend à devenir le téléviseur.

Tel est donc ce piège qui, à l'opposé de l'état « supercommunicatif » redouté par certains, plonge l'individu dans un monde irréel et non communicatif, où l'imaginaire se trouve constamment sollicité tandis que la conscience est mise en veilleuse. De ce point de vue, l'image relativement pauvre qu'offre la conversation d'un individu ou un débat est probablement moins favorable à cette échappée dans la pure distraction que celles, plus riches, plus diverses, plus chatoyantes, proposées par les émissions de fiction. La recherche obstinée des films, feuilletons ou dramatiques, traduit ce besoin d'une écoute non informationnelle, celle-là même qui engendre le plus d'effets d'accoutumance. Je ne peux m'empêcher de rappeler ici cet avertissement que donnait Pierre Schaeffer, maître ès télévision, dans un de mes *Scénarios du futur* :

« Je soutiens dans *les Antennes de Jéricho* que l'image rend fou... Que peut opposer à l'image le spectateur assis devant le petit écran ? Il ne va pas se mettre à gesticuler, à vociférer. Il reste là, passif, piégé, saisi par l'image comme un badaud par le spectacle. Je pense qu'il est en quelque sorte mangé, incorporé par le spectacle qu'il regarde. Qu'il ne peut rien lui opposer. »

Voici pourtant que les Français, face à l'ogre télévisuel, semblent se reprendre. Certains paraissent s'en inquiéter ; j'avoue que cela me rassure. Si la qualité de l'écoute pouvait s'élever, ce serait parfait. Ce n'est malheureusement pas le cas. Il semble que le désenchantement corresponde à une lassitude générale plus qu'à une véritable exigence des téléspectateurs.

Ainsi le générateur d'images — appellation qui conviendra mieux à l'avenir que « téléviseur » — est encore bien loin d'avoir rendu tout le temps qu'il dévore inutilement. Il faudrait qu'il devienne l'équivalent d'un livre ou d'une chaîne haute-fidélité. Rien ne paraît plus naturel que de voir un livre fermé, un électrophone éteint ; en revanche, il semble toujours curieux de laisser l'écran vide alors qu'on dispose d'images et de temps pour les regarder. On ne saurait donc confondre usure de la télévision et maîtrise de l'instrument : la première prouve simplement qu'une certaine technique a atteint un seuil, non que le public accède à une nouvelle maturité.

Arrivé là, force est de constater que la télévision n'a pu remplir son impossible mission de culture populaire. En dépit d'efforts méritoires, de succès certains, elle ne pouvait suppléer à toutes les carences d'une société. L'échec était prévisible, inévitable. La multiplication des chaînes n'a fait que révéler les limites des résultats obtenus à l'âge héroïque. En dépit de tous les mensonges pieusement entretenus, c'est bien le système E.P.M. qui est à l'œuvre en France : il devait nécessairement précipiter le peuple dans tous les pièges de la distraction télévisée et de la toxicomanie de l'image. Et ce n'est certes pas en misant sur la lassitude du téléspectateur qu'on l'en sortira, que l'on redonnera à la télévision une fonction culturelle.

Lorsque nos sociétés butent ainsi sur un défi politico-culturel, leur ressource ordinaire est de faire appel au progrès technique. C'est très précisément ce qui va se passer ici. Un prodigieux arsenal est en préparation, qui devrait régénérer la communication télévisée. Télévisions locales, participatives, décentralisées ; communication généralisée de tous les citoyens découvrant enfin le bonheur de l'expression, prises de parole des minorités, des groupements, des associations : que de sornettes idéologiques n'associe-t-on pas à cette illusion technique ! De leur côté, nos brillants ingénieurs chantent les merveilles de tous leurs gadgets qui permettront de déclencher à distance la cuisson du gigot et de louer à domicile des chambres d'hôtel. Autant de pseudo-révolutions qui masquent une menace bien réelle : l'aliénation complète du peuple par un déferlement de technologie incontrôlée. Car la nouvelle télévision, s'installant dans une société toujours aussi élitiste, ne fera que renforcer les perversions du précédent système. A coup de progrès techniques, nous risquons de consacrer définitivement le triomphe du système E.P.M.

Cet arsenal, nous le connaissons : il fait antichambre depuis des années. La technique est allée plus vite que les capacités d'absorption de la société industrielle. On commençait à faire pénétrer la télévision en couleur dans les foyers quand, déjà, de nouvelles machines naissaient dans les laboratoires. Maintenant que le premier marché commence à se saturer, les industriels poussent en avant leurs nouveaux pions : dans la mise en œuvre du progrès technique, l'intérêt du système industriel l'emporte toujours sur l'utilité sociale. Dans ce cas précis, on risque d'apporter plus d'attention à la promotion des machines, dont la production est source d'activité économique, qu'à la réalisation de bons programmes. Mais la nécessité du choix s'imposera inévitablement, car l'arsenal de communication se révélera beaucoup trop riche. Il sera matériellement et économiquement impossible de mettre en œuvre toutes ces innovations. Certaines seront largement développées, d'autres limitées à des applications très particulières, d'autres, enfin, purement et simplement oubliées.

Il est trop tôt pour prévoir quels systèmes se mettront en place et quel rôle leur sera dévolu. On peut néanmoins passer en revue ce grand bazar de l'audiovisuel et s'efforcer d'entrevoir les conséquences de cette révolution technique. N'oublions pas toutefois que l'incertitude règne en ce domaine : on connaît les machines, on devine leur mode d'emploi, on ignore complètement leurs effets.

Nous recevons aujourd'hui en France trois chaînes. Le premier progrès auquel on pense, c'est leur multiplication : quatre, cinq, dix, vingt, trente chaînes, pourquoi pas ? La solution qui vient à l'esprit, c'est le satellite. Non pas le satellite de télécommunication classique qui nous permet de voir des images transmises en direct d'Amérique, mais le satellite de télédiffusion dont nos récepteurs capteraient directement les émissions. Rien que de très réalisable sur le plan technique : de fait, la décision a été prise de faire lancer par la fusée Ariane le satellite de télédiffusion T.D.F. 1. Dès les années 83-85, les images tomberont du ciel directement sur nos téléviseurs. Puis, dans les années suivantes, on verra se multiplier ces émetteurs spatiaux, chaque pays voulant vraisemblablement disposer du sien.

Quel sera le changement pour le téléspectateur ? Disposera-t-il d'un plus grand nombre de chaînes ? Notons d'abord que les premiers vrais bénéficiaires en seront ces malheureux Français mal situés par rapport à la télédiffusion terrestre, qui vivent encore dans les « zones d'ombre ». Ils sont peu nombreux, mais il faudrait aujourd'hui dépenser des fortunes pour que chaque recoin du sol français soit parfaitement accessible aux ondes hertziennes cheminant à l'horizontale. Au contraire, toutes ces régions se trouveront également éclairées dès l'instant où les ondes tomberont du ciel.

Pour le reste, ce bouleversement technique va surtout concerner les techniciens de T.D.F. qui, au lieu de continuer à mettre en œuvre un réseau d'émetteurs terrestres, utiliseront un système d'émission spatiale. Le particulier, lui, devra s'équiper de nouveaux accessoires : antennes spéciales et systèmes de démodulation. Pour prix de sa peine, recevra-t-il une profusion de chaînes ? Certainement pas.

Le satellite émet depuis l'espace et dans l'espace. Quelque effort que l'on déploie pour réduire le faisceau d'ondes, celles-ci se répandent dans l'éther et vont se mêler à d'autres, émises par d'autres satellites. Rien de grave si les ondes n'ont pas la même fréquence. Dans le cas contraire, les signaux interfèrent et l'on ne peut plus recevoir aucun message lisible. Chaque émission doit donc être diffusée sur une fréquence bien précise, et les Etats doivent respecter une stricte discipline dans l'utilisation des ondes hertziennes. C'est d'ailleurs un des très rares domaines où la communauté internationale se soit toujours pliée à une règle générale.

Pour toutes les télécommunications hertziennes, les Etats conviennent d'une allocation des fréquences selon les différents usages et les différents pays. Une plage du spectre, correspondant à cet usage, a été affectée à la télédiffusion, et les pays membres de l'organisation mondiale des télécommunications ont découpé ce « gâteau » entre les États membres. La portion de chacun n'est pas énorme. Elle peut correspondre, en ce qui concerne la France, à cinq chaînes de télévision au maximum. Ce n'est pas l'abondance. On pourrait certes imaginer de pousser le système au maximum : d'utiliser ces cinq canaux spatiaux tout en maintenant en activité notre réseau terrestre. On aurait ainsi cinq chaînes relayées par l'espace, trois par les relais terrestres — huit en tout. Tel serait le nombre maximal de chaînes de la télévision hertzienne — celle qui se diffuse par ondes en propagation dans l'espace ouvert —, mais on ne va pas en arriver là du premier coup.

En réalité, T.D.F. 1 ne disposera que de trois canaux, et l'on prévoit qu'un canal sera affecté à TF 1 et un autre à Antenne 2 ; FR 3, chaîne à vocation régionale, restera relayée par le réseau terrestre. Reste donc un canal spatial utilisable, objet de toutes les convoitises et des plus âpres batailles. Que ce canal soit confié à Luxembourg, Europe 1, à une société privée nouvelle ou pris en compte par l'État, le téléspectateur ne disposera que de quatre chaînes nationales. Vers la fin de la décennie, des satellites plus perfectionnés pourraient diffuser cinq chaînes, ce qui nous conduirait à six programmes nationaux disponibles. Ce n'est donc pas encore la profusion annoncée par certains, mais...

Les autres pays vont disposer également de leurs satellites de télédiffusion. La France va-t-elle se trouver « arrosée » par les télévisions allemande, espagnole, britannique, belge, etc ? Théoriquement, non. Les États ne se sont pas contentés d'attribuer des fréquences, ils ont également fixé pour chaque pays une place sur l'orbite géostationnaire — la fameuse orbite, située à trente-six mille kilomètres, d'où un satellite à poste fixe émet vers la Terre — et, surtout, ils ont déterminé l'ellipse de chacun. En effet, l'antenne du satellite ne rayonne pas dans toutes les directions de l'espace, elle est directive : elle émet un pinceau en forme de cône dans une direction bien précise. A son arrivée sur la Terre, ce cône éclaire une zone ayant la forme d'une ellipse... ou d'une patate.

Sa dimension, en théorie, est immense. Avec des antennes comme la célèbre grande oreille de Pleumeur-Bodou, on peut recevoir toutes les émissions des satellites de télédiffusion dès lors qu'ils sont en visibilité dans le ciel. L'ellipse, à ce stade, ne veut rien dire : elle égale un hémisphère. Mais un satellite de télédiffusion émet pour des antennes individuelles et l'on considère que l'on sort de l'ellipse de réception dès lors que ces petites antennes ne peuvent plus capter les émissions. On oblige ainsi chaque pays à resserrer plus ou moins l'ellipse de son satellite pour que ses seuls nationaux puissent en capter les émissions sur leurs récepteurs. En pratique, les pays n'ont pas la forme d'ellipse, et celle de l'un mord toujours sur le territoire du voisin. Ces recouvrements ne sont pas un phénomène nouveau : dans tous les départements frontaliers, on reçoit ainsi les télévisions étrangères. Simplement, avec la télédiffusion spatiale, ce phénomène va s'étendre.

En effet, il suffit d'agrandir l'antenne pour élargir l'ellipse. La dimension retenue pour les antennes individuelles est de 0,90 mètre de diamètre. Il suffit de prendre le modèle supérieur — deux ou trois mètres — pour recevoir les émissions étrangères qui, normalement, n' « arrosent » pas la France. Rien ne prouve que les Français adopteront de petites antennes individuelles : cet équipement est relativement coûteux (deux à trois milliers de francs) et, pour beaucoup, il vaudra mieux adopter une antenne d'immeuble, voire de quartier, sur laquelle on se branchera par câbles. Mais, du coup, pourquoi ne pas prendre le modèle supérieur ? Se dotant d'antennes communautaires, voire collectives, de systèmes décodeurs plus perfectionnés, les Français recevraient pratiquement toutes les télévisions européennes.

Quel intérêt, dira-t-on, de recevoir un programme « parlant étranger » ? Objection non valable ! Trois « voies son » sont associées à chaque canal télévisé. Autrement dit, on peut associer à une émission de télédiffusion spatiale au moins trois versions sonores. On verra donc apparaître des télévisions tri- ou quadrilingues. Il est peu probable que les grandes chaînes nationales se donnent un tel souci pour leurs programmes : on ne voit pas bien l'avantage de post-synchroniser le journal télévisé français à l'intention des Espagnols. Tout change, en revanche, pour des télévisions commerciales en quête de la plus vaste audience. On sait que de tels réseaux diffusent essentiellement une fiction américano-cosmopolite existant toujours en plusieurs versions. Rien de plus facile, alors, que de diffuser le même film en français, en anglais, en allemand et en italien.

Or l'organisation mondiale des télécommunications, dans un grand souci de démocratie, a traité comme des États à part entière tous les micro-États d'Europe. Non seulement le Luxembourg, mais Monaco, Andorre, la république de San-Marin, le Lichtenstein se sont vu allouer des fréquences de télédiffusion spatiale. On imagine mal que ces « pays » construisent des satellites et produisent leurs programmes, et l'on est en droit de penser que ces fréquences seront affermées à des groupes privés. On aura donc, en puissance, l'équivalent télévisuel des « pavillons de complaisance » de la marine marchande. On risque de voir. se développer sur ces fréquences des programmes de pure distraction commerciale, voisins de ceux de Télé-Luxembourg ou Télé-Monte-Carlo, programmes polylingues que l'on recevra dans toute l'Europe occidentale moyennant un équipement trop coûteux, certes, pour un particulier, mais bon marché pour tous les habitants d'une résidence, d'un quartier ou d'une petite ville.

Tel pourrait être l'ultime destin de la télédiffusion spatiale à quinze ou vingt ans d'échéance : rendre accessible à tous les Français un nombre limité de chaînes nationales, mais également toutes les télévisions étrangères et, *the last but not the least,* quelques télévisions commerciales de « complaisance ». Situation assez comparable à celle que connaissent aujourd'hui les Bruxellois, par exemple, qui, grâce à leur situation géographique et à leur réseau câblé, reçoivent couramment les chaînes françaises, allemandes, néerlandaises, sans compter la B.R.T., la R.T.B. et Télé-Luxembourg, soit une bonne douzaine de programmes au total.

L'abondance d'images que je viens d'évoquer ne correspondra encore, à ce stade, qu'à une multiplication de la télévision actuelle, non à une véritable transformation de son contenu : c'est la technique du câble qui permettra cette deuxième révolution.

Il s'agit de transmettre le signal vidéo à l'intérieur d'un « tuyau » fermé, et non plus à l'air libre. Avantages de la formule : protéger le signal, qui ne risque plus d'être perturbé en chemin ; atteindre n'importe quel point, aussi mal situé soit-il, en tirant le câble jusqu'au récepteur ; utiliser le nombre de voies de communication que l'on veut, puisqu'on ne « pollue » plus l'éther avec des ondes hertziennes ; permettre d'établir une voie de retour à partir du poste de réception qui peut aussi devenir un poste d'émission ; personnaliser la transmission, rien n'empêchant, en théorie, d'envoyer une image différente chez chaque particulier. Il s'agit donc bien d'une révolution en puissance.

Techniquement, la télévision câblée a une déjà vieille histoire : elle s'est développée au Japon dès la fin des années 50. Pour acheminer le signal vidéo, il suffit d'utiliser un canal parfaitement connu : le câble coaxial. Seul ennui : l'installation d'un tel réseau coûte cher. De ce fait, le développement en a été relativement lent au cours des vingt dernières années. La « révolution du câble » ne s'est vraiment produite que dans les endroits où elle répondait à une nécessité : dans les grandes villes américaines où la réception par ondes hertziennes est désastreuse, et dans les petits pays multilingues comme la Belgique ou la Suisse, où elle facilite la réception des chaînes étrangères. En revanche, la France, la

Grande-Bretagne ou l'Allemagne n'ont montré aucun enthousiasme. En France même on ne compte que soixante mille branchements par an sur les réseaux de câbles. « Il est urgent d'attendre » : telle semblait être la politique des gouvernements. Mais les choses risquent de changer rapidement dans l'avenir, pour de nombreuses raisons.

Raisons industrielles d'abord : les grandes sociétés pensent déjà à la date, pas si lointaine, où tous les foyers recevront la couleur. Il faudra bien leur vendre quelque chose d'autre. Raisons techniques : une nouvelle méthode de transmission par câble arrive à maturité, la fibre optique. Il s'agit d'un mince fil transparent de silice dans lequel chemine la lumière d'un laser : cette onde lumineuse peut, mieux qu'une onde hertzienne, porter des signaux de télévision. On pense donc que ce matériau pourrait progressivement supplanter le câble coaxial et devenir la fibre nerveuse de tous les réseaux de télécommunication au prochain siècle. La capacité de transmission de cette fibre est très élevée : par rapport à notre bonne vieille ligne téléphonique, c'est un peu comme une autoroute comparée à un chemin vicinal. Qui plus est, le câble est une technique adulte, guère susceptible de grands progrès. Son prix, notamment, ne baissera pas beaucoup dans l'avenir. Au contraire, la fibre, technique jeune, pourrait revenir de moins en moins cher.

Raisons de complémentarité : aussi longtemps qu'il n'y avait que trois chaînes disponibles en France, on n'avait pas grand intérêt à tirer des câbles. Dès lors que la télédistribution spatiale permettra de recevoir de nombreux programmes avec de bonnes antennes, les deux systèmes deviendront complémentaires. Une antenne municipale suffisamment sophistiquée permettra de recevoir une dizaine de chaînes qu'un réseau câblé acheminera vers tous les foyers de la ville. Il peut ainsi devenir alléchant de s'offrir le câble.

Raisons commerciales, enfin : le câble permet de développer tous les systèmes de télévision à la commande. Il y a ainsi toutes raisons de penser que, tôt ou tard, d'une façon ou d'une autre, nous allons assister à la mise en place de réseaux câblés.

Pour l'usager, ils peuvent dispenser une gamme considérable de services. Un tel système permet ordinairement d'acheminer dix, vingt ou trente canaux : l'abondance. Certains permettront de recevoir des chaînes de télévision « classiques ». Mais il restera tous les autres : ici, les possibilités sont infinies. Je ne ferai qu'en évoquer quelques-unes. Certaines chaînes peuvent se spécialiser dans un type de messages : cinéma, éducation, informations, transmission d'informations écrites, émissions destinées à des minorités, programmes pour les enfants et les jeunes, programmes de formation et d'information professionnelles, programmes « pour adultes ». Le téléspectateur peut donc, en permanence, regarder du sport, des films, des retransmissions d'œuvres classiques, etc.

Un tel système peut s'organiser en « télévision à péage ». En ce cas, l'émission est normalement brouillée et n'est reçue que par les abonnés qui paient un « ticket spécial ». On pourra prévoir un abonnement permanent à la chaîne, un abonnement à la journée ou un droit à l'émission. Les chaînes payantes pourront soit diffuser un programme en permanence — une série de films ou de retransmissions sportives, par exemple —, soit envoyer des émissions à la demande. Dans ce dernier cas, il faudra prévoir une voie de retour depuis le téléspectateur jusqu'au centre d'émission. La formule la plus simple sera tout simplement la ligne téléphonique. Le centre disposera d'un catalogue d'émissions et pourra, à la demande, l'envoyer en vidéotexte sur l'écran du téléviseur. Le spectateur fera son choix, demandera l'émission et sera taxé en conséquence. C'est la télévision à la carte. La fin du programme.

Un certain nombre de ces canaux peuvent être consacrés à la télévision locale. Ici, toutes les possibilités sont ouvertes, toutes les utopies aussi... La télévision locale peut se contenter d'être l'équivalent télévisuel des pages locales des quotidiens régionaux, ou devenir un forum électronique auquel participeraient tous les habitants. Il est tout à fait possible de prévoir des matériels de vidéo légère permettant aux simples citoyens de confectionner leurs propres émissions, ou des voies de retour, téléphoniques ou autres, permettant à la population d'intervenir en direct dans ces émissions.

Restent enfin tous les services susceptibles d'être apportés en faisant entrer l'ordinateur dans le circuit. Il peut d'abord jouer les demoiselles des renseignements. Avec une mémoire bien rangée et une patience inépuisable, il donnera les numéros des abonnés, les prévisions météorologiques, les horaires des chemins de fer, les résultats des courses, et toutes ces informations viendront s'inscrire sur l'écran du téléviseur transformé pour la circonstance en terminal de télématique. Mais l'ordinateur peut faire plus et mieux que « répondre au téléphone ». Il est capable de donner des cours, d'effectuer des opérations bancaires, de fournir des informations commerciales ou de contrôler à distance le système antivol. La plupart de ces opérations pourraient s'effectuer grâce au simple réseau téléphonique, mais elles se feront d'autant mieux en utilisant l'image. C'est évident pour le télé-enseignement, c'est également vrai pour les opérations bancaires. A la télévision-spectacle s'ajoutera une télévision-service, qui pourra être tout à la fois personnalisée et interactive.

A la limite on pourrait installer un réseau visiophonique inter-connecté tel que chacun puisse avoir une conversation privée en images grâce à son récepteur. Cela semblait bien difficile avec les câbles coaxiaux, ce n'est plus impossible avec les fibres optiques. Dans ce cas, le téléviseur serait évidemment surmonté d'une petite caméra vidéo qui permettrait d'envoyer sa propre image chez son interlocuteur. Je ne citerai que pour mémoire les vidéocassettes et vidéodisques, techniques dont on a tant parlé qu'elles sont devenues familières avant même leur entrée en service.

Autre évolution à laquelle on ne pense généralement pas : celle des récepteurs. En 1980, la famille française vit encore selon le régime du téléviseur unique. Source de conflits, car bien souvent l'émission qui plaît aux enfants ne plaît pas aux parents, celle qui séduit madame insupporte monsieur. L'un ou l'autre est alors contraint d'abandonner sa soirée télévisée. A l'avenir, on peut penser que le prix des téléviseurs qui, en francs courants, n'a pas varié depuis dix ans, baissera encore, de sorte que l'on finira par en compter autant que d'occupants dans chaque foyer.

C'est déjà ce qui se passe pour les récepteurs de radio, et une semblable évolution se dessine en matière de télévision. Notons que l'on s'efforce déjà, un peu partout, de substituer des écrans plats à nos encombrants tubes cathodiques, et d'obtenir des écrans de grande dimension. Sans faire preuve de témérité dans l'anticipation, on peut imaginer qu'à la fin du siècle, on aura dans chaque pièce un récepteur capable de se brancher sur une infinité de sources d'images. C'en sera alors fini des « arbitrages de pénurie », chacun ira de son côté regarder l'émission de son choix. Dans chaque chambre d'enfant un écran offrira douze heures par jour des programmes spécialisés : émissions enfantines, jeux interactifs, films pour la jeunesse, concerts de pop, etc.

En résumé, je distinguerai trois grands types de changements pour le téléspectateur. Le premier est *l'hyperchoix*. Tout se passera pour lui comme pour un lecteur vivant à la Bibliothèque nationale. Il aura constamment le choix entre des dizaines, voire des centaines d'images différentes. A ce stade, ce n'est plus l'embarras, c'est le vertige du choix. Le deuxième est *la participation :* soit sous une forme passive, comme simple spectateur d'émissions locales le concernant directement et impliquant des gens qu'il connaît, à propos de problèmes familiers ; soit sous une forme active, par intervention directe dans l'émission, voire par sa collaboration à la confection des émissions. Le troisième, ce sont *les services :* toutes les commodités offertes par les réseaux télématiques et les réseaux commutés à large bande de communication, des achats à domicile *via* le téléviseur jusqu'à la conversation privée en images, ou la téléimpression du journal...

Encore une fois, il ne s'agit ici que de virtualités. Mais toutes ces techniques existent déjà, aujourd'hui, à l'état expérimental. Dans deux ans, les habitants de Biarritz se verront offrir un réseau d'images commuté par fibres optiques : ils pourront communiquer en visiophonie, accéder à des téléthèques, participer à des forums locaux, etc. Les habitants de Vélizy vont disposer de toute une gamme de services télématiques. Quant aux magnétoscopes, on a vu leur percée spectaculaire sur le marché français en 1979. On prévoit aussi qu'au rythme actuel de leur développement, plus du quart des Américains disposeront de chaînes de télévision à la commande à la fin du siècle. Nous ne sommes donc pas dans la science-fiction. Je crains fort, en revanche, que nous ne donnions ici, comme d'habitude, dans l'illusion technique. D'un côté, une société incapable d'assurer une véritable culture populaire, une communication sociale vivante, s'inquiète de constater que les avantages du progrès tendent à s'émousser ; en dépit des espoirs qu'avaient pu faire naître les premières années de la télévision, le public populaire, loin d'être gagné à la culture, subit la fascination de la pure distraction, les individus, loin de communiquer à travers leurs récepteurs, s'isolent sans cesse davantage. D'autre part, nos merveilleux ingénieurs proposent un fantastique arsenal technique qui semble apporter des solutions toutes faites à ces difficultés politiques et culturelles. Ne peut-on imaginer que la mise en œuvre de nouveaux systèmes facilitera l'accès à la culture, vivifiera les communautés de base, sortira les hommes de leur solitude ? Recours massif à la technique pour éviter d'avoir à résoudre un problème politique : tel est très précisément le schéma qui s'annonce ici. Or l'on sait que les illusions nées de cette fuite en avant ne font que déplacer les difficultés, et qu'on les retrouve généralement un peu plus tard, beaucoup plus difficilement surmontables.

Nous assistons à une sorte de veillée d'armes entre deux époques, où l'incertitude est totale. Pour nous éclairer, nous ne disposons que d'une médiocre information, glanée au cours de quelques expériences-pilotes. Mais ces premiers enseignements paraissent déjà très révélateurs. Très inquiétants, pour tout dire. Voyons donc ce que l'on peut conjecturer à partir de ces trois éléments : le bilan des trente années de télévision hertzienne ; les leçons des premières expériences-pilotes ou des développements de ces techniques dans les pays les plus avancés ; enfin, les moyens techniques désormais à notre disposition [1].

Première révolution : celle des services télématiques. On en parle énormément aujourd'hui, et il ne se passe plus de semaine qu'on ne nous chante les merveilles d'Antiope, de Télétel, des vidéotextes, etc. Je vois bien l'utilité de ces techniques pour la croissance industrielle : si elles connaissent un développement rapide, il faudra fabriquer en série toutes sortes de gadgets électroniques et les constructeurs trouveront là un fabuleux marché. Ils poussent donc à la roue pour imposer ces nouveaux systèmes de télécommunication.

J'avoue être beaucoup plus sceptique sur leur utilité réelle pour l'usager. Est-il vraiment essentiel de pouvoir faire ses achats depuis son salon par consultation d'un vidéocatalogue et sans avoir à se déplacer, d'effectuer des transactions bancaires en tapotant quelques chiffres sur son terminal domestique, de réserver ses places d'avion sans se rendre à l'agence de voyage, de brancher son système d'alarme sur un centre de surveillance, de disposer dans l'instant des résultats sportifs ou des prévisions météorologiques ? Certains de ces services, les deux derniers par exemple, peuvent déjà s'obtenir par conversations téléphoniques normales. Pour les autres, je ne sais si la commodité gagnée à ne pas se déplacer compense vraiment la perte des contacts humains directs.

J'en prendrai un exemple classique : le travail à domicile. On sait que le secteur de l'information — englobant aussi bien le secrétariat que l'informatique ou la publicité — emploie une part croissante de la population active. Selon Marc Porat, ces activités mobilisaient en 1960 30 % du travail américain, 50 % en 1970, et constituaient pratiquement le seul secteur en expansion. Les sociétés industrielles paraissent appelées à devenir de gigantesques bureaux, cepen-

---

1. Pour plus d'informations, on peut notamment consulter *Audiovisuel et télématique dans la cité*, de Bruno Lefèvre, Documentation française.

dant que la production s'effectuera dans des usines automatisées. Or ce travail « en col blanc » peut fort bien se faire à distance. L'informatique, la bureautique, la télématique et autres nouvelles techniques permettent, en théorie, de travailler ensemble tout en étant physiquement séparés. On pourrait en arriver au point où les gens resteraient chez eux, face à un superbe ensemble de télécommunications, et accompliraient leur journée de travail sans même avoir à se déplacer. A partir de cette constatation, une étude de l'American Telegraph and Telephone datant de 1971 nous annonçait qu'en 1990, tous les cadres américains travailleraient à domicile. Du coup, on ne voit pas pourquoi les secrétaires se rendraient à leur bureau. Ni pourquoi il y aurait encore des bureaux...

Nous ne sommes pas encore en 1990, mais on ne voit se dessiner aucune évolution de ce type, et nul ne parierait plus un *cent* sur un tel pronostic. Est-ce à dire que ce type de travail à domicile est impossible ? Certainement pas. Les études les plus sérieuses montrent que, dès à présent, près du quart des travailleurs pourraient se dispenser de se rendre sur des lieux spécialisés et tenir leur emploi sans quitter leur foyer. Il se trouve simplement — et c'est assez heureux ! — que la plupart des individus n'en ont pas tellement envie. Le travail est une occasion privilégiée de contacts, de rencontres, un carrefour de relations humaines que ne saurait remplacer le dialogue fonctionnel par la télématique. On voit mal des employés se disant par télex : « J'ai un coup de bourdon, viens prendre un café avec moi. » Seuls quelques privilégiés dont le travail comporte une forte part de créativité personnelle pourraient s'accommoder de cette solitude électronique. Pour les autres, il s'agirait d'une régression de leurs conditions de vie et de travail.

On pourrait faire les mêmes remarques en ce qui concerne les consultations médicales ou l'enseignement à domicile par télématique. Il est vrai que les gens souffrent d'avoir à se transporter dans des conditions difficiles, mais c'est mener la politique de Gribouille que de vouloir remplacer un mal par un autre.

En fait, ces techniques peuvent trouver deux sortes de justifications. Les unes ne concernent pas directement l'usager. Ainsi, le remplacement des annuaires téléphoniques par un système automatique affichant directement le nom et le numéro désirés sur l'écran du téléviseur éviterait l'impression et la manipulation d'énormes volumes. Cela sauverait pas mal d'arbres et épargnerait un travail bien peu enrichissant aux demoiselles des P.T.T. Il en va de même pour un certain nombre d'autres renseignements. Il se pourrait encore que les moyens de paiement électroniques facilitent le service bancaire en éliminant le chèque classique et que le courrier électronique soulage des services postaux croulant sous le papier inutile. Dans un certain nombre de leurs applications, les nouvelles techniques représentent un réel progrès pour l'organisation des services, sinon toujours pour les utilisateurs.

Elles peuvent aussi susciter une véritable amélioration des conditions de vie des usagers. Notamment pour les personnes âgées ou handicapées qui se déplacent difficilement et trouvent dans ces télécommunications un remède à l'isolement. Dans le cas de l'infirme moteur, les possibilités de travail à domicile peuvent modifier ses conditions d'intégration sociale. Mais, là encore, il ne faut pas céder au rêve technique : aucun gadget ne remplacera la véritable solidarité des bien-portants vis-à-vis des personnes handicapées ou affaiblies.

L'amélioration des télécommunications permet enfin des gains importants de productivité : échanges de documents avec le siège social, consultations des banques de données, organisation de téléconférences, etc. Encore ne faut-il pas tomber dans le suréquipement. La radioconférence, qui permet à plusieurs interlocuteurs de converser ensemble, est fort utile ; la visioconférence, qui leur permet en outre d'échanger leurs propres images, n'est pas forcément indispensable.

En bref, si ces services télématiques, plus ou moins couplés à la télévision, peuvent avoir une certaine utilité, ils ne révolutionneront pas la vie des Français. Il convient de les soumettre à une stricte évaluation coût/avantages, avant de se lancer tête baissée dans une crise de télématite aiguë. Il convient surtout de ne pas se bercer d'illusions : ces commodités accessoires ne suffiront pas à résoudre des problèmes socio-politiques aussi fondamentaux que l'insatisfaction au travail, la pénibilité des transports quotidiens, la solitude des personnes âgées, l'exclusion des handicapés.

Quand bien même notre téléviseur serait remplacé par un terminal de science-fiction incorporant visiophonie, télétexte, télex, mémoire postale, accès à tous les ordinateurs, téléimprimantes, nous n'aurions fait que rendre la solitude plus fonctionnelle, c'est-à-dire, d'une certaine façon, plus insurmontable encore. Car, dans nos sociétés, c'est bien souvent l'impossibilité de vivre isolément qui nous conduit à vivre ensemble, et je frémis à l'idée de cette superbe autonomie télématique.

Deuxième nouveauté de la télévision, qui semble promettre monts et merveilles : c'est la télévision locale, communautaire, participative. Dès lors qu'on peut consacrer à ce service un réseau câblé avec voies de retour, tout devient possible. Toutes les affaires locales peuvent se traiter dans ce grand forum électronique, avec intervention des citoyens à tout moment et sur tout sujet. N'importe qui peut prendre la parole et s'adresser à ses concitoyens. Des téléspectateurs « de base » peuvent fabriquer leurs propres émissions avec des moyens de vidéo légère, peu coûteux et d'emploi facile. C'est la télévision du peuple, par le peuple et pour le peuple. Sur ce thème, on a vu aussitôt se marier illusions idéologiques et illusions techniques. Qu'en est-il en réalité ?

Sitôt que l'on parle radio ou télé communautaire, on pense à l'expérience du Québec. Très tôt s'y sont développées des radios d'abord, des télévisions ensuite, à très petite échelle, proches du public, très vivantes, et l'on a pu croire à une régénération de la vie collective par les media électroniques. Aujourd'hui, force est de déchanter. La plupart de ces radiotélévisions locales sont en sommeil ou arrêtées, et le public ne semble plus leur accorder un bien grand intérêt. Celles qui subsistent correspondent d'abord à un service d'informations locales et de renseignements pratiques. Quels enseignements tirer de cette expérience ?

Lorsque ces techniques se développent, à la fin des années 60, le Québec est en effervescence. C'est une société qui sort d'une longue hibernation historique dans le cocon de l'Église, et qui cherche sa nouvelle identité. Partout se manifeste un besoin de se trouver, de s'exprimer, de se faire entendre, de prendre en main ses propres affaires, d'affirmer son originalité. Dans ce climat, les media communautaires répondent à un besoin authentique qui, en d'autres temps, se serait exprimé par d'autres moyens. La communication à petite échelle se trouve nourrie par ce terreau fertile. Aujourd'hui, le Québec a fait son aggiornamento. Son identité politico-culturelle, partout reconnue, a fait disparaître un certain nombre de frustrations. De besoins aussi. Peu à peu, les Québécois se sont retrouvés dans leurs grands réseaux de communication classiques. Les Anglais ont lancé cinq expériences de télévision locale. Quatre ont été abandonnées.

Autre exemple : celui de Kiruna, cité minière de Suède perdue à cent cinquante kilomètres du cercle polaire arctique, dans des conditions naturelles très difficiles. Cette ville de trente mille habitants dispose d'un réseau câblé depuis près d'une dizaine d'années. Un studio a été aménagé, avec l'aide de quelques techniciens, pour permettre à la ville et à ses habitants de confectionner leurs propres programmes. Des émissions ont été régulièrement diffusées sur le canal local à partir de 1972. Des stages ont été offerts à la population pour qu'elle se familiarise avec les techniques vidéo et puisse assumer la réalisation de ses programmes. De fait, certaines associations et des partis ont réalisé leurs propres émissions. Mais l'essentiel de la production a continué d'être assuré par les techniciens. Les sociologues qui ont dressé le bilan de cette expérience constatent que le quart de la population a regardé cette chaîne, mais que son attention a varié dans le temps, avec des pointes lors de la grève des mineurs de 1974 ou lors des campagnes électorales. Les téléspectateurs apprécient particulièrement la transmission en direct de certains débats du conseil municipal d'autant qu'il leur est possible d'intervenir par téléphone. Passé la phase initiale, on a enregistré une certaine baisse d'écoute. L'apparition d'une chaîne locale a pourtant fait sensiblement baisser l'audience des chaînes nationales et les habitants sont presque unanimes à souhaiter la prolongation de l'expérience.

Résultat positif mais limité. La télévision communautaire n'a en rien supplanté les chaînes nationales. S'ils apprécient les émissions de fabrication locale, les gens de Kiruna n'en veulent pas moins — et en priorité — des émissions « classiques ». Il s'agit d'insérer une « partie communautaire » dans le programme habituel, non de remplacer l'un par l'autre. N'oublions pas, enfin, le contexte sociologique particulier de l'expérience : en Suède, chacun se sent concerné par la vie de la cité, a fortiori dans une ville aussi isolée que Kiruna. Il serait très hasardeux d'extrapoler ces résultats à nos villes de banlieue, par exemple.

Sans doute pourrait-on faire les mêmes remarques à propos de l'expérience de Tama, au Japon. Il s'agit justement d'une cité de la grande banlieue de Tokyo, où l'on a installé un système de câbles extrêmement complet, comprenant tous les services télématiques : sept chaînes japonaises, journaux en fac-similé, flashes d'information en surimpression sur l'écran, possibilité de correspondre avec le centre distributeur, chaîne de « petites annonces et renseignements pratiques », etc. Le système est moins participatif que celui de Kiruna et, surtout, la chaîne de télévision locale se trouve un peu noyée — ou, du moins, durement concurrencée — par les autres programmes. En définitive, les trois quarts des téléspectateurs regardent la télévision locale plus d'une fois par semaine, mais 7 % seulement tous les jours. Quant à l'utilité de ce service, elle n'est clairement affirmée que par 52 % de la population.

Une expérience encore plus ambitieuse est en cours dans la ville nouvelle d'Higashi-Ikoma, proche d'Osaka. Les habitants y disposent d'un système vidéo bidirectionnel : c'est-à-dire qu'une caméra et un micro sont associés au récepteur, permettant d'intervenir, par l'image, dans le réseau. C'est un peu le système qui doit fonctionner dans deux ans à Biarritz. Il sera intéressant de voir si, passé la période initiale de curiosité, les téléspectateurs japonais se sentiront plus « participatifs » du fait qu'ils pourront intervenir par l'image et non plus seulement par le son.

Parmi les multiples expériences en cours aux États-Unis, j'en retiendrai deux qui me paraissent, à des titres divers, significatives. La première se déroule à Reading, quatre-vingt-huit mille habitants, proche de Philadelphie. Ici le câble obéit à une tradition déjà ancienne puisqu'il fit son apparition en 1963 et que l'on compte trente-quatre mille abonnés. Qui plus est, ce réseau est double, permettant des intercommunications par images : circonstance particulièrement favorable à des expérimentations. Un atelier de création vidéo a été installé dans la ville et connaît un certain succès. Six cents personnes sont venues s'y familiariser avec les techniques audiovisuelles, et ces « amateurs » réalisent jusqu'à trente-cinq heures d'émissions par semaine. Ce chiffre considérable prouve un réel intérêt des « producteurs », sinon forcément celui du public.

Mais l'expérience la plus intéressante a été réalisée en direction des personnes âgées : cet effort important, subventionné par la National Science Foundation, et doté d'un budget de six millions de francs, consiste à organiser le réseau autour de centres de communication de quartier, qui rapprochent considérablement l'émission de la réception. Des petits studios ont été installés dans des résidences pour personnes âgées et des téléspectateurs isolés ont été directement raccordés par un canal vidéo et des moyens d'émission. On peut donc organiser non pas des émissions, mais des « sessions », sur un canal particulier : le « Tri-Channel ». Il s'agit d'un véritable forum au sein duquel s'organisent les discussions sur des thèmes particuliers et autour d'invités spécialement choisis. On peut débattre des régimes de retraite, de problèmes médicaux, de questions fiscales, de questions municipales en interrogeant directement des responsables ou des experts. A côté de ces « sessions », sont diffusés de véritables programmes avec émissions de variétés, d'histoire, d'écologie, de conseils pratiques, etc. Les intéressés participent directement et collectivement à la programmation.

Le succès de la formule est attesté par sa reconduction au terme de l'expérience : la municipalité a décidé de la poursuivre à ses frais. D'autre part, les émissions de ce réseau particulier ont progressivement été diffusées par un canal du réseau général. Ce succès s'explique en grande partie par une volonté préalable d'intégrer les « anciens » dans la vie de la cité. C'est ce que montre l'appui constant de la municipalité et le rôle actif des « volontaires du troisième âge ». Une télévision locale participative pour les personnes âgées répond bien à un désir des intéressés, mais elle ne peut réussir qu'avec la participation de toute la population.

Autre expérience très intéressante ; celle du système Qube installé dans la ville de Colombus (Ohio). A la différence de la précédente, d'inspiration « désintéressée », il s'agit ici de *business*. La Warner Cable, qui finance toute l'affaire, entend conduire une opération de marketing pour déterminer les créneaux rentables et non rentables parmi toutes les possibilités d'un grand réseau câblé.

Les abonnés disposent de trente canaux et d'une voie de retour, non vidéo, qui leur permet de communiquer avec un ordinateur ou d'exprimer leur opinion. Le tout est orchestré par un superordinateur, véritable aiguilleur d'images, qui fait convenablement circuler ce flux énorme de signaux vidéo. Sur les trente canaux existants, neuf canaux payants, sans publicité, sont spécialisés dans des genres particuliers : films en première exclusivité, grands chefs-d'œuvre du cinéma, représentations d'œuvres classiques, retransmissions sportives, programmes éducatifs, films « pour adultes », jeux interactifs... Dix autres canaux sont réservés aux chaînes locales, mais il s'agit ici de tout autre chose que de télévision communautaire. Certes, il y a là des canaux d'accès libre au public, d'autres consacrés aux affaires locales, mais également des chaînes de programmes pour enfants ou pour professions spécialisées (médecins, pharmaciens, etc.), des canaux réservés aux stations privées locales, d'autres qui retransmettent les grands réseaux nationaux, des canaux pour les informations alphanumériques, pour les émissions religieuses, les nouvelles commerciales...

En permanence, le public a la possibilité de faire connaître son avis et ses désirs, non pas en intervenant dans le réseau par visiophonie, mais en utilisant des codes convenus à l'avance.

Notons que les véritables chaînes locales — celles qui, tout à la fois, traitent des affaires intéressant Colombus et permettent une participation directe des citoyens — semblent connaître un franc succès. Mais il s'agit là d'une expérience à ses débuts, et on ne peut jurer que l'intérêt se maintiendra au même niveau sur plusieurs années.

Et la France ? Elle avait initialement prévu de câbler sept villes. En fait, trois furent véritablement équipées : Cergy-Pontoise, Créteil et Grenoble. Dans cette dernière ville, seul un essai de télévision locale communautaire a été tenté. Expérience non concluante qui, en définitive, a tourné court. Il faudra attendre que Biarritz soit innervé par son superbe réseau commuté pour juger des heurts et malheurs d'une télévision locale « à la française » : chez nous, les études ont porté bien davantage sur les techniques que sur leur utilisation.

Quels enseignements tirer de ces expériences ? Le premier, c'est que les télévisions locales peuvent jouer un rôle social extrêmement positif et qu'il serait, pour la France, « urgent de ne plus attendre ». Le second, qu'il faut éviter toute illusion si l'on ne veut pas rater la « petite » télévision.

Ces deux formes de télévision sont complémentaires et nullement concurrentes. Il s'agit d'intégrer l'une à l'autre, non de remplacer les émetteurs nationaux par des émetteurs locaux. Le public peut aimer des émissions moins élaborées, plus proches de ses préoccupations, auxquelles il peut éventuellement participer : ce n'est pas pour autant qu'il cessera de regarder les grandes productions nationales. Il est donc absurde de vouloir envisager des programmes complets. Ce serait déjà un fort beau résultat d'intéresser le public une heure chaque jour avec de telles émissions.

Une programmation fixe n'est d'ailleurs pas souhaitable. Cette télévision est totalement liée à la vie de la cité, laquelle connaît des temps forts et des périodes d'accalmie. Il serait bon que la communication télévisée sache s'adapter à ce rythme. En cas d'élections, de conflits sociaux, de grands débats, il est souhaitable d'ouvrir largement l'antenne et, dans les périodes moins inspirées, de laisser le canal vide plutôt que de faire du remplissage. A cet égard, les animateurs de Grenoble ont peut-être péché par excès de zèle.

Mais la grande leçon c'est que les télévisions locales, plus encore que les télévisions nationales, ne font que refléter une réalité sociologique. A leur niveau, on ne peut plus truquer : communication télévisée et communication sociale ne font qu'un. C'est dire que de telles expériences ne peuvent être fructueuses que si elles plongent leurs racines dans un tissu social vivant, profondément interactif. Pour qu'existe une télévision communautaire, encore faut-il une communauté. Il est illusoire de penser que le media électronique va remplacer ou faire naître des rapports humains. Dans une ville où rien ne se passe, où les individus vivent sans échanges, sans participation ni relations, l'émetteur municipal ne sera d'aucune utilité réelle. Pour éviter les illusions techniques, il conviendrait d'évaluer la communication dans les cellules de base.

A cet égard, je distinguerai à nouveau le « côté émetteur » et le « côté récepteur », même si, par définition, les deux pôles cessent d'être complètement séparés.

Côté public, le succès dépend des mentalités, des rapports humains, des traditions qui prévalent dans la cité. De ce point de vue, la France n'est assurément pas un terrain favorable. C'est tous les jours qu'on observe cette anémie de la sociabilité : partis, groupements, mouvements, associations souffrent de langueur chronique. Le Français n'est spontanément ni citoyen, ni citadin, ni militant, ni voisin ; il participe peu, s'engage peu, se donne peu et craint toujours d'être impliqué ou concerné. L'individualisme égocentrique reste le dénominateur commun du tempérament national. Hors quelques minorités très motivées et certaines périodes particulièrement fiévreuses, les télévisions communautaires risquent de buter constamment sur l'indifférence et l'apathie de la population.

Il faut donc se méfier des extrapolations à partir d'exemples étrangers. Il existe, dans les sociétés scandinave, germanique ou américaine, une richesse de sociabilité qui fait défaut chez nous. Certes, une évolution est toujours possible et semble même s'être amorcée. Çà et là, on croit deviner un désir nouveau de prendre en main ses propres affaires : une télévision locale authentiquement communautaire pourrait favoriser pareil mouvement. Mais il faut savoir que ses promoteurs trouveront un terrain aride et devront apporter beaucoup d'enthousiasme et de persévérance pour surmonter de bien cruels échecs.

En ce qui concerne les élites locales — ce que j'appelle le « côté récepteur » —, on risque de voir se reproduire à leur échelle le même mimodrame qui empoisonne la télévision nationale. Les notables, persuadés que l'émetteur donnera à qui s'en emparera le contrôle de la cité, vont se le disputer férocement. J'imagine déjà, dans les villes à municipalité communiste, les giscardiens dénonçant l'intolérable propagande de « télé-coco », tandis que, dans les villes à municipalité giscardienne, les forces de gauche livreront une incessante guérilla contre les messages lénifiants de la télé locale. Nous pourrions avoir ainsi des dizaines de *Don Camillo* et de *Clochemerle* à l'ombre des émetteurs, et toutes nos notabilités communales sont parfaitement capables de transformer l'outil de communication en hache de guerre. Là encore, il s'agit d'une situation tout à fait originale par rapport aux exemples étrangers : en Suède, en Amérique, en Allemagne, la mise en œuvre d'une télévision locale de service et d'expression ne déchaîne pas de telles passions partisanes.

Si je souligne ces difficultés et ces limites, ce n'est pas pour minimiser l'intérêt des télévisions locales, bien au contraire. Rien n'est plus consternant que le conservatisme apeuré de nos gouvernants face à de telles possibilités, celle des radios locales notamment. Mais, à l'inverse, on risque de tout gâcher en surestimant les espoirs ou en sous-estimant les difficultés.

L'expérience de Reading prouve qu'il existe des besoins de communication propres à certaines minorités ou certains publics. Cela paraît contredire ce qui fut dit précédemment, mais la contradiction n'et qu'apparente. Sur le plan proprement culturel, il n'est pas vrai qu'il existe une division de la France conférant à chaque groupe un accès privilégié à certaines expressions culturelles. En revanche, il est clair que notre société comprend des groupes socio-économiques fort différents, dotés de particularismes très marqués. Enfants, jeunes, retraités, travailleurs immigrés, agriculteurs, etc., ont des centres d'intérêt qui leur sont propres. Avec la multiplication des canaux, il devient possible de spécialiser des chaînes dans le service de tel ou tel groupe. La télévision l'a fait spontanément, et dès l'origine, pour une première catégorie : celle des enfants. Elle en a même abusé. Plus tardivement, elle a découvert les femmes. Mais le scandale que met pleinement en lumière l'expérience de Reading, c'est l'ignorance, voire le mépris dans lesquels notre télévision a toujours tenu le public âgé.

Les retraités constituent le public prioritaire de la télévision. C'est dans cette catégorie sociale que l'on souffre le plus de la solitude, de l'excommunication, que les « solutions de rechange » sont les plus limitées, et que l'on dispose le plus de temps pour regarder la télévision. Si les jeunes ou les actifs ne trouvent pas sur l'écran de quoi les intéresser, ce n'est pas tragique. Ils ont bien d'autres solutions pour occuper leurs loisirs. Mais ces possibilités s'amenuisent avec l'âge. Ainsi le rôle social de la télévision n'est véritablement essentiel que pour le public âgé.

Or, c'est cette catégorie de Français, « économiquement faibles », qui a été la dernière à pouvoir s'équiper de téléviseurs. Aujourd'hui même, les pouvoirs publics n'ont pas pris sur eux de s'assurer que toute personne âgée dispose bien de la télévision. Premier scandale. Le second, c'est que les responsables de la télévision, à tous les niveaux, se sont intéressés à tous les publics avant celui-là. Nous avons eu des émissions conçues spécialement pour les enfants, les jeunes, les femmes, les catholiques, etc. Mais la considération pour ces téléspectateurs prioritaires est toute récente. Notre télévision s'ajuste sans cesse sur les moins de quarante ans, ceux qui sont « dans le coup », et ignore les anciens qui ne peuvent suivre le mouvement.

On se rend mal compte à quel point la chanson, par exemple, est marquée par ce « racisme anti-vieux ». Nos producteurs privilégient systématiquement les jeunes chanteurs qui, bien souvent, copient servilement des « maîtres » anglo-saxons, mais dédaignent les artistes plus âgés dont le style serait, paraît-il, passé de mode. Nul ne se soucie de savoir si les téléspectateurs âgés apprécient ces fausses valeurs du marché du quarante-cinq tours et ne gardent pas la nostalgie d'une autre chanson qu'ils ont aimée dans leur jeune âge. La même observation vaut pour la plupart des genres. Notre télévision n'aime pas les vieux, et ce parti pris de modernisme est d'autant plus odieux qu'il est loin de traduire une recherche de la qualité.

S'il est vrai que ce public devrait compter davantage dans l'élaboration des programmes généraux, il est également certain qu'une télécommunication particulière devrait être mise à son service. Là encore, gardons-nous des illusions : on ne va pas faire une « chaîne des vieux » qui diffuserait un programme complet, douze heures par jour. Ce serait d'autant plus absurde que l'on accentuerait ainsi un système d'exclusion, en faisant une « télévision de retraite » au moment même où l'on conteste les « maisons de retraite ».

Il s'agirait d'une télévision bien particulière, visant la communication, l'expression et le service. Rien à voir avec les grands programmes. De telles émissions n'ont pas forcément besoin d'un cadre local, elles pourraient trouver place sur les chaînes nationales, d'autant que les retraités sont disponibles à des heures où le reste du public est au travail. Pourquoi ne pas faire des programmes du matin spécialement orientés vers le troisième âge ?

Poser la question, c'est déjà apporter un élément de réponse : la chose étant possible depuis plus de vingt ans, c'est l'absence de volonté et d'intérêt qui en a interdit la réalisation. On en revient toujours à la même règle : la réalité sociale précède le message télévisé, non l'inverse. J'ai souligné le rôle de la municipalité, des « volontaires du troisième âge » dans le succès de l'expérience américaine : l'avènement d'une télévision au service des anciens traduira une volonté de la population active, elle ne la fera pas naître.

On peut appliquer le même raisonnement à d'autres minorités, notamment aux travailleurs immigrés. A cette difficulté près que les émissions à leur intention ne seraient diffusables qu'aux heures d'écoute normales. Il faudrait donc disposer du câble et de ses nombreux canaux pour proposer de tels services spécialisés. Mais, là encore, on est en droit de se demander si nos différentes chaînes de radio n'auraient pas pu, depuis bien longtemps, diffuser des émissions destinées aux travailleurs maghrébins, par exemple. Après tout, on pourrait sans inconvénient sacrifier une chaîne de radio, passé 20 heures, et la consacrer entièrement aux étrangers qui travaillent chez nous.

Poussant plus loin l'anticipation, on débouche sur le phénomène de la libre expression : l'accès général du public à l'antenne, quand n'importe qui peut venir y dire ou montrer n'importe quoi. Pourquoi pas ? A New York, où le réseau câblé offre vingt-six canaux, l'un d'eux est spécifiquement réservé à cet usage. Des gourous, des poètes méconnus, des rouspéteurs, n'importe qui peut faire diffuser sa petite émission. Le résultat forme un incroyable salmigondis où tous les genres et tous les goûts se télescopent dans la plus complète incohérence. L'écoute est évidemment des plus faibles, mais répond à une sorte de « jeu de pochettes-surprises ». On peut toujours pêcher à la ligne, pour s'amuser, quitte à changer au bout de trois minutes. L'expérience dure depuis cinq ans et, manifestement, n'a pas révolutionné la vie des New-Yorkais. En revanche, elle peut donner à certains le sentiment de s'être exprimés, sinon de s'être fait entendre. Ce n'est peut-être pas très utile, mais ça ne saurait nuire. Certaines émissions de radio se rapprochent progressivement de telles formules et, malgré les craintes de certains, ne provoquent pas la révolution. Dans une télévision d'abondance, il n'y aurait aucun inconvénient à réserver ainsi un canal aux « speakers anonymes ».

Troisième changement à venir : ce que j'appelle l'*hyperchoix*. Je me réfère ici aux émissions « classiques », non plus à des services télématiques ou à des télévisions spécialisées, géographiquement ou sectoriellement. Quelles seront les conséquences des bouleversements qui s'annoncent en ce domaine ?

Par tradition étatique plus que par souci culturel, la France est attachée au monopole. Celui-ci est double, puisqu'il porte sur la transmission et la programmation. Or rien n'oblige à lier les deux. On peut fort bien instaurer un monopole sur la poste ou le téléphone sans vouloir contrôler les messages qui s'échangent. C'est la règle en ces domaines, et c'est fort heureux. Pour la télévision, il en va tout autrement. L'État ne se contente pas de contrôler la diffusion des émissions, il contrôle également leur contenu. Elles émanent de lui et de lui seul, *via* les sociétés nationales. Nul ne peut créer son propre réseau télévisé, nul ne peut utiliser librement un des réseaux publics. Telle est la situation aujourd'hui. Pourra-t-elle se maintenir dans l'avenir ?

Abandonner le monopole de diffusion, laisser n'importe qui émettre sur n'importe quelle fréquence depuis n'importe quel émetteur serait certainement une absurdité. N'en déplaise à certains idéologues anarcho-hertziens, il vaut mieux ne pas utiliser les fréquences à tort et à travers. Ce n'est pas sans raisons que la communauté internationale a su se discipliner dans ce domaine précis. Si l'on pouvait en douter, le triste exemple de l'Italie suffirait à démontrer les méfaits de l'anarchie hertzienne.

Mais l'État n'est pas obligé d'utiliser lui-même les différentes voies de télécommunication, il peut les concéder ou les louer à des particuliers. C'est tout le problème du second monopole, celui de la programmation. Que va-t-il être, dans cette nouvelle ère de la télévision ? Il paraît fort peu probable qu'il puisse se maintenir tel quel dans un contexte aussi différent. En voici quelques raisons fort simples.

Dès lors que les téléspectateurs pourront librement capter des émissions d'origine étrangère échappant à tout contrôle gouvernemental, on ne voit pas comment on interdirait à des Français d'émettre librement sur le sol national. Pour conserver un minimum de cohérence, le monopole supposerait le brouillage systématique de toutes les fréquences des télévisions étrangères susceptibles d'être reçues en France. Je doute que l'on en vienne à instaurer un tel protectionnisme.

Le câble va donner naissance à une télévision payante à la commande. Cette évolution change complètement les relations commerciales entre émetteur et récepteur. Traditionnellement, les programmes sont diffusés également vers tous les téléspectateurs : activité qui s'apparente au service public, non à la relation commerciale. Cela ressemble plus à l'éclairage des rues qu'à la vente d'un livre, par exemple. Même les télévisons privées n'ont jamais pu véritablement « vendre » leurs émissions, elles ont dû les « donner ». De ce fait, un produit à vocation culturelle se trouve transformé par elles en simple support publicitaire. Cela justifie amplement le recours à la formule du service public.

Mais tout change dès lors que le téléspectateur paie au service rendu. Il retombe alors dans une relation commerciale classique : celle du spectateur de cinéma, par exemple. Qu'il soit assis dans le fauteuil de son salon ou dans celui d'une salle n'y change pas grand-chose. Il n'y a donc plus de raisons, pour l'État, de se substituer à la relation privée — ou, du moins, pas plus de raisons ici que dans le cas du cinéma, du théâtre, du livre ou du disque.

Le monopole correspond en fait à une pénurie : c'est la rareté des canaux qui crée monopoles ou oligopoles. Il est raisonnable de penser que dans de telles situations, les responsables des chaînes de télévision existantes jouiraient d'un trop grand pouvoir culturel et politique et qu'en conséquence il faut en confier la gestion à l'État. Mais ce pouvoir va se subdiviser au fur et à mesure que les sources d'images vont se multiplier. Viendra un temps où le contrôle d'un seul canal n'aura plus une importance telle qu'il justifie l'appropriation publique. En outre, le contrôle qui s'exerce aisément sur trois fleuves deviendrait beaucoup plus difficile sur des centaines de sources jaillissantes. Pour ces raisons et pour bien d'autres, il paraît peu probable qu'on en reste indéfiniment au cadre juridique actuel.

Nul ne peut prévoir les formules institutionnelles qui seront trouvées, mais il est hautement probable que celles-ci seront plus souples et donneront plus de part à l'initiative privée. Cela signifie que, d'une façon ou d'une autre, les producteurs privés d'images vont progressivement chercher leur public, c'est-à-dire leurs deux publics : la France cultivée et la « France de Guy Lux ». On s'écartera des formules style « cahier des charges » qui visent à lutter contre le système E.P.M. Et c'est pourquoi la nouvelle télévision risque de diviser davantage encore les Français.

Du côté des téléspectateurs se pose une première question d'ordre quantitatif : les gens regarderont-ils davantage à l'avenir ? Il faut ici distinguer différentes pratiques de la télévision. On sait que le téléspectateur américain est réputé la regarder deux à trois fois plus que le Français. En réalité, il ne s'agit pas de la même écoute. Les Américains pratiquent l' « image de fond », comme on dit « bruit de fond ». Ils allument leur téléviseur le matin à leur lever et ne l'éteignent qu'en quittant leur maison. Lorsque la femme reste au foyer, elle le fait marcher sans cesse. Ce n'est pas pour autant qu'elle reste plantée devant le poste tout au long de sa journée. En fait, elle vaque à ses occupations tandis que le programme se déroule. A un moment ou à un autre, elle saisit une bribe d'émission, regarde dix minutes, décroche pendant une heure, revient une demi-heure, et ainsi de suite. Les Français pratiquent cette écoute permanente pour la radio, pas pour la télévision. On peut se demander si cette fréquentation intermittente du téléviseur ne se généralisera pas lorsque les chaînes émettront quinze heures par jour.

Je crois surtout que l'écoute augmentera du fait que deux « verrous » vont sauter. Le premier est l'insuffisance des récepteurs. Cette limitation disparaîtra lorsqu'on comptera autant d'écrans que de personnes. Le second est l'insuffisance du choix. Même avec trois programmes — à certaines heures seulement —, il se peut que l'on ne trouve pas d'émission à son goût. Lorsque dix chaînes se proposeront en permanence, plus les vidéo-disques et vidéo-cassettes, il sera pratiquement impossible de ne pas trouver quelque chose à regarder. Pour se détourner de l'écran, il faudra renoncer à un plaisir, non fuir l'ennui.

Il est donc probable que le temps consacré à la télévision augmentera dans l'avenir. Dans la mesure où ce regain correspondrait à l'écoute d'émissions spécialisées à forte valeur communicative — télévision locale, communautaire, etc. —, ce serait une bonne chose. Mais il est à craindre que cette progression se fasse en faveur de la distraction pure et, principalement, de la fiction.

En effet, que regardera-t-on ? Comment fera-t-on ses programmes ? Pour la France élitaire, c'est un âge d'or qui arrive. Elle va enfin se réconcilier avec la télévision. Ses réticences actuelles ne tiennent pas au langage audiovisuel : la preuve en est que ce public cultivé adore le cinéma, le disque, le théâtre, la photo, et même la bande dessinée. C'est dire qu'il ne considère nullement que l'écrit soit la seule forme noble de la communication. Dès lors, n'est-il pas étrange que ces mêmes cinéphiles, qui ont inventé « le septième art », qui dissertent à perte de vue sur l'esthétique de Robert Bresson, méprisent si fort la télévision ?

La raison ne peut en être que sociologique. Ce public ne supporte pas le caractère collectif de la télévision, son aspect « culture de masse ». Il lui déplaît de penser que sa culture est décidée par d'anonymes programmateurs et partagée par des millions de gens. La consommation culturelle perd alors son caractère essentiel : le choix personnel. Imaginez-vous toute la France lisant le même soir, de 20 à 22 heures, les mêmes cent pages de Proust ? Horreur ! Au contraire, lorsqu'une personne cultivée va voir un film, assiste à un concert, elle a le sentiment d'être maîtresse de ses plaisirs. Elle se singularise et se différencie à travers ses pratiques culturelles, alors qu'à la télévision elle se banalise et se normalise. Voilà pourquoi cette élite ressent la condition de téléspectateur comme une démission, presque une déchéance. Si elle regarde — ce qui est le plus souvent le cas —, c'est de façon honteuse, comme en s'excusant : on est trop crevé pour sortir ou prendre un bouquin.

Tout va changer avec l'hyperchoix. Le téléspectateur, élaborant le programme de sa soirée, n'aura plus à maugréer : « Dire que demain, dans le métro, ils auront tous vu la même chose ! » Il va opter pour des images bien à lui, obtenues par télécommande ou sur disque, et son amour-propre élitiste n'aura plus à souffrir en regardant l'écran. C'est en toute bonne conscience que des milliers de professeurs, médecins, cadres supérieurs, universitaires, journalistes et autres intellectuels s'installeront dans leur fauteuil et baisseront la lumière. Le lendemain, ils pourront dire : « Tu sais, j'ai vu hier soir... », sans trop craindre de s'entendre répondre : « Moi aussi. » La télévision leur redonnera le sentiment de goûter à une culture personnalisée.

Tout un public de « télévision personnalisée » pourra ainsi se révéler. Etant donné son niveau de revenus, il représentera une « demande solvable », donc un marché. Pour se satisfaire, il n'aura que l'embarras du choix : audiovisuel enregistré — cassettes, disques —, télévision à péage, télévision commerciale sur cible publicitaire spécialisée... Ce qui est sûr, c'est que l'initiative privée viendra bénir cette grande réconciliation entre l'élite cultivée et l'image électronique.

Les entreprises qui vont exploiter ce marché seront riches, puisqu'elles tireront leurs ressources des « péages » et/ou des recettes publicitaires. Elles pourront disposer des meilleurs créateurs, des meilleurs professionnels, qui ne seront pas seulement attirés par l'argent mais, également, par la qualité des productions. Bref, on peut imaginer que dans tous les domaines, de la fiction à l'information, s'élabore ainsi une télévision chère, élitiste et de qualité. Il ne s'agira évidemment pas d'une télévision classique, puisqu'elle sera véhiculée par abonnements à des vidéodisques, canaux à accès payants, « livraisons » d'images sur magnétoscopes. Mais elle comportera également des magazines pleins de verve et de mordant, comme ceux de la presse écrite, des films en exclusivité, de grandes séries historiques, les émissions documentaires anglo-saxonnes, etc. D'une façon générale, cette télévision récupérera systématiquement les meilleurs professionnels et les meilleures productions.

Et la « France de Guy Lux », comment évoluera-t-elle dans ce contexte ? Je ne pense pas qu'elle accédera rapidement à l'image personnalisée. Je vois mal l'ouvrier français bénéficier d'abonnements à des chaînes payantes, de magnétoscopes, de lecteurs de disques, avant la fin du siècle. Il en restera encore pour dix, plus vraisemblablement pour vingt ans, aux télévisions nationales, publiques ou privées.

En outre, ce public populaire ne ressentira pas très fortement l'utilité d'un tel choix. La télévision personnalisée suppose que l'on ait tout à la fois l'envie et la possibilité de choisir. L'envie, c'est-à-dire la curiosité et le goût de faire ses propres découvertes, de poursuivre ses expériences particulières. Mais c'est précisément la culture qui fait naître de tels comportements. L'homme de culture n'est pas celui qui sait, mais celui qui a le goût de la découverte. Si la « France de Guy Lux » portait en elle ce désir, elle aurait systématiquement utilisé la télévision dans ce sens au long des années passées. Or ses pratiques télévisuelles sont tout juste inverses. Le téléspectateur hors-culture ne ressent nulle gêne à se laisser guider. La totale liberté ne représenterait pas pour lui un avantage.

De plus, le choix ne peut s'exercer qu'en fonction d'un certain nombre de critères et d'informations. Pour savoir ce qu'on aimerait, il faut d'abord savoir ce qu'on pourrait goûter. Cette connaissance fait généralement défaut. Plutôt que de s'orienter vers des genres qu'il connaît mal et dont il n'attend rien, le public populaire s'en tiendra aux émissions qu'il connaît déjà et dont il attend une plaisante distraction. Le choix, dans de telles conditions, ne saurait qu'être profondément conservateur et se révélerait vite décevant : à quoi bon se donner le mal de choisir pour voir les mêmes émissions que celles des programmes tout faits ?

Ainsi, ces téléspectateurs, brusquement confrontés à l'hyperchoix, seraient sans doute incapables d'en tirer parti et regretteraient les commodités du menu préfabriqué. Je ne pense donc pas qu'il existe une demande populaire pour passer de : « Qu'est-ce qu'il y a ce soir, à la télévision ? » débouchant sur la sélection de menus préparés, à : « Qu'est-ce que je vais m'offrir ce soir, à la télévision ? » impliquant un hyperchoix du même type que celui d'un lecteur cherchant un livre sur les rayons de sa bibliothèque.

Devant cette passivité du grand public, les télévisions continueront à proposer des canaux de programmation classique comparables à nos chaînes actuelles. Le choix sera élargi par suite de la multiplication de ces chaînes, il n'ira pas jusqu'à l'hyperchoix. L'audiovisuel de masse se proposera sans doute pendant encore une ou deux décennies sous cette forme particulière de programmes, non en « articles de détail ».

Mais l'apparition d'une télévision de luxe personnalisée aura de graves répercussions sur le contenu des chaînes populaires. Les meilleurs créateurs y passeront, par intérêt tant matériel que professionnel. Cette évolution sera d'autant plus naturelle que les chaînes programmées n'auront rigoureusement plus aucune raison de proposer une télévision de qualité. Ayant déjà perdu le public susceptible de la regarder, elles risqueraient d'y perdre également leur auditoire populaire. Celui-ci ne sera certes pas laissé en déshérence : il représente un marché publicitaire énorme. D'une façon ou d'une autre, en utilisant des fréquences de complaisance ou des transmissions câblées, les entrepreneurs privés sauront bien le trouver. Les chaînes nationales subiront de plein fouet la concurrence de chaînes populaires commerciales. Que se passera-t-il alors ?

L'exemple italien peut nous en donner un avant-goût. On sait qu'à la suite de la décision de justice déclarant inconstitutionnel le monopole de diffusion, des centaines de télévisions indépendantes ont fleuri. Les seules à avoir subsisté sont celles qui ne poursuivent que des objectifs mercantiles. Elles se contentent le plus souvent de diffuser des films, des séries américaines, des jeux. Or, en l'espace de quatre ans, la R.A.I. — équivalent italien de l'O.R.T.F. — a perdu la moitié de ses téléspectateurs au profit de ces « télévisions du pauvre ». Imaginons ce que serait la situation de la R.A.I. si elle avait, dans le même temps, perdu son public cultivé, passé à la télévision personnalisée !

On risque ainsi de voir se mettre en place des chaînes de télévision « au rabais », permettant au grand public, avec un minimum d'effort dans le choix, de se fabriquer des programmes monocolores de pure distraction. Le triomphe de la technique aboutirait à l'apothéose du système E.P.M. : la soupe populaire d'un côté, les menus princiers à la carte de l'autre. Beau succès, en vérité, pour tant de merveilles électroniques !

Écrivant cela, je ne cède pas au prophétisme. Le futur que je viens d'évoquer n'est nullement fatal — simplement possible et, je le crains, probable. Il ne m'appartient pas de dire ce qu'il faudrait faire pour l'éviter. Je n'en ai ni l'autorité, ni la compétence. En outre, je ne crois pas qu'une réforme puisse à elle seule changer le cours des choses. Ce sont les prises de conscience qui déclenchent les évolutions en profondeur.

Aussi longtemps que la France politisée entretiendra des mensonges d'évidence sur l' « écran magique », il sera impossible de ramener la paix sur les ondes. On ira de statuts en crises et de révocations en nominations, toujours cherchant la dernière formule idéale et toujours retombant dans la chamaille. Tout changerait si nos politiciens, cessant de voir dans l'information télévisée un moyen de gouvernement, reportaient sur leurs discours et leurs actes l'intérêt excessif qu'ils consacrent à leur temps d'antenne. Alors majorité et opposition laisseraient la presse télévisée faire son travail et l'on pourrait entrevoir un semblant de solution, sans même avoir changé une ligne dans les textes de lois.

Mais comment peut-on modifier les mentalités ? On ne le sait pas — et c'est fort heureux — mais je constate qu'elles se modifient. Tous les jours. Ces transformations socio-psychologiques sont le véritable moteur du changement bien que nul ne puisse les prévoir ou les provoquer. Elles se font selon des mécanismes mystérieux, en interaction avec les faits et les événements, mais l'impossibilité de les comprendre n'interdit pas de les prendre en compte. Bien au contraire. Rien ne changera fondamentalement dans notre société et dans notre télévision si les esprits n'évoluent pas. Si, à l'inverse, il se produit une telle évolution, les données mêmes s'en trouveront bouleversées, en sorte que l'irréalisable deviendra réaliste et l'impossible sera fait. Face à ce genre de situations, il faut moins chercher une solution qu'un point de déblocage. Il faut faire bouger le problème sans prétendre le résoudre.

Ce livre a été écrit dans cet esprit. Sa seule ambition est, en quelque sorte, de changer l'angle de vision. C'est peu de chose et cela ne mènera pas loin si le poids des faits ne s'ajoute pas au jeu des mots. N'ayant pour tout pouvoir qu'une machine à écrire, j'ai tenté de m'en servir. Si j'ai pris le parti de la véhémence, peut-être de l'excès ou de l'injustice, si j'ai renoncé aux commodités de la diplomatie, toujours masquée derrière les principes et les litotes, c'est précisément en raison de mon « irresponsabilité ». Je ne représente rien, ne parle au nom de personne et n'engage que moi. La provocation que je recherche c'est celle de la réflexion et non de la polémique. Je ne suis pas venu apporter des vérités et des réponses, mais des faits, des jugements et des interrogations. A vous, à nous de les discuter, de les contester. S'il le faut, de les réfuter.

Une telle entreprise ne peut être conduite qu'en toute indépendance. Sans autorisation, sans contrôle, sans censure. Ainsi fut écrit ce livre. Il ne contient donc ni informations, ni révélations, ni jugements sur notre travail actuel à TF 1. C'est ici la solidarité et la réserve qui s'imposent. Solidaire, je le suis totalement ; réservé, je dois l'être car on ne se livre pas à des papotages lorsqu'on collabore avec une équipe. Je n'ai donc pas fondé ma réflexion sur mon expérience présente, mais sur les quinze années que j'ai vécues à la télévision. Ce silence délibérément entretenu m'a interdit de témoigner mon estime ou mon amitié à ceux qui, aujourd'hui, sont mes compagnons de travail. Je tiens à dire que cette retenue m'est désagréable et que j'aurais aimé, au fil de ces pages, citer tel ou tel dont l'exemple ou le jugement ont nourri ma réflexion et auraient dû illustrer mon propos. Mais sur de tels « sujets brûlants », il faut s'imposer un certain recul, quitte à sembler oublier ceux qui nous sont les plus proches.

Disant tout haut ce que j'ai bien souvent entendu ici ou là dans les couloirs et les studios au hasard des conversations, je suis conscient d'avoir utilisé une expérience collective, et pas seulement conduit une réflexion solitaire. Les hommes et les femmes qui font la télévision ressentent plus qu'on ne pense les incertitudes, les contradictions et l'inconfort de leur situation. En dépit des apparences trompeuses entretenues par le « vedettariat », il n'est pas toujours facile d'être un saltimbanque de l'électrovisuel dans une société aussi élitiste. Mais les discours sur la télévision viennent presque toujours de l'extérieur et jamais de l'intérieur. On ne trouve guère dans la littérature que des ouvrages-testaments publiés par des directeurs au lendemain de leur limogeage. Ces témoignages peuvent être intéressants, mais ils sont trop fortement marqués par la nostalgie ou l'autojustification. Ceux qui font la télévision s'expriment peu. Je n'étais certainement pas le plus qualifié pour le faire et je n'ai pas cherché à traduire un sentiment général de l' « intérieur » bien que je me sois forgé ma propre opinion au contact des uns et des autres. Il est nécessaire qu'à ce témoignage s'en ajoutent d'autres pour que ceux qui possèdent l'expérience concrète de la télévision interviennent dans un débat où les idées préconçues, les passions partisanes et l'idéologie l'ont toujours emporté sur les faits et la pratique. Il est temps — grand temps — que l'avenir de l'image électronique fasse l'objet d'une discussion sérieuse.

Ce débat, pour sortir des polémiques stériles, doit prendre en compte les vrais dangers et les vrais pouvoirs de la télévision. Le premier point est d'abandonner le mythe de la manipulation des masses, pour s'interroger sur ce rôle non moins important, mais bien différent : l'amplification des conformismes. Le deuxième est de démystifier la télévision en tant qu'outil de culture et de communication. Ici encore, l'image électronique permet de transmettre, non de créer. S'il n'existe pas de véritable communication sociale et d'authentique culture populaire, la télévision sera impuissante à combler ces lacunes. Comme toute technique, elle traduit une réalité sociale, elle peut éventuellement la faire évoluer, elle ne peut certainement pas s'y substituer. Troisième point, tout indique que la « France de Guy Lux » est en danger de télétoxicomanie, c'est-à-dire qu'elle s'engage dans une pratique immodérée de l'évasion par l'image. Pour le public populaire, la télévision est de plus en plus un outil de distraction et d'oubli, de moins en moins un instrument de communication et d'information. N'étant en rien spécialiste de cette question, je n'ai pas évoqué la télévision et les enfants. Mais les enquêtes prouvent que de nombreux parents laissent les écoliers regarder tous les soirs la totalité du programme. Ainsi se préparent des générations de télétoxicomanes. Quatrième point, enfin : il est devenu presque impossible d'atteindre le public populaire avec les émissions de « haut niveau culturel », et l'on rencontre les plus grandes difficultés à trouver les voies d'une nouvelle communication au-delà de la simple écoute distractive.

Telle est la situation aujourd'hui. L'avenir, on l'a vu, est chargé de menaces, d'espoirs aussi. Sans doute est-il trop tard pour s'interroger sur l'utilité des nouvelles techniques. Une formidable bataille industrielle est engagée autour de la télévision. Les Japonais, dont le marché national est saturé à 130 %, ont lancé une O.P.A. à l'échelle mondiale sur le téléviseur. C'est pour eux une question de survie. Du coup, les constructeurs européens et français doivent accélérer encore les gains de productivité. Pour résister à la concurrence, il faudra éliminer de plus en plus de travail. Dans une dizaine d'années d'immenses usines tourneront avec des équipes réduites et le marché français atteindra la saturation. Si les nouveaux produits ne sont pas lancés, des milliers d'emplois seront perdus. La première utilité de la nouvelle télévision sera donc de maintenir l'emploi. Il reste à lui en trouver d'autres, afin que cette profusion d'images offertes ne se traduise pas par un appauvrissement de la télévision regardée et une télétoxicomanie généralisée.

Insistant sur les risques de l'image distractive, je n'ai pas « poussé au noir ». Le scénario que j'ai présenté me paraît tout à fait plausible. Fort heureusement, il en est d'autres. Si j'ai décrit en priorité celui du système E.P.M., c'est en raison de son caractère « naturel ». Tout se passera ainsi en l'absence d'une réaction vigoureuse. L'exemple américain, notre « éclaireur de l'avenir » est là pour nous le montrer. Les futurs différents supposent une inflexion des tendances actuelles. Non pas à la télévision mais dans la société.

On ne le répétera jamais assez : ce ne sont pas les machines à communiquer, ou à distraire, qui nous tireront d'affaire. Le problème est de nature socio-politique. Tant que le travail d'usine restera répétitif, abrutissant, l'ouvrier ne recherchera le soir qu'une pure évasion distractive, aussi longtemps que les personnes âgées se sentiront de trop dans la cité, elles choisiront l'oubli et non l'information sur leur écran. On pourrait multiplier les exemples. Ils montreraient tous que l'avenir de la télévision ne se jouera pas à la télévision.

Les télécommunications du futur offrent une chance de renouveau. Mais la clé de la réussite se trouve dans le mode d'emploi et non dans l'outil. C'est une véritable trame de solidarité et de communication que pourrait tresser le câble télévisé à travers tout le pays. Qu'il s'agisse de réunir les habitants d'une ville, les personnes âgées, les différentes minorités, bref de faire renaître ce sentiment d'appartenance à des communautés vivantes, tous les espoirs sont ouverts. Mais aucun — il faut le dire bien nettement — ne se réalisera sans de profonds changements sociaux.

Une fois de plus, la technique nous présente son double visage. Cette menace à l'horizon, c'est une chance qui est offerte. Si la télévision m'a apporté une joie, c'est bien celle de pouvoir amorcer une véritable communication populaire. Il y a peut-être quelque ridicule à l'avouer, mais les téléspectateurs anonymes qui, un jour, dans la rue ou dans un magasin, m'ont abordé pour me dire : « Grâce à vous j'ai compris... », ceux-là m'ont réellement rendu heureux. A ce moment-là — et bien qu'un cas isolé ne prouve jamais rien — l'homme de télévision se dit que les saltimbanques ne sont pas inutiles. Et lorsqu'il voit toutes ces machines qui sortent des laboratoires, il se prend à rêver. Que ne pourrait-on faire si elles étaient correctement utilisées !

Alors, de peur que cet espoir ne soit gâché, et sans être sûr de rien, il écrit un jour un livre, pour que nous réussissions cette télévision de demain. Tous ensemble. Et que cette réussite atteste que les Français vont faire des progrès dans l'art de vivre ensemble. Tous ensemble.

TABLE DES MATIÈRES